共同体なき社会の韻律

中国南京市郊外農村における「非境界的集合」の民族誌

川瀬由高

弘文堂

目次

第1章 漢族農村研究における〈集合〉論の系譜——41

第2章 渦中の無形文化遺産——高淳三か村における祭祀芸能と機運——75

第5章 「このトマトは都会人が一番好きなものだ」——日常会話における二分法的境界——

第6章　粽をつくる、粽を贈る——端午節における儀礼食の贈与と「関係」——179

凡例

（1）本書は二〇一三年から二〇一六年まで行ったフィールドワークに基づくものであり、同期間を民族誌的現在としている。それ以降に得た情報に関しては適宜明示する。

（2）注は章末に示し、注番号は章ごとに振った。

（3）現地語の表記は、標準中国語（普通語）の場合はピンインをイタリック体のアルファベットで記し、高淳方言（高淳話）の場合は国際音声表記（IPA）で記した。またルビは、漢語の日本語音を表記する場合もあるが、基本的には「生態観光（エコツーリズム）」のように日本語への翻訳を表記する。

（4）本文中および注記中の引用表現で、たとえば［費孝通　一九九一（一九四八）］とあった場合、はじめの数字が筆者が参照した版の刊行年を、括弧内の数字が初版年を示している。また、［末成（中文）　一九八九］とあった場合、当該文献は中国語文献であることを示している。

（5）現地通貨のレートは、調査期間の間でも人民元（CNY）／円（JPY）が約一六・五（二〇一四年五月）から約二〇・二（二〇一五年六月）と大きく変動した。ただし本文中で価格を示す場合、便宜上、一元を約十九円として表記する。

（6）本書で言及する中国の面積単位「畝（ほ）（*mu*）」は一あたり約六六七〇〇平方メートル（十五分の一ヘクタール）であり、重量単位「斤（きん）（*jin*）」は一あたり五〇〇グラムである。

（7）本書で言及する人名はすべて仮名である。

（8）地図は、以下を原図として参照の上、作成した。
天地図・江蘇 (http://www.mapjs.com.cn/map/mapjs/index)
Baidu 地図 (http://map.baidu.com/)
（9）本書を構成する各章の初出一覧は次の通りである。いずれの既発表論文についても、大幅な改稿を加えてある。
序章 書き下ろし
第一章 〔川瀬（中文）二〇一五b〕
第二章 〔川瀬 二〇一六a〕
第三章 〔川瀬 二〇一六c〕
第四章 書き下ろし
第五章 〔川瀬（中文）二〇一五a〕
第六章 〔川瀬（中文）二〇一八〕
第七章 書き下ろし
終章 書き下ろし

序章
共同体なき社会の探究

われわれは人間を研究しなければならない。人間のもっとも本質的な関心、いいかえれば、人間をつかんでいるものを研究しなければならない。［マリノフスキ　二〇一〇：六五］

中国南京市の郊外エリアに位置する筆者の調査村では、ふだん、各家の門は開け放たれたままとなっている。そして、何の前触れもなく、勝手に扉を開けるなどして、時に友人が、時に親戚がそれぞれの家を訪れる。それは何か用件を話すためであったり、ただの暇つぶしであったりするが、人々は家主に勧められたイスに腰かけ、ひとしきり話をすると、すっと立ち去る。

このような光景はおそらく中国の農村部では普遍的に見られるものであり、中国農村を研究してきた者にとってはごく馴染みのあるものだろう。しかしながら、これまでの中国農村研究は、このような人々の往来を一つの社会現象として正面から議論してこなかったのではないだろうか。本書において筆者が主張するのは、このような日常生活の情景にこそ、今日の中国の農民生活（Peasant Life in China）の息遣い、ひいては社会組成のありようを理解する手がかりがあるということである。

本書は中国民族誌学、とりわけコミュニティ・スタディーズにおける一つの研究視座の転換の試みであると位置づけられる。本書において筆者は、主に日本の人類学者らによって蓄積されてきた中国農村研究の知見、および中国の社会学／人類学者である費孝通の「差序格局」論を発展的に継承することを通して、そして、近年の中東研究において議論がなされてきた「非境界的世界」論を応用することを通して、集団（group）から〈集合〉へと議論の枠組みをシフトさせることを提起する。中国に暮らす人々の社会生活の質感を把握するためには、暗黙裡に境界の存在を前提とする集団や組織といった語を離れ、境界が時と場合に応じて顕在化／潜在化し、その規模も伸縮に富むような〈集合〉を焦点化することが必要となるからである。

本章では以下、本研究の問いと企図について述べる。まずは、筆者のフィールドワークの経験から始めてみたい。

一　「共同体」のない社会

人類学徒たる者、仮説検証型の調査研究は行ってはならない。むしろ、現地調査の過程での経験に基づく気づきから問いを立て、現地の文脈に即した人々の生活、社会や文化について考えなければならない。学部時代より人類学を学び、博士課程の二年次から「満を持して」長期調査にでかけた筆者は、未熟ながらもこの基本的な心構えとその学問的意義を理解していたつもりだった。だが、この人類学的公理に即して振り返ってみると、筆者のフィールドワークは調査当初から失敗の連続だった。

住み込み型の現地調査にある種の憧憬を持っていた筆者は、調査地の選定では独自の方言を維持しているように思われた地域を選んだ。そして、外国人研究者がしばしば直面した、現地の政府関係者が推挙する「モデル村」での調査を徹底的に避けた。いくつか候補としていた村から住み込み先を決める際には、半ば開き直って、意図的に『豊かな』文化」[ロサルド 一九九八：二九二]がありそうな村を選択した。そこは小規模な村ではあったものの、土地神を祀った小さな祠が一基と地元の神を祀った大きな廟が二基もあり、さらにそれぞれの廟には、地元の祭祀芸能で用いられる仮面や衣装が安置されていた。しかもその村の敷地内には、新たに祠堂（父系出自集団「宗族」の祖先祭祀場）が建設されている最中だった。

そして、これら「文化」の調査はことごとく失敗した。祠堂が完成した際の落成式典こそ村民の協力のもと行われたものの、村民らは集団的な祖先祭祀活動を一切行わず、また祠堂も全く利用されることがなかった。調査開始から一定の時間が経過してからも、古典的民族誌や教科書で描かれてきたような「宗族」の活動や意義を見いだすことは、筆者にはできなかった。

また、およそ二年間の住み込み調査の期間中、祭祀芸能活動は一度も行われなかった。調査村に伝承されてきた祭祀芸能は無形文化遺産に指定されていたものの、最後に行われてから八年間、その活動は途絶えたままとなっていた。祭祀芸能をめぐる村民活動を研究しようという目論見は、空振りに終わったのである。

しかし、調査村には村民が自由に利用できる溜池が存在した。日々の生活のなかで、米や野菜や衣服を洗い、また農地に水を撒くために利用されていた溜池の存在は、筆者には、右記の民間信仰や祖先祭祀にまつわる組織の現状や変遷過程をひもとく一つの鍵となるように思われた。というのも、日本の宮座・当屋制についての研究では、溜池の存在、すなわち、その祭祀集団の存続と溜池の共同管理との相関関係が着目されていたからである［合田 二〇一〇］。

しかしながら、このような筆者の問題意識もピント外れのものだった。調査村の溜池は、誰にも管理されず、多少のゴミも浮いたままになっていた。生活排水や洗剤の影響は無いのか、管理はしていないのかという筆者の問いかけに、ある村民は、蒸発と降雨によって自然と綺麗になるのだと答えた。さらに筆者が「もし汚れがひどくなったらどうするのか」と聞くと、「その時は（村を管轄する末端の）政府に（水抜きと洗浄作業を）頼むだろう」という答えが返ってきた。筆者はさらに食い下がり、かつて溜池はどのように管理されていたか、そして溜池はどのように作られたのかと尋ねたが、その答えは、前者については「旧社会」（一九四九年以前）の頃も「今と同じ」であり管理する者はいなかったというものであり、後者については「ずっと昔のことで、わからない」というものだった。溜池をめぐる村民の共同性という問いの設定は、根本的におかしなものだったのである。

以上のような筆者のフィールドワークには、二つのレベルでの失敗があった。第一にそれは「共同体探し」の失敗であり、当初見込んでいたような調査データが得られなかったというものだが、より根本的な問題点は、自ら拵えた（暗黙裡の）理論的想定から研究対象を捉えようとしていたというアプローチそれ自体の方であった。

だが、このような経験は同時に新たな気づきにも繋がった。それは、「共同体がない」ことは、現地の農村において共同生活が存在しないことを意味する訳ではない、ということだった。これはごく素朴な発見ではあったが、筆者にとっては「失敗」を経て初めて実感できた視点だった。そして、そこで筆者が目にしたのは、冒頭に記したような村民間の交流の様子であり、共同体があるか／ないかという問いには還元できないような、村民の社会生活のありようであった。

さらに以上のような筆者の「失敗」の経験は、二十世紀前半の漢族農村社会の性格をめぐり議論が戦わされたいわゆる「共同体論争」と同じ構図を成している。詳しくは第一章で述べるが、筆者自身にとってそれらの先行研究は、自らの「失敗」を相対化し、また新たなことばや研究視座のもとで現地社会について考察し記述するための契機をもたらしてくれるものだった。

本論が試みるのは、「共同体がない」という言葉の陰影において筆者が見いだした現地の人々の生活の様子を描写することであり、また「共同性」(communality)の欠如を常態としている農民生活のあり方を、現地の文脈に即して理解し記述することである。そしてこの目的のため、本論では、言語学においてリズムやイントネーションを意味する「韻律」(prosody)という術語を援用することで、現地の社会生活のリズム、人々の息遣いを焦点化し、分析することを目指す。

「共同体」なき社会には、いかなる生活の韻律があると言えるだろうか。以下では人類学的コミュニティ理論の知見について確認し、この問いを民族誌記述において考えるための視座を示す。

二　コミュニティと人類学

1　コミュニティ・スタディにおける対象設定の問題

ある人間の集合をコミュニティ(あるいは共同体)と呼ぶとき、人類学者は二つの課題に向き合うことになると言えるだろう。第一に、その集合はどこまでが共同体(内部)でどこからが共同体でなくなるのか(外部)という問題である。たとえば人類学者にとっての「フィールド」は、特定の地理的範囲における人間集合――たとえば村民――であろうと、あるいはオンライン・コミュニティ[Wilson and Peterson 2002]であろうと、その調査対象の確定にはその外部の想定が必要となる。第二に、そのようなコミュニティとはどのような性質をもった人間集合なのか――たとえば、自律性や閉鎖性を持つか否かなど――という問題である。鳥越皓之が指摘していたように、村という用語の代わりに「(村落)共同体」という用語を使用した場合、そこにはたとえ著者が明確に意図せずとも、何らかの理論的含意が込められているからである［鳥越　一九八九：四二］。

コミュニティ概念の使用にまつわる以上の二つの理論的側面を、ここでは便宜上、「対象設定の水準」と「意味付けの水準」と呼び、区別しておきたい(1)。人類学的なコミュニティ論には、密接にかかわるものの、位相の異なる理論的課題がそれぞれ存在しているからである。以下ではまず、前者の側面に焦点をあてて検討しよう。

人類学がその研究対象として扱ってきた「コミュニティ」は、一九二二年の「機能主義革命」［Eriksen and Nielsen 2001: 57］以後、社会人類学を基礎づけてきたコミュニティ・スタディ――小規模な地域社会における長期間に亘る現地調査という研究方法――と密接な関わりを持つ。重要なのは、そこでフィールドとして設定されたコミュニティとは、通常、分析概念というよりは作業仮説であったということであり、その研究傾向も規範論――そのコミュニティの特質に関する価値判断を含むもの――というよりはむしろ実態論――生業、親族、儀礼、その他の社会生活の研究――であったということである。すなわち、コミュニティ・スタディにおいて実際に研究がなされたのは、コミュニティと仮に称された特定の地理的範囲における内容物（生業、親族、儀礼、その他の社会生活）であったのである。

しかし、一九八〇年代にポストモダニズムが人類学にも影響を与え、「表象の危機」や「本質主義」批判などが盛んに議論されるようになると［cf. 桑山　二〇〇六］、コミュニティ・スタディという方法論が暗黙裡に寄って立つところの理論的課題が指摘されるようになった。そのうちの一つが、「二〇世紀民族誌のひとつの基礎」［Marcus and Fischer 1999: 22-23］となってきた理論、すなわち、参与観察によって知りえる部分的な知識を、一つの統合された全体として描き出すというホリズム（holism）の問題である。

ホリズムは、一方では民族誌を一つの統合された全体として成立させるための表象の技法、レトリックであることが強調された。たとえば、民族誌の「章立て」（章―節―項―パラグラフと切り分けられる）にも、読者に想像された全体性を喚起するレトリックが反映されていると批判されたのである［Thornton 1988: 298］。他方で、研究対象とされるコミュニティと、その外部世界との接合の問題が議論された。世界システムとの接合をいかに描くかという問題［Marcus and Fischer 1999: ch.4］、あるいは、植民地的状況を等閑視することで隔絶された世界として描いてきたという問題などが［清水　一九九二、一九九九］、批判的に検討されてきたのである。

コミュニティを一つの全体として、外部と隔絶した世界として措定することはできないという認識は、本論でも前提となっている。その上で本論では、コミュニティ論の一つの課題としての対象設定の問題、すなわち、どのようにコミュニティの外縁は縁取ることができるのか、そしてそのコミュニティの外部世界をどのように描くべきなのかという問いについて、具体的事例を通して検討することを試みる。本論で描写を試みる「韻律」は、特定の地理範疇には還元しえない側面を持っているからである。この点については、民族誌記述を経た後、終章において改めて考察する。

2　日々の生活世界と離接

コミュニティ論とは社会学的出自を有する領域である。また同領域における社会学者らによるコミュニティの定義には、「良い生活」という規範的叙述がしばしば紛れ込んできた［Bell and Newby 1974: xliv］。コミュニティ概念にこのような独特の「意味付け」がなされてきた理由の一つは、「コミュニティ」なるものが失われつつあると意識された時に遡及的に「発見」され［ナンシー　二〇〇一：二二；Amit 2012: 28-29］、またそのようなコミュニティ論が同時代への批判を含んだ社会変動論として展開されてきたからである。社会学の創成期において提起されたドイツのテンニエス［一九五七］、フランスのデュルケーム［二〇一七］、アメリカのマッキーヴァー［二〇〇九］らの二分法的コミュニティ論はいずれも、（肯定するか批判するかの評価はそれぞれ異なるものの）「近代化」

に伴う既往の社会関係の変質を論じたものであった。そして、ここでの「近代化」を個人化やグローバル化などに挿げ替えれば、近年の社会学においてもおなじみの喪失論が見いだせる。たとえば、パットナム［二〇〇六］による「社会関係資本」の議論や、オルデンバーグ［二〇一三］による「サードプレイス」の議論はいずれも、「失われつつある良きもの」の復権を目指したものだという点で、「コミュニティの喪失論」であると言える。

一方、長らく人類学においては、コミュニティ概念は作業仮説として設定された地理範疇として用いられたり、あるいは「対面的な結びつきのなかで共住する人びとの、最大の集団」［Murdock 1949: 79］といったように定義される程度で、この概念自体は正面から議論されるものではなかったというのが筆者の理解である。だが、だからといって人類学は社会変動論としてのコミュニティ論のくびきから自由であった訳ではなかった。従来までの人類学はしばしば自らの役割を「未開社会」の学、すなわち、伝統的共同体、ゲマインシャフト、機械的連帯の研究として自己定位してきたのであり［ピーコック　一九八八：八五―八九］、そこで暗黙裡に前提とされていたのは、社会学／人類学の分業体制[2]であった［船曳　一九九七：一〇―一三］。

そして、ポストモダニズムがコミュニティ理論に影響を与える一九八〇年代になると［Delanty 2010: 106-107］、人類学においても、近代（社会）／伝統（共同体）の二分法による他者構築への内省とともに、コミュニティは俎上に載せられるようになる。すなわち、「近代化によって失われゆく共同体」という意味付けを否定するとともに[3]、分析概念としてコミュニティ（共同体）概念を再構築しようとするアプローチがなされてきたのである［e.g. Amit and Rapport 2002；小田　二〇〇四：田辺　二〇〇三、二〇〇五］。近年の人類学におけるコミュニティ論の活性化[4]はまた、自らの足場の喪失に呼応した新たな展開だと見ることもできるだろう。そして、このような新たな人類学的コミュニティ論の足場となったのが、「日常」である[5]。そこで目指されているのは、先験的な「意味付け」を排した水準において、対象社会の日々の生活を十全に捉えようとする民族誌なのである。

本論は以上の研究動向と問題意識を共有するものであり、本書のタイトルも「共同体／社会」の二分法を転倒させ、社会変動論や近代化論とは異なる位相において対象社会を捉えようとする立場の表明を意図したものである。ただし、本論では何がしかのコミュニティ概念を分析概念として採用するのではなく、人類学的コミュニティ論の蓄積において提起された観点を参照することで、漢族農村社会の記述と分析のための指針としたい。とくに本論で注目するのが、コミュニティ概念を定義されたものではなく、「考えるに適したもの」として、問いを開くための枠組みとして捉えようとする、ヴェレド・アミットのコミュニティ論であり［Amit 2012, 2015］、彼女の提唱する「離接」（disjuncture）という視点である。

アミットは、離接、すなわち「連結・結びつきが絶たれた状態」にも、それ自体に「考えるに適したもの」としての重要性があると述べる(6)。社会変動論的な枠組みにおいては、離接は――十九世紀の近代化論者から、二十世紀のベック［Beck 2000］やバウマン［Bauman 2000］やアパデュライ［Appadurai 1996］に至るまで――マクロな諸力によってもたらされた「連結の欠如状態」（dis-juncture）だと見なされてきた［Amit 2012: 28-32, 2015 :23-26］。しかしそのような視座からでは、人々の実際の生活においてごくありふれたものであり、また一つの生活の基礎でもある離接は捉えきれない［Amit 2012: 32-33］。離接をコミュニティの成りそこないとする従来型の発想では、社会関係が結ばれた局面のみを特権化してしまっているし、そこには、いかに関係が途切れるかを十分に扱う視点が欠けていた。日常生活においては、関係はつながることもあれば、とぎれることもあるし、どちらかに割り振れないこともある。このような日常性（everyday life）を十全に扱うために、アミットはコミュニティと離接を相補的概念として提起するのである［川瀬　二〇一三c：一七七］。

このようなアミットの離接への着目という視点は、ナイジェル・ラポートによれば、「非―関係的なもの」（the non-relational）への理解を促している点で重要であるという［Amit and Rapport 2012: 207-209］。従来型の理論では零れ落ちてしまっていた日々の社会性（day-to-day sociality）を焦点化するためには、人間の相互行為を「社会関係」のみに還元するのではなく、関係がつながり、途切れる双方の局面が存在する「社会生活」として捉えることが必要だとラポートは指摘するのである。

3　非境界的世界論から見るつながりと離接

つながりはどのように途絶えうるのか。それはどの程度の断絶なのか。友人を敵だと再定義してみたり、少し時間や距離を置いてみたり、あるいはそのことを表面化させずに実行するという技法もあるだろう。意図せざる不和も起こりうる［Amit 2012: 33-42］。このような問いを投げかけるアミットのコミュニティ／離接論を貫くのは、日々の「社会生活」におけるごくありふれた情景をつぶさに捉え、その質感を記述しようという姿勢である。

このような課題を考える上で、本論がとくに重視するもう一つの理論的視点が、近年、中東研究者らが提唱した「非境界的世界」論である［堀内・西尾（編）二〇一五］。フィールドに暮らす人々の「等身大」の姿の理解を目指して展開されたその議論では、中東世界に特徴的に見られる人間関係のありようとしての――そして同時に人類社会に普遍的に見られる社会様態の一つ［堀内　二〇一五：xi-xii］としての――「非境界的」なつながり方に焦点があてられるとともに、我々の思考を拘束している「境界的」思考からの脱却が目指されている。

「非境界」というかれらによる印象的な造語は、「境界的」な分類体系やそれに基づくような関係性の捉え方を相対化し、それとは別様のつながりのありようを焦点化する。同書の編者の一人である堀内正樹［二〇一五］によれば、西洋のネイション（nation）やアイデンティティ（identity）の概念がそうであるように、「境界的思考」は人間が住む世界の複雑かつ膨大な数の差異を選別して組織化し、ツリー状の分類体系を生み出す。たとえば、「日本人と中国人」といったときには、あたかも日本人という一つのまとまりと中国人という一つのまとまりが別々に存在するように思えてしまい、それぞれの範疇内部の様々な「違い」は等閑視され、日本人／中国人のあいだの「違い」ばかりが強調される。境界的な分類体系では、この二つの範疇の上位にさらに「アジア人」が設けられることになる。しかし、このような「あちらを切り離してこちらでつながる」式の人間関係をフィールドの人々は生きているのかと堀内は問いかける。実際には、人々は差異を有していても繋がりを持っている――「たとえばある企業の同じ職場で働く中国人と日本人が気脈が相通じ、二人して無能な日本人上司に愛想をつかす」[堀内　二〇一五：v]。これは、日本人と中国人を「同じアジア人だ」というように分類レベルを調整することで関係性を持った訳ではない。その二人の個人はもともと無関係であり、つながらなくても良いし、つながっても良い。「非境界的世界」においては、人々は特定の境界をもった集合範疇に縛られない、独立した自由な接続を有する[堀内　二〇一五：v–xii]。

このような非境界的世界論の発想は、「切断・分断」と「接続・連続」とを「表裏一体で切り替え自在の行動様式」だとみるものであり、たとえば、異集団間の「断」を無意識の前提として、その上で集団間の境界を超える連「続」性に着目する、というアプローチとは対照的なものとなっている[田村　二〇一七：三〇三―三〇四]。ここで特に注意すべきは、「非境界」とは、境界がないことを意味する「無境界」でもなく、境界の存在に反対することを意味する「反境界」でもないという点である[堀内　二〇一五：xi]。この術語は、境界を所与の前提とするような発想がそもそも通用しないフィールドの現実を捉えるために考案された。(7)「非境界的世界」にも境界は存在するが、「境界的世界」と「非境界的世界」では、境界の意味あいが全く異なる[池田　二〇一八：一五八―一六二]。

堀内は別の文章ではモロッコのバザールでの人の区別の仕方を例に挙げて、非境界的世界における境界のありかたについて説明している。円滑な商取引が目指されるバザールにおいて、人々は、言語、宗教、出身地、職業、営業形態など、様々な指標によって判断されるが、その基準は固定的に適用されるものではなく、時と場合によって異なる基準が採用されている。すなわち、境界的思考では、人々は文脈や状況とは無関係に区別され、固定的な境界をもった集団や民族の概念で捉えられてしまうが、非境界的世界においては、人々は文脈や状況に応じて「区別され続ける」［堀内　二〇〇五］。つまり、人々は時と場合に応じて、様々な基準で自己と他者とのあいだの関係を構築しているのであり、そこでの境界は固定的なものではありえず、すぐれて文脈依存的なものなのであった。

本論では、以上のような非境界的世界論を念頭に、日々の「社会生活」のなかにおいて、どのような場面で境界がたちあらわれ、また消えるのか、そして、そこでのつながりと離接のありようとはいかなるものなのかを検討する。このことが、中国農村社会にたちあらわれる本章冒頭のような情景や、「共同体」概念や境界的発想では捉えきれない社会現象を理解し記述する上で、重要な指針となるように思われるからである。

4　コミュニティ・スタディと民族誌

今日の人類学において、コミュニティ・スタディーズにはどのような意義があるだろうか。人類学の理論的な関心の変容と多様化、そしてグローバリゼーションに代表される研究対象世界それ自体の変化という両側面の変化によって、「人類学が得意として来た農村の定点調査による立論は、近年、嘗て程のインパクトを持っていない様に見える」［渡邊日日　二〇〇四：九〇］という指摘もある。長期間にわたる住み込み調査に基づくコミュニティ・スタディという調査＝研究手法は、時に「ロビンソン・クルーソーのような民族誌家」［Bunkenborg and Pedersen 2012: 415］や、「フィールドワーク1.0」［佐藤知久　二〇一三］といった言葉で形容され、また同時代世界の現実を掴もうとする新たな研究手法との対照において、方法論上の限界が指摘されるようになっている(8)。

初期コミュニティ・スタディーズの理論的限界は、「複合社会」であり「文明社会」であるとされた中国を舞台とする人類学的研究の場合、より深刻であった。中国における人類学的研究が勃興した二〇世紀初頭において、コミュニティ・スタディという手法とその成果物としての民族誌（〇〇地方のコミュニティの記録）の理論的意義を担保してきたのは、一つの社会単位とされた各地方のコミュニティに関する民族誌を一つ一つ積み重ねていくことで、中国社会という全体を理解するという研究プログラムであった［ラドクリフ＝ブラウン　二〇〇六（一九三六）］。だが、部分社会の研究が全体社会の解明に繋がるという仮定は、「典型的な人類学的誤謬」［Freedman 1963: 3］だった。

これらの議論を経た後、コミュニティ・スタディに基づく民族誌の意義と役割はどのようなものだと言えるのか。一つの「農村の定点調査」に基づく民族誌的研究としての本論の立場を示すために、古典的民族誌として名高い費孝通［Fei 1939］の『中国の農民生活』（Peasant Life in China）について触れておきたい。古典は様々に読まれうるが、ここで注目したいのはロンドン大学経済政治学院（ＬＳＥ）時代の彼の師であるブロニスワフ・マリノフスキーと、彼と同門のエドマンド・リーチの言葉である。

マリノフスキーは、同書の序文においていくつかの側面から民族誌としての価値について賛辞を寄せているが[9]、そのなかの評価のポイントの一つは、民族誌一般についての見解を含んだ、次の有名な言葉である。

> ある小さな村の生活について熟知することで、我々はいわば顕微鏡で覗いた中国全体の縮図について研究するのである。［Malinowski 1939: xvii］

ここでマリノフスキーは「中国全体の縮図」（the epitome of China at large）という表現を用いているので、あたかも費孝通の調査村が中国（漢族）農村社会を「代表＝表象」（represent）すると述べているのだと読まれてしまうかもしれない。だが、費孝通は中国農村社会の「典型」であることを主張していた訳ではなかったし[10]、マリノフスキー自身にもそのような意図はなかった筈である。マリノフスキーは同序文において、この民族誌が提供するのは「中国に関する他のどの本でも得られないような、身近であると同時に具体的な情報（a type of intimate and at the same time tangible information）」[Malinowski 1939: xviii] であるとも述べていたからである。すなわち、右記の引用においてマリノフスキーが言わんとしていた「部分―全体」の関係とは、「ある小さな村」についての「虫瞰図」[11]を提供するような民族誌は、「中国の農民生活」を読者にとって身近なものとして、また具体性を伴った形で理解することに繋がるものであり、その意味において「中国一般」についてのより深い洞察に繋がる、といった意味だと解釈すべきだろう。

　このような解釈は、次のリーチの言葉と重なりあうものである。

> 〔…〕費孝通の著作の長所は、その機能主義的スタイルにある。社会人類学者による優れた作品が全てそうであるように、その核心は、一つの非常に小規模なコミュニティの内部で作用している諸関係の網の目についての非常に詳細な研究にある。〔…〕それらは、それ自体として、おもしろいのである。〔…〕そうしたモノグラフの最上のものは、人間活動のごく些細な活動域に集中してはいるものの、人間のふだんの社会行動について、棚一杯の『文化人類学入門』と題した概説書などよりも多くのことを、我々に教えてくれるものなのである。[Leach 1982: 127]

リーチが述べた「多くのこと」こそ、コミュニティ・スタディに基づく民族誌が今日において尚も有する独自の価値の一つだと筆者は考える[12]。人は、ジェンダーや経済や宗教を同時に生きるし、また個人であると同時に家族成員や村民として日々を送る。「諸関係の網の目」のなかで暮らす人々の生活を具体的かつ血の通った形で示すこと、これが、『中国の農民生活』の優れた点の一つであり、また、本論が目指すところの民族誌的研究である。すなわち本論は、「テーマ特化型の民族誌」［渡邊日日　二〇一〇：三〇、注四四］ではなく、調査村の人々の生活の息遣いを、全体論的志向をもつ民族誌の中で描くことを企図しているのである。

ただし、本論は民族誌記述の方針とスタイルの点で、『中国の農民生活』とは大きく袂を分かつ。本論は、同書のように調査村の生活の諸側面を網羅的に扱うことで「全体」の喚起を狙ったものではないし、また、同書が（少なくとも部分的には）採用していた「固定された章立て」［Marcus and Fischer 1999: 28；cf. 名和　二〇〇二：六］を踏襲する訳ではない。むしろ本論は、民族誌というジャンルを、人々の生活の息遣いという曖昧で捉え難い対象を掬い上げ記述するという目的において活用することを目指すものである。

本書の各章における記述は、調査村の人々の日常／非日常生活の特定の側面に焦点をあてたものであり、各章で設定したテーマに応じて、そこで記述された現象にはそれぞれ陰影ができている。そして、それぞれの章において垣間見えた部分的な社会生活の姿を、全体を通して重ねあわせることで、調査村における生活の「韻律」を浮かび上がらせる。これが、一つの民族誌的研究として本論が取り組む実験である。

三　中国漢族農村に関する民族誌学の動向

1　中国の社会変動に伴う研究の変化

本節では中国漢族農村に関する民族誌学、とりわけ、一九八〇年代から現在に至るまでの研究動向について概観し、本研究の位置づけを明らかにしよう[13]。

一九七八年の改革開放政策は、中国本土における人類学的研究にも大きな転機をもたらした。すなわち、ブルジョワ的学問とされ禁止されていた中国の社会学・人類学は復興し、また中国本土における民族誌的調査が徐々に再開されてきたのである。その後二十年間の民族誌的研究についてのレビューを行ったスティーブン・ハレルは、村落コミュニティ研究の動向として、主にモラル・コミュニティ論――村落を一つのモラルの共同体と見なし、当該村落におけるモラルの歴史的変容に焦点をあてる研究――と、ポリティカル・エコノミー論の二つをとりあげて紹介している［Harrell 2001: 142-144］。これらの研究を今日改めて読み直すと、当時の農村研究には、毛沢東時代（Mao era）からの転換と市場経済化の進展という時世が色濃く反映されていたことが了解できる[14]。すなわち、前者のモラル・コミュニティ論では、たとえば、伝統期の儒教的モラルに対する文革期の階級闘争の影響が論じられ［Madsen 1984］、また後者のポリティカル・エコノミー論では、伝統的社会関係の「回復」が近代化との関連のなかで論じられていたのである［王銘銘　一九九七］。

これら二つの研究の枠組みは、近年の漢族農村に関する民族誌学においても継承されてきたと見ることができる。前者のモラル・コミュニティ論については、古学斌［Ku 2003］、エレン・オックスフェルド［Oxfeld 2010］、譚同学［二〇一〇］、ハンス・ステインミューラー［Steinmüller 2013］などの民族誌を挙げることができる。一方、後者の研究は特に歴史人類学的な志向を持つ「国家―社会パラダイム」［cf. Pieke 2004；鄭衛東　二〇〇五］のなかで展開されてきた。その例としては、川口幸大［二〇一三］や黄志輝［二〇一三］、李暁斐［二〇一六］などの民族誌が挙げられる。

これら近年の民族誌はいずれも一九九〇年代後半から二〇〇〇年代後半までの間になされた現地調査に基づく民族誌であるが、先述のハレルが扱った諸研究と比べると、近年の中国各地の農村地帯には大きな変化の波が押し寄せていることが了解できる。すなわち、中国の急速な経済発展に伴い、とりわけ大都市近郊の農村には商業ビルや工場が立ち並び、その景観はあたかも都市のそれと変わらぬようになる一方で、農村から都市への出稼ぎ労働（rural-urban migration）の流れに拍車がかかり、若者の姿が消えた農村も見られるようになっているのである。

このような急速かつ巨大な変動をまえに、村落の都市化を対象とする「村落の終わり」［李培林 二〇〇二］の研究が提唱され、また移民自体に焦点をあてた研究も増加するなど［e.g. Murphy 2002］、研究トピックスは多様化している。そして端的に言って、中国民族誌学全体としては、長期間の現地調査に基づくような農村研究は下火になりつつあるというのが現状である。前節4項で見てきた民族誌学の動向と同様に、グローバル化のなかでの中国社会を捉えようとする今日の理論的潮流において、中国における「フィールドワークは以前に比してより問題先行型に、より都市ベースに、そしてよりマルチサイトに行われるようになってきている。調査もまた中国社会の特定のアスペクトにより特化するかたちで行われるようになっている」［Pieke 2014: 125］のである。

だが興味深いことに、このような新たな研究アプローチを模索する潮流の一方で、近年、欧米の中国民族誌学では伝統期中国の社会構造についての古典的な理論モデルが改めて注目されるようになっている［e.g. Bruckermann and Feuchtwang 2016；Feuchtwang and Steinmüller 2017］。この理論とは、費孝通が一九四八年の著作『郷土中国』のなかで提唱した、「差序格局（さじょかっきょく）（*chaxugeju*）」（差異と序列の構造）という社会モデルである［費孝通 一九九一（一九四八）］[15]。費孝通はこの独自の概念により様々な論点について議論しているが、この理論の核心は、西洋／中国の社会構造を全く異なるものだと主張し、それを、「薪の束」と「水面の波紋」という比喩で説明した点にある。すなわち、西洋にみられる「団体」は、あたかも束ねられた薪のように、境界や成員資格も明確であるのに対し、中国の社会関係のあり方はそれとは全く異なったものだと主張するのである。

〔中国における〕自己（「己（ji）」）[16]を中心とするような社会関係は、石ころを水に投げ込んで現れた水面の波紋のように、同心円的に広がっていき、次第に遠くなっていく。〔西洋の〕「団体」の成員のように、誰でも同じ平面に立っている場合とは異なる。ここに中国の社会構造の基本的な特徴がみられる。［費孝通　一九九一（一九四八）：二九］

では、なぜ今日の欧米の中国民族誌学においてこの古典的理論が再注目されているのか。フォーチヴァンとステインミューラーによれば、費孝通が提唱した差序格局という理念型（ideal type）は非西洋型の理論の基礎であり、今日でも依然として中国を研究する人類学者・社会学者にとっての重要な参照点となっているという［Feuchtwang and Steinmüller 2017: 3-4］。また、ブルカーマンとフォーチヴァンも、差序格局は社会性（sociality）に関する動態的モデルであり、リレイテッドネス・アプローチの萌芽的なもの（proto-relatedness approach）だと見なすことができると述べ［Bruckermann and Feuchtwang 2016: 77］、今日の中国社会を分析する上での応用可能性と課題について検討している［Bruckermann and Feuchtwang 2016: 26-31］。

ここで、「リレイテッドネス」という表現が用いられていることからも、今日の欧米の中国民族誌学において、差序格局概念が再び脚光を浴びた理由は明らかだろう。人類学において、一九七〇年代から一九八〇年代における親族研究の衰退［cf. 瀬川　一九九七］を経て近年再び興隆してきた親族論［cf. 河合利光　二〇一二］を特徴づけるのが、西洋由来の「親族」概念に必ずしも還元されえない、ローカルな関係性のありようを捉えようとするアプローチである。そして、そのアプローチの理論的支柱となってきたのが、ジャネット・カーステンが「人類学の理論に由来する観念と区別されるものとして、現地の人々の間で生きられ、概念化されている関係性のありかたを指すため」［Carsten 1995: 224］に提起した、リレイテッドネス（relatedness）という概念であった［cf. Carsten (ed.) 2000]。すなわち、費孝通の差序格局も、西洋由来の概念に拠らずに中国のローカルな文脈に即した分析を展開する上での理論的参照点として着目されてきているのである。

だが、私見では、差序格局概念が再注目されてきた理由は、西洋概念の相対化という目的に留まるものではない。今日のフィールドの状況が、この古典的モデルを再度喚起させているのである。たとえば、二〇〇〇年代から二〇一〇年代前半までの中国民族誌学の動向を論じたフランク・ピークによれば、急激な社会変動が進展しているにも拘わらず、近年のフィールドワーカーが各地の農村地帯においてしばしば目にしたのは、意外にも一九四九年以前の時代と強く共振する儀礼や祭りの様子であり、自分たちの生活世界の再建のために革命以前のやり方を再創造してきた現地の人々の姿だった[Pieke 2014: 127]。すなわち、今日の農村を考える上でも、伝統期中国社会に関する理解が不可欠なものとなってきているのである。差序格局論が再発見される土壌は、むしろ今日において整ってきたのだと見ることができるだろう。

本論もまた、差序格局概念を重要な「参照点」と見なすとともに、筆者のフィールドの現状を分析するための一視点として採用する。だが、本論における差序格局論の応用は、単に主要な先行研究をなぞるようなものではなく、またそれらの乗り越えを意図するものでもない。次項では、既往の差序格局論の歴史を跡付けることで[17]、本論の立場について明示する。

2 差序格局論の歴史

費孝通の研究生涯に関する体系的な研究を行った歴史学者アークシュによれば、一九四八年当時の費孝通は研究者としての名声を有するのみならず、中国国内において影響力のある雑誌にもエッセイ等を寄稿する「人気作家」でもあった。そのため、彼の『郷土中国』も出版されると同時に大きな反響を呼び、三〇〇〇冊が一ヶ月以内に売り切れ、その後一年間のあいだに五度、それぞれ二〇〇〇冊が続けざまに増刷されたほどであったという[Arkush 1981: 141]。

しかしながら、このような国内での評判とは裏腹に――おそらくは文革期において中国内外の研究が困難になったためであろう[18]――、この概念は学術界では長らく注目されてこなかったようである。中国において差序格局論が「再発見」されるのは、一九八〇年代後半からである[19]。

日本や欧米における差序格局論の再発見の第一フェーズと言えるのが、一九八〇年前後から二〇〇〇年代にかけてである。まず日本における展開を見てみると、最初期に差序格局論を紹介したのは、人類学者の王崧興(おうしょうこう)[20][一九八六、一九八七]や佐々木衞[21][一九八七、一九八八]らであったが、その後、日本語の全訳(二種類)[22]が公刊される二〇〇〇年前後には、差序格局は「中国社会の原理」として隣接諸分野でも広く知られるようになったようである。たとえば社会学では、中国人の対人関係モデルの研究領域だといえる「関係(*guanxi*)」研究において応用が試みられ[e.g. 園田　二〇〇一]、また歴史学では歴代王朝の統治モデルとしての「天下」概念との構造的同型性に着目する議論がなされてきた[村田　二〇〇〇]。歴史学者の岸本美緒と宮嶋博史は、差序格局論の受容について次のように概括している。

> 費孝通の「差序格局」論は、軽いエッセイの形で書かれてはいるが、中国社会の特質を鋭く言い当てたものだと感じられる。〔…〕〔宗族や村落、同業団体や秘密結社などの〕「共同体」の強力さに着目し、「共同体」を基礎として中国社会を理解しようとする試みは、日本の中国研究のなかで大きな力をもってきた。しかし他方で、そうした社会団体が、個人の生死を越えて存在する永続的な社会の基礎単位ではなく、むしろ個人が状況に応じ、必要に応じて取り結ぶ伸縮自在の人間関係である、という「個人中心」的な側面も、また多く

の研究者の注目を引かずにはいなかったのである。［岸本・宮嶋　一九九八：四一〇―四一一（傍点筆者）］

一方、英語圏でも一九八〇年前後には差序格局論は紹介され始めていたが［e.g. Gentzler 1977: 210-214；Arkush 1981: 145-147］、この理論についての理解を大きく広めたのが、一九九二年に公刊された英訳書である［Fei 1992］。というのも、ここにおいて初めて、訳者らが「中国語の表現としてもぎこちない用語であり、翻訳するのが難しい」［Hamilton and Wang 1992: 19］と述べていた差序格局という用語が、"differential mode of association"という表現で訳出され、また定訳として確立したからである。(23)

欧米の中国民族誌学において、差序格局論の重要性を知らしめる役割を果たした著作の一つだと言えるのが、閻雲翔（Yunxiang Yan）が記した民族誌『贈答のフロー』（The flow of Gifts）である［Yan 1996］。同書は、豊かな民族誌資料と現地社会における贈答物というモノの「流れ」に焦点をあてるという新鮮味のある分析手法とがあいまって(24)、今日の英語圏および中国語圏の中国民族誌学界において最も頻繁に言及される民族誌の一つとなっている。とくに大きな反響を呼んだのが、同調査村における贈答では――贈与者は被贈与者よりも優位に立つという贈与論的通念とは異なり――受け手の地位が送り手よりも高くなっており、かつ贈答物は下位の者から上位の者へと一方向的に（いわば「貢ぎ物」のように）流れているという指摘であった(25)［Yan 1996: Ch.7］。

本論の企図にとり重要なのは、閻雲翔の議論には、差序格局論の理解と受容のあり方の一つの典型例が見られるという点である。彼は、思想家の梁漱溟［二〇〇五（一九四九）：八三―八四］の知見を「中国社会とは個人を基礎としたものでも集団を基礎としたものでもなく、関係を基礎としたものである」［Yan 1996: 16］と概括した上で、費孝通の差序格局論もまた、中国社会が集団ではなく、「重層的な個人的ネットワーク、すなわち、『関係（*guanxi*）』」に基礎を置く社会である」［Yan 1996: 228］ことを述べた理論だと論じている。彼の議論は、往年の中国社会論から非集団論的な視座を掘り起こし、それを民族誌学において応用した点で重要ではあるものの、そこで彼自身の「関係(*guanxi*)」論を下支えするものとして言及された差序格局論は、「集団/ネットワーク」の二分法によって矮小化されてしまっていた。[26] このように差序格局論を「関係(*guanxi*)」論の正典と見なすというわかりやすい定式化は、後続の諸研究においてもしばしば散見されるものとなっている[e.g. Ku 2003: 39;卯田 二〇〇八:三;巴 二〇一〇:一八]。

さらに、閻雲翔の議論は本節第1項で述べた「改革開放期」の研究と同様に、文革期を経たことによる社会の変質に焦点をあてた、社会変動論的な問題意識を有するものであった。そしてその議論の基調をなすのは、「コミュニティの喪失論」である——当時の現地社会の暮らしにおいて重要な役割を担っているとされた「関係(*guanxi*)」は、文革期の社会変動のために利害関係の性質を強めてきたとされたのであった。[27] このような問題設定は農村社会の変容を見極めようとする研究において広く見られ、たとえば、利害関係が親族関係の緊密さ/疎遠さを決定する要因となっていると議論されたり[王思斌 一九八七]、またあるいは、利害関係が社会関係の親疎に大きな影響を与えるようになった今日では、「差序格局」は「合理化」してきたのだとも議論されてきた[楊善華・候紅蕊 一九九九]。

本論はこれらの研究に批判を加えることを主目的とするものではないが、差序格局の捉え方において大きく立場を異にする。本論は、親族・友人・利害関係者といった人々との間の「関係(*guanxi*)」のいずれかが重要であるのか/否かを論じようとするものではないし、社会関係の時代的変容に分析の主眼を置いたものでもない。また本論は、「関係(*guanxi*)」との関わりにおいて、差序格局を引き合いに出すものでもない。

本論が着目するのは、費孝通が「中国とはネットワーク型社会である」というようなリジットな定義を明示せず、「軽いエッセイの形で」差序格局概念を提示していたという点である。彼の思索は、『紅楼夢』や『中庸』、

『大学』などの文学作品や経典を資料として展開されたものであり、内容面においても多面的であるが、筆者にとって魅力的なのは、それが「水面の波紋」といった比喩を用いた記述によってなされていることである。すなわち、差序格局概念はふわふわとしていて掴みどころがないことにこそ面白さがあり、その読み方によって様々な知見をもたらす可能性を秘めた理論的資源なのである。

ただし、筆者はこの理論を手放しで礼賛し、費孝通の主張をそのまま踏襲せよと主張したい訳ではない。費孝通の差序格局論には明らかな間違いもあるし[28]、今日の中国社会の分析にはそぐわないような議論も存在している。むしろ、そのような批判的再検討を前提とした上で、費孝通の議論を貫いている彼の社会観を継承することを筆者は意図している。

本論が特に重視するのは、費孝通が境界を有する「団体」と対置する形で、また、「水面の波紋」という卓越した比喩を用いることで、茫漠としかつ輪郭も曖昧な人々の集合体を言い表そうと試みていた点である。そして、このような費孝通の視点は、本章第二節で論じた「非境界的世界」の議論と差異を孕みながらも、重なり合う。第一章では、本章第一節で述べた筆者のフィールドワークでの「失敗」の経験と問題意識、および、日本の中国研究者らによって展開された「共同体論」を補助線とすることで、差序格局論を独自の視点から再解釈し、それを「非境界的集合」論として応用することを試みる。

四　調査地およびフィールドワークについて

1　調査の概要

本書の舞台は、南京市市街から南におよそ八〇キロメートル、安徽省との境界に位置する高淳（こうじゅん）区というエリ

図 0-1　高淳の位置

図 0-2　高淳の行政区画

アである［図0-1、図0-2］。高淳は南京市の最南端に位置する八〇〇平方キロメートルほどの行政区画であり、人口はおよそ四十二万人で、その大部分が漢族である［高淳県地方志編纂委員会（編）二〇一〇：一三三―一三八］。

高淳における現地調査は、二〇一三年十月から二〇一六年二月にかけて実施した[29]。調査開始当初には、高淳県城（県政府の置かれた中心的市街地）を起点に、現地で購入したマウンテンバイクを用いておよそ五ヶ月間にわたる広域調査を実施し、高淳を構成する八つの鎮における民俗や方言の分布、地元の知識人らによる研究蓄積の状況について確認した。その後、南京大学や南京市外事辦公室など関係者の助力を得て[30]、二〇一四年三月から二〇一六年二月まで、高淳東南部に位置する自然村、Q村での住み込み調査を実施した。

なお、この二十三ヶ月間のうち、Q村における滞在日数は計四一三日間であり、その他の期間は、高淳区内外の各地域での現地調査のほか、日本への一時帰国[31]、南京市街や中国各地の研究機関への出張を行っている。

2 高淳

中国江南地域は歴史学においては多くの研究蓄積がある地域だが、社会文化人類学的研究の蓄積は比較的少ない。特に現地調査に制約の多い外国人の場合、改革開放以後から今日に至るまで、江蘇省の農村地帯にて長期のコミュニティ・スタディを行った人類学者はほとんどいないようである[32]。一方で、日本の民俗学者や歴史学者らは江南地域における実地調査を行い良質の調査記録を残しているが[33]、その調査地は狭義の「江南」、つまり上海近郊、太湖の東部地域に集中している。同じく長江以南の呉語方言地帯でありながら、太湖の西部地帯に関しては研究が手薄だというのが現状だと言える。

筆者が調査を行ってきた高淳についても中国国外の学術界ではあまり知られていないと言えるが[34]、南京市民にとって高淳は非常に耳慣れた地域である。この地域が観光地としてよく知られているのは、費孝通が「金陵第一古鎮」と賛辞をおくったとされる高淳老街[35]、および中国で初めて批准された「スローシティ」(中国第一国際慢城)[36]があるからである。また、蟹の産地としても名高く、南京市街では、高淳ブランドの蟹「固城湖螃蟹」の看板をかかげた直売店を目にすることができる。さらに、高淳で話されている呉語方言「高淳話(*gaochunhua*)」が非常に難しい方言だという認識が持たれていることも、高淳という地名を有名にしていることの一因となっている[37]。

高淳の住民の考えによれば、高淳は南京市街地とはまったく異なる方言エリアであるだけでなく、高淳内部も方言差や生態的環境の点で大きく異なる。とくに多く語られるのが東西の二分法であり、湖を擁し水産業が盛んな西の地域「圩郷」と、稲作を中心とした東の地域「山郷」に大別される。かつて黄宗智が提示した村落類型論——華北平原の集住型/長江デルタ地区の散居型——に従うならば[Huang 1990: 144-145]、高淳の「圩郷」がより江南らしく、「山郷」はむしろ華北の農村に近いと言えるかもしれない。また、高淳の東西では民俗にも若干の違いがみられるほか(本書第二章)、方言は村ごとに若干の差異もあるが、より俯瞰的に言えば、高淳に隣接する南京市溧水(北側)、安徽省郎渓(南側)、常州市溧陽(東側)の一部地域が、言語と民俗の類似性の点で高淳と同一の文化圏を成していると考えられる。

なお、筆者の現地調査は、中国標準語——より正確に言えば、地元で「高普話(*gaopuhua*)」と呼ばれる「高淳訛りのある普通語」[38]——、および高淳語を併用する形で行った。

3 Q村

筆者の調査村Q村は、高淳東部の椏溪(あしつ)鎮に位置する人口五〇〇人前後の農村であり、住民の大部分が呂姓の者からなる単姓村である。椏溪鎮には二十二の「行政村(*xingzhengcun*)」があり、各「行政村」は「自然村

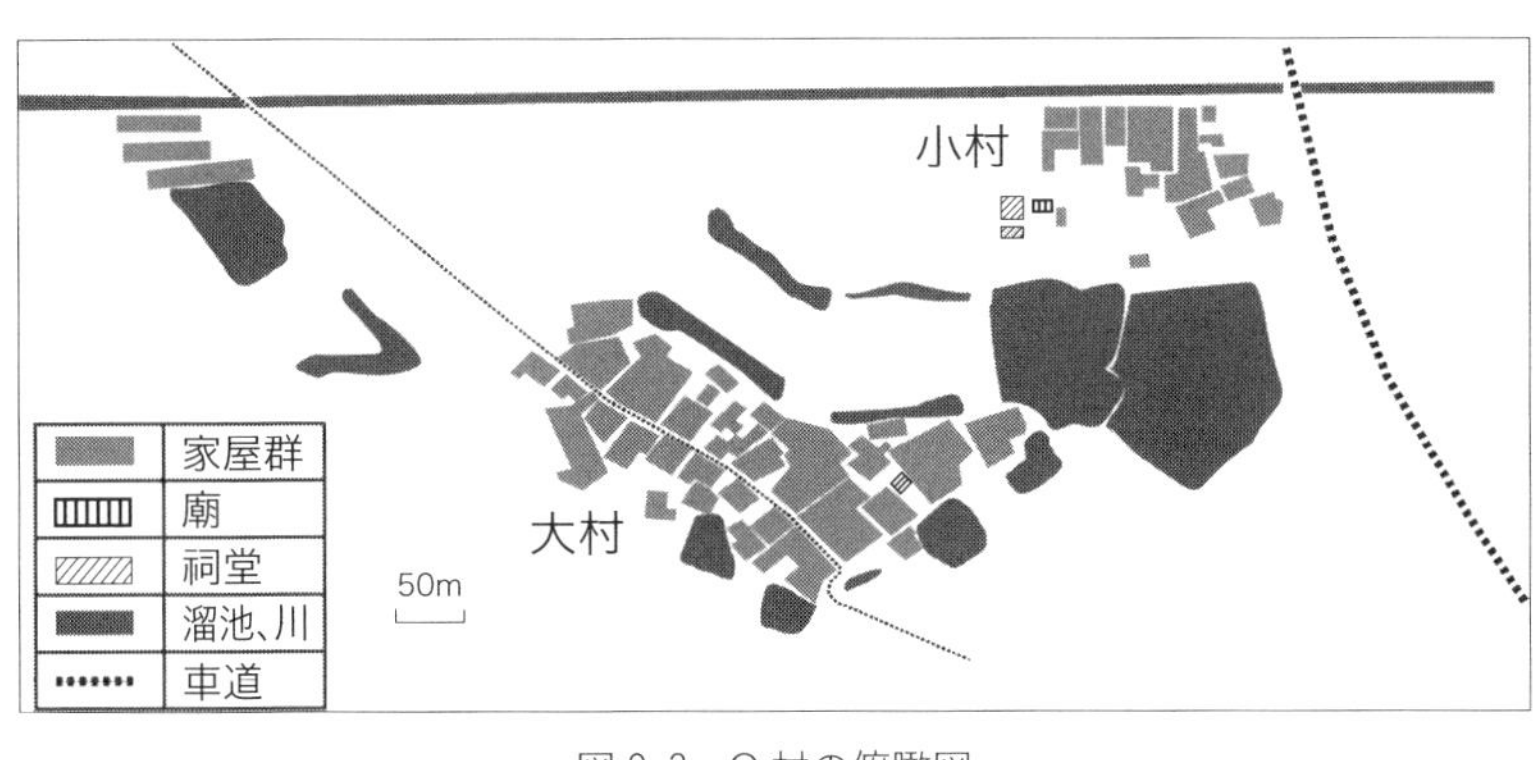

図 0-3　Q 村の俯瞰図

(*zirancun*)」という下位村落によって構成されている。Q村は、X村という「行政村」を構成する十一の「自然村」のうちの一つであるが、同じ「行政村」に属する他の十村落との交流はほとんど無い。また、Q村村民は行政上、「村民小組(*cunminxiaozu*)」(旧生産隊)というユニットによって区分されてもおり、その単位ごとに福利厚生を受ける。

Q村は集住型の村落だと言えるが、より詳しく言えば、農地を隔てる形で二つの家屋の集合区画に分かれている。それが、Q村村民の言うところの南部の「大村(*dacun*)」と北部の「小村(*xiaocun*)」であり、その距離は、Q村を分かつ農地内に設けられた小道を利用して徒歩二分ほどである[39][図0-3]。また、Q村には廟が二基、祠堂が一基ある。「大村」には、村の主神を祀っていると位置づけられる「馬廟(*mamiao*)」という廟があり、「小村」には祠山(しさん)廟がある(第二章)。それぞれの廟の管理運営[40]は、一部村民から構成される「馬廟会」と「祠山会」という民間信仰組織(「廟会(*miaohui*)」)によって行われる。

一「自然村」としてのQ村には政治組織はなく、また村長にあたるような人物もいない。X村村民委員会と行政上の連携を取るのは、四名の「村民小組」の「組長(*zuzhang*)」であるが、彼らがその役職のもとに「村のリーダー」のように物事をとり仕切ったりする事はない。この意味でQ村は独立した政治単位だとは言えないが[cf. 瀬川　一九九一：九六—九七]、村民の意識の上では、Q村が一つの社会単位となっている。それは、Q村住民が「我們村（われわれのむら）」という時、言及される範囲は（「大村」と「小村」のいずれかではなく）Q村であることからも窺うことができる。

宗族に関して付言すると、高淳では二〇一〇年代に入る頃から、祠堂の再建や族譜の再編といった動きが目立つようになってきており［川瀬　二〇一七：二四六］、筆者が滞在していた間に漸次進められたQ村の祠堂建設もこのような流れの中に位置づけられるものであった。ただし、Q村の敷地内に建設された祠堂は、Q村村民によって建てられた訳ではなく、主に高淳区椏溪鎮と安徽省郎溪北部に暮らす呂氏一族の二分派[41]（「東份（*dongfen*）」と「西份（*xifen*）」と呼ばれる）のうちの一方の宗族成員が共同で建設した祠堂であり、その建設資金の大部分も一族の中のとある金持ちが出資したものであった。さらに本章第一節でも述べたように、二〇一四年十一月に落成式（「上梁（*shangliang*）」）を迎えた後も、村民が日常生活において祠堂を利用する機会は皆無であり、また宗族レベルでも祖先祭祀活動が行われることは一度もなかった。一方で、現地の呂氏一族のあいだでも族譜の再編は進行しており、再編事業のために、Q村の呂姓の者はみな一人五〇元を寄付している（あるいは徴収されている）ということだった。だが、族譜編纂に実際に携わっていたのはQ村では主に一名のみであり、また調査期間中に族譜は完成しなかったため、族譜もまた村民たちの生活とは縁遠いままであった。すなわち、Q村での宗族復興現象は、祠堂・族譜・祖先祭祀活動の「三点セット」［瀬川　二〇一六：六九］のいずれの点においても低調なものだったのである。この意味ではQ村は、単姓村ではあっても村落内に発達した宗族組織をもたない「無宗族型村落[42]」［瀬川　一九九一：一〇二］だと位置づけることができる。

Q村での調査中、筆者が一貫してお世話になったのが、水稲及び小麦耕作を営む呂おじさん（一九五三年生）と呂おばさん（一九五五年生）の家庭である。X村村民委員会の仲介をきっかけに呂家に寄宿することになった筆者は、その後、寝食をともにし、家事や労働を手伝うなかで、呂夫妻から多くを学んだ。

呂夫妻には娘のボゼン（一九八〇年生）と息子のジュン（一九八一年生）がおり、それぞれに、グウ（二〇一三年生）とユエン（二〇〇七年生）という娘がいる。ボゼンは他村に嫁いでいたが、頻繁に呂家に寝泊まりをしていた。それに対し、ジュンは妻のズイおよびボゼンの夫ビンと共に、無錫に出稼ぎに行っており、ふだんQ村には不在であった［図0-4］。そのため、調査開始時点での呂家の住人は呂夫妻とユエンのみであり、それに加え、ボゼンとグウが時折宿泊するという状態であった。ただし、ズイは娘の小学校進学のタイミングとあわせるかたちで二〇一四年十一月から村に戻り、Q村付近の街でアルバイトを始めた。

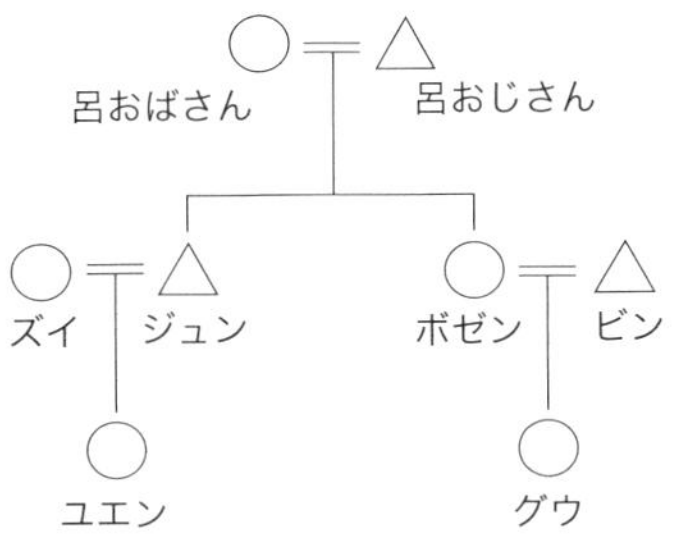

この呂家の場合のように、Q村では現在、若者の出稼ぎが常態化している。村に残るのは高齢者と子供ばかり、若者は旧正月などの大型連休にのみ村に戻ってくるという、現代中国の多くの農村と共通した光景が見られるのである［Fei and Iredale 2015］。Q村は、国内移動を伴う出稼ぎ労働者の移民母村だと捉えるべきであり、かつての構造機能主義的民族誌のように、各世代の成員が揃った安定した社会構造をQ村という地理的範疇に想定することはできない。また、村民という集合範疇に安易に均質性を想定することもできない。わかりやすい例を挙げれば、Q村には遠方の外地、たとえば江蘇省北部、安徽省、雲南省、四川省、広西チワン族自治区などからの婚入女性の姿も見られる(43)。Q村を自律的で閉鎖的な共同体のように理解することはできないという認識は、本論において前提となっている。

図0-4　呂家の人々

なお、Q村の歴史に関しては有効な史資料を得ることはできなかったこともあり、本論では殆ど扱うことができない。また本論は歴史人類学を企図するものでもない。ただ一点だけ注記しておきたいのは、高淳には第二次世界大戦時に日本軍の侵略を受けた痛みの記憶が残っているということである。実は、高淳は日本軍の「南京への道」の行軍ルート上に位置していたために被害を受けた地域であり［cf. 笠原　一九九七：九〇―九一、二〇一二］、その際にはQ村村民も、放火・殺人の被害を受けていたのである［川瀬　二〇一六b］。「南京事件」に起因する歴史的・政治的背景は、特に日本人研究者にとっては南京エリアでの現地調査を困難なものとする一因であったかもしれない[44]。筆者の場合、制度上は地元公安にて居住登録をし、また中国政府奨学金による留学生でもあったため、高淳の生活文化を学ぶ外国人という身分を有してはいたが、それでもフィールドワーク中には、一人の日本人研究者として有形・無形の様々な制約の存在を意識せざるを得なかった。それゆえ、たとえば悉皆調査など「間諜（スパイ）」を連想させるような「調査（*diaocha*）」を実施することはできなかった[45]。また同様の理由から、本論ではいわゆる「基層自治」や「権力構造」についても殆ど扱わない。中国農村の理解には政治権力という視点が不可欠だという指摘もあるものの［中生　一九九〇a］、この側面についても調査は控えるべきだと判断したからである。

筆者のQ村での参与観察は、以上のような制約の上で、Q村の研究ではなく（don't study villages）、Q村において（*in* villages）人類学をすることを試みたものである［cf. Geertz 1973: 22］。呂家での寄宿を始め、ズイを「嫂嫂（あによめ）」と呼び、またユエンに「叔叔（おじさん）」と呼ばれるようになった人間として、そしてQ村に常住する一人の生活者として過ごした時間のなかで、筆者が一人類学徒として理解しようと努めていたのは、民族誌学がその成立当初から目的としたところの、現地の人々がどのような関心をもっているのかという一点に尽きる［マリノフスキ　二〇一〇：六五］。

この問いに対して本論では、筆者がQ村で生活するなかで見いだした人々に特に重んじられているモノ／コト――祭祀芸能、農作物の収穫、イス、モノの価格、粽、ご飯――を手がかりとし、民族誌資料を提示する。また これらの事物／事象はいずれも、筆者が調査の初期段階において理解に躓いたものであるとともに、調査過程のある瞬間にふと「わかった」[46]ように感じたものでもある。すなわち本書は、これらのモノ／コトを一つの切り口とすることで見いだせた、Q村の社会生活についての解釈と記述から構成されたものである。

五　本書の構成

本書の構成は以下の通りである。

第一章では、日本の漢族農村研究における〈集合〉論の系譜について論じ、本論の分析視座の提示を行う。しばしば、漢族農村社会には「共同体がない」と言われてきたが、そこで明らかとされた事象とは何であったか。またその知見はその後の人類学にどのように継承されてきたのか。本章が明らかにするのは、西欧近代の概念である「集団」(group)や日本のムラ(=村落共同体)といった境界的な集合範疇ではなく、「集まり」や「集合」といった語によって、「非境界的集合」を対象化しようと試みてきた研究史である。

第二章では、高淳で見られる祭祀芸能「跳五猖」と「小馬燈」を取り上げる。これら祭祀芸能は、近年、無形文化遺産に登録され、一見すると観光資源化の影響を受けているようである。しかし、祭祀芸能の実践をつぶさに見るならば、変化は表面的なものだと言え、「文化遺産登録を契機とする民俗の変質」という語り口には馴染まない。祭祀芸能という集合活動を支えてきたロジックに着目することで、中国特有の政治環境のなかで育まれてきた祭祀芸能には、「機運」を掴むような柔軟な実践が見られることを指摘する。

第三章では、調査村Q村の農業の事例を取り上げる。Q村における麦や稲の収穫は、三七〇キロメートルも離れた外地から「流し」でやって来るコンバインによる収穫代行業者に依存している。すなわち、農作業のうちでも特に重要な収穫という工程は、農村の組織(association)などではなく、あたかも「石焼き芋屋」のようにやってくる「よそ者」の来訪に依存して行われているのである。このような収穫の分業をいかに理解すべきか。予約も確証もないまま、農民らが自家の農作物の収穫にとって都合のいい協力者を選ぶことができている「即興的分業」とその社会機制について考察する。

第四章では、Q村における村民間の日常的な交流のあり方について検討する。人々は、一見するとぶしつけに勝手に友人・知人宅にやってきては、世間話をして、ほどなくすると立ち去る。また村に一軒ある売店は村民のたまり場となり、博打が行われ、雑談が交わされている。このような光景を成り立たせているものとは何か。筆者が着目するのが、「イスを勧める」という他者歓待のモラルであり、現地語の /baʔ ciaŋ/（「白相」、直訳は「遊び」）という言葉である。特に注目すべきは、村民間交流は個々人それぞれの都合でなされるものでありながら、一日の特定の時間帯にのみ行われるという「共通性」である。「共同性」に基づくような時間秩序とは異なる、明文化しえないながらも通底する時間秩序について、言語学の「韻律」(prosody）概念を手がかりに考察する。

第五章では、Q村での日常会話における語りの特徴について検討する。筆者がフィールドワークの過程で出くわした「このトマトは都会人が一番好きなものだ」という一見すると奇妙なフレーズを手がかりに、言語実践の特徴として、都市と農村の二分法や、カネへの言及などが見られることを指摘する。そして、二分法的レトリックのなかで、自/他の境界がどのように区画されているのかについて考察する。

第六章では、端午節にあわせて用意される儀礼食である粽に着目し、粽をめぐって織りなされる人間関係について考察する。粽は、端午節という祭日にあわせ各家庭で、時に村民間で協力をしながら製作され、また、贈られる。この粽の贈与の流れを追うことで明らかになるのは、規範的な親族関係や相互扶助的な関係性ではなく、個人を起点に同心円的に広がる人間関係であると同時に、「不憫な」個々人の顔を想定するような関係性である。伝統的な儀礼食としての粽が製作され続けている意義について、贈与関係の視点から考察する。

第七章では、最も「団体」的な性格が強いと目されてきた家族・親族の事例について取り上げる。たしかに家族の境界線は比較的リジットかもしれない。しかし、現地語で「一家人（/irʔkaɲiŋ/）」（同じ「家」の者）と呼ばれる集合範疇はその時々で意味が異なるものであり、成員範囲は伸縮に富む。このような伸縮自在な渦の様相を共食の場面の事例から分析するとともに、突発的な人々の集合を可能とする条件としての「備え」について考察する。

終章では、以上の各章における議論――渦、機運、即興性、韻律、境界の場面性、差序格局、備え――について総括し、「共同体がない」とされるような社会を理解する上での「韻律」という視点の可能性について検討する。

注

（1）この論点は、筆者の修士論文［川瀬　二〇一二］および拙稿［川瀬（中文）　二〇一五b］で触れたことがある。

（2）ウォーラーステインによれば、十九世紀に学問分野の分化が進展した。すなわち、英米仏独伊という西欧＝近代の過去（歴史学）と現在（経済学・社会学・政治学）を扱う学と、モダニティの外部世界を担当する東洋学（文明）と人類学（未開）という分業体制の確立である［ウォーラーステイン　二〇〇六：二二―三六］。

（3）たとえばアンソニー・コーエンは、「『コミュニティ』と『近代』の対立は、近代の定義が欠いているものをコミュニティに帰属させるという馬鹿げたやり方によっている」［Cohen 1985: 11］と指摘している。ただし彼自身の主な批判対象は、人類学一般というよりもむしろシカゴ学派の伝統的な枠組み（都市と村落コミュニティを対置し、後者をより「単純」で、対面的で、平等主義的だと見なし、孤立性を失うに従い都市化するという見方）に基づくような研究である［Cohen 1985: 22-38］。

（4）たとえば、国家言説下におけるコミュニティ政策の変遷を対象化した研究や［原　二〇一二］、実践や情動に注目した研究［平井（編）二〇一二］、また都市のゲマインシャフト的な関係性に着目した研究など［吉岡 二〇一六］、コミュニティを主題とした研究群は増加しつつある。

（5） タイ研究者の北原淳は、この人類学的な研究潮流を共同体理論の研究史における「第三の道」だと表現し、「近代と共同体の二項対立を生活世界のなかで組み替えて再構築していこうとする民衆の生活戦略が生み出す共同体に注目する立場」［北原 二〇〇七：一六五］だと概括している。

（6） アミットはdisjunctureという用語を数理論理学的な「論理和」という意味ではなく、dis-junctureつまり「連結・結びつきが絶たれた状態」という意味で用いている。筆者はこの用語の訳語として「離接」を選択した［川瀬 二〇一三c］。

（7） 「非境界」という用語は、一つの理論的視点のイメージを伝えるためのキーワードではあるが、堀内はこの概念を明確に定義しようとはしていない。堀内によると、それは、非境界的世界を「定義」したとたん、新たな境界と範疇を生み出してしまい、ひいては境界的思考に基づく議論を誘発してしまうからである［堀内 二〇一五：xi］。非境界的思考の内実はオープン・エンドにされたままだが、堀内の議論は、人類学者の認識論的前提や調査者としての態度を相対化する契機をもたらす［池田 二〇一八：七二―七七］。

（8） 佐藤知久は、現代世界の特徴をグローバル化、メディア化、個人化の三点から説明し、マリノフスキー型の「フィールドワーク1.0」が想定していた「文化・領土・民族」の三位一体という理論的前提では、現代世界を掴むことはできなくなっていると指摘している［佐藤知久 二〇一三：二四―四六］。

（9） マリノフスキーが特に評価したのは［Malinowski 1939: xiv, xviii］、同書のなかでも「実用人類学（practical anthropology）」に関わる記述である［cf. 川瀬 二〇一三a：一八一、注三二；佐々木衞 二〇一七：一三―一四、一七］。この点については、「理論の弱いマリノフスキー」から「理論の強いラドクリフ＝ブラウン」への移行を描く「スタンダードな学説史」［e.g. Stocking 1984；Kuper 1996］を相対化し、マリノフスキーの先鋭的議論としての「文化接触」（cultural contact）について論じた清水昭俊［一九九九］の議論を参照のこと。

（10） リーチも、「彼の著作は『中国の農民生活』と題されてはいるが、彼が描いた社会システムが中国全体に典型的なものだというような見せかけは、一切していない」と指摘している［Leach 1982：127］。そもそも、「中国の農民生活」というタイトルは出版社サイドから提案されたものであり、同書の基となった博士論文のタイトルは「開弦弓：中国一村落の経済生活」であった［川瀬　二〇一三a：一八一］。

(11)「鳥瞰図」を意識しながらも「虫瞰図」にこだわる人類学の調査手法を、松園万亀雄は「四畳半人類学」と表現した［松園　二〇〇二：一二］。筆者の理解では、この言葉の含意とは、「四畳半」と比喩された生活世界を「狭く深く」研究するアプローチは、「広く浅く」研究した場合とは全く性質の異なる理解のあり方に繋がるというものである。

(12)併せて、名和克郎の次の指摘も参照のこと。「現在古典として遇されている優れた民族誌が、その理論的不備や時代的制約にも拘わらず現在に至っても読むに足る存在であるのは、それがある時代の主流の議論にも、既存のフォーマットから自動的に算出される単なる『事実』の記録にも還元されない部分を持っているからだと考えられる」［名和　二〇〇二：一三、注一二］。

(13)中国民族誌学（中国人類学とも言われる）では通常、研究史を、実地調査に基づく研究が始まった時期（二〇世紀初頭〜一九四九年）、中華人民共和国成立以降の大陸本土での研究の中断（一九五〇年代半ば〜一九八〇年代初頭）、改革開放政策以降における研究の再開（一九八〇年代以降〜一九九〇年代後半）、という三つの時代区分において整理する。本論ではそれぞれの時期を伝統期・文革期・改革開放期と記す。また、それぞれの時期の研究についての詳細は、瀬川昌久［二〇〇四：四一―九一］、西澤治彦［二〇〇六］、李善峰［二〇〇四］、孫慶忠［二〇〇五］、河合洋尚［二〇〇七］などを参照のこと。

(14)この問題意識はまた、一連の「再調査」の流行にも通底したものだと言える。すなわち、「満鉄調査」の旧調査村の再調査（本書第一章）や、中国における古典的民族誌の舞台となった諸村落での再調査［e.g.庄孔韶等　二〇〇四］が行われてきたのである。たとえば費孝通［Fei 1939］の調査村であった開弦弓村では、費孝通自身による再調査［Fei 1983］が行われたほか、新中国の成立後［Geddes 1963］、また改革開放の直後［Gonzalez 1983］にも人類学者による再調査が行われている。なお、同村ではその後も国内外の、そして複数分野の研究者による数多の再調査が繰り返し実施されており、半ば研究者にとっての「聖地巡礼」の地という様相を呈している。

(15) 費孝通は再版に寄せた序文において同書刊行年を一九四七年と述べているが［費孝通　一九九一（一九四八）：二］、正しくは一九四八年である。

(16) ここで費孝通が中国のフォークタームとして用いた「己（*ji*）」という用語の理論的含意については、第一章で詳述する。

(17) 差序格局論は広く応用と修正が試みられてきた分野であり、本書ではその全てを網羅することはできない。日本語で読める差序格局論のレビューとしては、李明伍［二〇一〇］が参考になる。

(18) 管見の限り、この時期に差序格局を論じた文章は一本のみである［彭明朗　一九五八］。

(19) 最初期のものとして［涂碧　一九八七］や［李小雯　一九八七］が挙げられる。

(20) 王崧興が中国社会の特徴として述べた「関係あり、組織なし」［王崧興　一九八七：三七］というテーゼはとりわけ親族研究に大きな影響を与えた（本書第七章）。

(21) 日本における「費孝通研究」の第一人者として知られる［e.g. 佐々木衞　二〇〇三］。佐々木は差序格局を中国の伝統的社会構造の一つとして位置づけ、社会変動論のモデル構築を行ってきた［佐々木衞　一九九三、一九九六、二〇一二］。

(22) それぞれ、鶴間和幸らによる日本語訳［費　二〇〇一a］と、蕭紅燕による日本語訳［費　二〇〇一b、二〇〇一c、二〇〇二、二〇〇三］である。私見では、前者は原文に忠実ながらやや生硬であり、後者は大胆な意訳もあるものの費孝通の思考が読み取りやすい。なお、二〇一九年には新たに西澤治彦による全訳が出版された［費　二〇一九］。いくつかのキーワードの理解や訳出について筆者は異なる意見を持っているが、同訳書は全体を通して丁寧に翻訳されており読みやすく、また他分野の研究者に親切な訳注が付されており、今後は邦訳の決定版として定着するだろう。

(23) ハミルトンとワンはこの英訳語の発案者は沼崎一郎だと記しているが［Hamilton and Wang 1992: 19, n.3］、これは、当時「差序格局」の訳語に頭を抱えていたハミルトンに、沼崎が個人的な相談のなかでアイディアを提供したものだった（沼崎一郎氏、二〇一八年二月九日私信）。

（24）現在の中国の人類学界では、「流動」（flow）という用語が一つの流行語となっている。

（25）本節で言及したモラル・コミュニティ論などを参照のこと。また、「関係（*guanxi*）」論における位置づけについては、楊美恵［Yang 1994］との比較から論じた西澤治彦［二〇〇九：五九一―五九四］の指摘を参照せよ。

（26）「関係（*guanxi*）」は、親族・友人・知人「関係」や利害「関係」など、おおよそ全ての関係性を包摂する概念であるが、また日本語で「コネ」と表現される関係性が際立つ場合も少なくない。この概念は、「人情（*renqing*）」や「面子（*mianzi*）」などと共に中国の人間関係を代表するエミックな概念であるとして重視されるとともに、モラルや「社会関係資本」、あるいは賄賂や汚職など、多様な論点から議論がなされてきた［e.g. Smart 1993；Yang 1994；Kipnis 1997；Gold et al. (eds.) 2002；園田　二〇〇一；翟学偉　二〇〇九］。

（27）この議論の構図は、閻雲翔が近年展開してきた中国社会の「個人化」論ではより鮮明なものとなっている［Yan 2009］。彼によれば、華北農村の変容に伴い、エリートのみならず庶民までもが諸社会集団の拘束から「離床」（disembedded）する機会を多く獲得してきた。市場経済化は個人が家族や親族集団、共同体などの拘束から離れることを可能にし［Yan 2009: 276-278］、また、かつての家族制度の要であった結婚後の父母との同居は様々な居住形態にとって代わられ、若い世代と高齢者との独立居住は新たな家族の理想を生んでいる［Yan 2009: 279-280］。かつての中国農村に強固な「集団的拘束」の存在を措定し、歴史的変化の帰結としてそこから「離床」した現在の農民があるという立論は「共同体／近代」の二分法を上書きしたものであり、少なくとも非集団論的前提に立ち展開されていた彼自身の『贈答のフロー』での議論からは後退してしまっているように思われる。

（28）よく知られている「間違い」として、テンニエス［一九五七］のゲマインシャフト／ゲゼルシャフトの対比を、デュルケーム［二〇一七］の議論とは真逆の形で、有機的連帯／機械的連帯に対応するとした『郷土中国』冒頭部の記述が挙げられる［費孝通　一九九一（一九四八）：九］。デランティによれば、テンニエスに批判的だったはずのデュルケームを「近代化に反対する、集合的道徳の擁護者」として捉える誤解は、当時のヨーロッパにおいて広く流通していた［Delanty 2010: 25］。

(29) 高淳を調査地として選定するための予備調査は二〇一二年八月、および二〇一三年四月~九月にかけて行った。

(30) 住み込み型のフィールドワークの実施に際しては日本人調査者であることに起因する困難もあった。その経緯と打開策については別稿［稲澤ほか　二〇一七］にて述べている。

(31) それぞれ、二〇一四年五月、二〇一五年一月、四月、八月である。

(32) 筆者が確認した限りだと、上海から西に五〇キロの地点の農村にて八ヶ月間の農村調査を行ったというマーフィー［Murphy 2001］のみである。なお華東地方では、安徽省［e.g. Han 2001；Steinmüller 2013］や浙江省［e.g. 銭　二〇〇七；Matthews 2017］などにおいて民族誌的研究が徐々に蓄積されつつある。

(33) たとえば、福田アジオらによる一連の共同調査［福田（編）　一九九二、一九九五、一九九九、二〇〇一、二〇〇六］や、濱島敦俊らを鏑矢として展開された一連の歴史学的調査［濱島ほか　一九九四；太田・佐藤（編）　二〇〇七；佐藤ほか（編）　二〇〇八；佐藤ほか（編）　二〇一一；cf. 佐藤仁史　二〇一三］、また、農村社会学・経済学者らによる共同研究［石田（編）　二〇〇五］などが挙げられる。

(34) 高淳に関する学術調査を行った研究者については、本書第二章で言及する。

(35) 高淳県城に位置する全長約八〇〇メートル、S字状の商店街。建造物の九〇パーセントが明末清初のものであり［南京市旅游局（編）　二〇〇三：七—一三］、建築は五行説、風水観念にのっとったものだとされる［濮陽康京　二〇一三］。

(36) 二〇一〇年よりイタリア発祥のスローシティ（Città Slow）に、高淳椏溪鎮の北部約五〇平方キロメートルが登録された。いわゆる「生態観光（エコ・ツーリズム）」や「農家楽（*nongjiale*）」（農村生活体験）を主題とした観光地となっている。

(37) 二〇一三年に中国のインターネット上で話題となった「江蘇省の難しい方言ベスト一〇」［e.g. 人民網　二〇一三］は、高淳方言が江蘇省で最も難しい方言であることの例証としてしばしば言及されていた。このランキングの言語学的根拠は不明であるものの、少なくとも南京市民間で高淳方言が聞き取れないという経験則を反映していると言える。

(38) 標準語と「高普話」の差異を表現するのは難しいが、呉語方言に馴染みのない者の場合、中国語話者でも理解は難しいようだ。たとえば、筆者の調査期間中、ある中国の研究者が筆者を訪ねてきたことがあったが、彼は「高普話」を話すQ村村民の言葉を所々聞き取れなかったため、筆者が彼に「通訳」をしたということがあった。

(39) インフォーマントによれば、かつて家屋があったのは「大村」エリアのみであったが、家屋を建てるための用地不足を契機に、一九七七年頃、「小村」エリアにとある家族が居を構え、その後徐々に家屋が増えていき現在のようになった。

(40)「馬廟会」成員による主な活動は春節期間中の「馬廟」での当直(「値班(*zhiban*)」)や、中秋節における参拝者(村内外の個々の参拝者)への対応である。また、他村との合同により実施される民間信仰活動「降福会(*jiangfuhui*)」において、その差配を成すのも「馬廟会」の面々である。なお、この活動は本書では扱わない。「降福会」の詳細は、李甜[二〇一二]を参照のこと。

(41) 現地の呂氏の始祖は第十代の呂潤会という人物であり、その第三子がQ村の開祖だという。

(42) 瀬川昌久は従来までの単姓村/雑姓村という類型は分析上有効ではないとし、これを補うために単一宗族支配型/複数宗族共住型/無宗族型という三類型を提示した[瀬川 一九九一：九七—一〇四]。

(43) 多くの場合、出稼ぎで他所に出た男性若者がそこで妻となる女性を見つけることに起因する。筆者の知る限り、外地出身の女性は殆どが上昇婚(hypergamy)の形をとって婚入しており、相対的に貧しい地域の農村から豊かな高淳へと移動してきていると言える。中国の婚姻移動については堀江未央[二〇一八]による優れた民族誌がある。

(44) 改革開放後の「南京留学組」[e.g.上田 一九八七；西澤 一九九〇、一九九二]は特に調査上の困難や制約を受けてきた。

(45) ただしこの点は中国の他地域でも同様かもしれない[cf.稲澤ほか 二〇一七]。

(46) 桑山敬己は、日本語の「わかる」という言葉には「分ける」という含意のみならず、「身につく」という体感・体得の側面が含まれており、人類学的フィールドワークで「わかる」ものとは、論理的な知識のみならず、論理を超越した身体知(embodied knowledge)であると指摘している[桑山 二〇〇八：一二九—一三〇]。また柳田国男はこれを「内省」と呼んだ[岩本 一九九〇]。

第1章

漢族農村研究における〈集合〉論の系譜

日本人は、共同体が見つからないと気がすまないんですね。（笑）　――王崧興

日本の中国研究において、漢族農村をめぐる「共同体」論は、社会学、歴史学、政治学、法学、経済学など様々な分野の研究者に着目されてきた研究領域であるとともに、またその知見をめぐって数々の議論が交わされてきた研究テーマでもある。だがその中でも、「共同体」論における知見を批判的に継承してきた人類学者らによる一連の研究があることは、日本国外はもとより日本の中国研究においてもこれまで十分に認識されてこなかった。本章のレビューで明らかにするのは、日本の中国民族誌学における〈集合〉論の系譜である。また、それら〈集合〉論の知見と費孝通の差序格局論とを比較し、その理論的可能性について考察することで、本論全体における分析視座を提示する。

冒頭に引用したフレーズは、一九八〇年代後半、中国研究の人類学者らが一同に会し、当時の漢族研究の研究

潮流と今後の課題について討論をしていた席上で、王崧興が指摘したものである［末成ほか 一九八八：一八三］。日本人による中国農村研究には共同体へのこだわりがあるというこの指摘[1]は、日本人という研究者側の社会文化的背景が、調査成果に反映していることを示唆している点で重要である。とりわけ、「共同体」探しに失敗した筆者にとって（序章第一節）、この指摘には身につまされるものがあった。本章ではなぜ日本人が共同体にこだわるのかを論じることはできないが、日本人が共同体にこだわってきたことにより、どのような問いを生み、そしてどのような中国農村社会の特徴を指摘したのかについて明らかにする。

ここで議論に入る前に用語の問題について整理しておきたい。日本では、community の翻訳語として「共同体[2]」、「地域社会」、カタカナを用いた音訳用語である「コミュニティ」などが使われてきた[3]。さらに、日本語の「共同体」という概念には、英語の community だけでなく、ドイツ語の Gemeinschaft、フランス語の communauté の翻訳語であったという由来も存在している。欧米諸国および日本の学説史的背景を背負った共同体という概念は、使用された時代、使用された文脈、さらには概念の使用者ごとに、大なり小なり意味合いが異なる、非常にやっかいな概念でもある。欧米では、community 概念の曖昧さを理由の一つとして「分析概念としては信頼されなくなった」という指摘もあるが［Delanty 2010: xi］、これは日本語の「共同体」についてもあてはまる。

そこで本章では以下、それぞれの学者が用いる「共同体」概念の用法と意味、そして、時代ごとの研究潮流の差異に留意して検討を行うこととする。

一　中国農村をめぐる「共同体」論の再検討

1　「平野―戒能論争」再考

漢族農村研究史上、日本人による大規模な実地調査として著名な「中国農村慣行調査」は、一九四〇年代初期に南満州鉄道株式会社内部の「満鉄調査部」が、華北の農村生活のあらゆる側面を研究しようと行ったものである。[4]一連の「慣行調査」の調査データは第二次世界大戦後、岩波書店から『中国農村慣行調査』として出版された。日本の軍事力を背景に行われた調査であるため、データの質の問題については議論があるものの、[5]同時に、その大規模な実地調査の成果は高い資料的価値を持つとされ、そのデータは多くの中国研究者に注目されてきた。[6]

一方、戦時中にも、調査データを用いた論文が東亜研究所の報告書等で発表されていた。そのなかでも特に有名なのが、いわゆる「平野―戒能論争」である。この論争はふつう、同じ慣行調査のデータを用いた二人の学者、平野義太郎と戒能通孝が、前者は共同体の存在を主張したのに対し後者は共同体の不在を主張したこと、及び、その後の研究蓄積の結果、中国の農村（自然村）[7]は共同体であるとは言えないとする見方が学界で優勢となった、と理解されている［e.g. 旗田　一九七三：vii-viii；石田　一九八六：一一―一三、二三九；張思　二〇〇四：一五九；祁二〇一〇：二五二］。この「共同体論争」は、今日でも繰り返し議論がなされているのだが、[8]その際に研究者が必ず参照するのが、慣行調査に調査員として参加していた経緯をもつ歴史学者、旗田巍［一九七三］による『中国村落と共同体理論』である。

旗田は同書において、平野よりも戒能の認識の方が華北農村の実態に近いと論じ、戒能の次のような見解［戒能　一九四三］に注目し、「共同体否定論」として紹介した。

①中国農民の所有地は、その収益および処分について村の干渉をうけない。農民の土地所有は全くの個人権であり、村の制約は存在しない。
②村有財産はあるが、それは広く無償使用に解放されているだけで、これを守る協同意識がない。
③中国の村には境界がなく、固定的・定着的地域団体としての村は成立していない。
④村長や「会首」（村役人）は村民に奉仕する者ではなく、官との関係を処理するために、いやいや引き出されたに過ぎない。
⑤村長・会首は有閑有産の地主層であり、村民の内面的支持をうけていない。
⑥家柄とか名門の意識がなく、純粋な実力関係が支配する。［旗田　一九七三：四六―四七］

このように旗田が整理した「平野―戒能論争」については、「今日でも旗田氏のレベルを超える研究史整理は発表されていない」［内山　二〇〇三：二〇］という評価もなされてきた。しかし近年、社会人類学者の清水昭俊［二〇一二］は丁寧な考証に基づき、この「論争」について新たな観点を提示した。

清水はまず、戒能の議論が理念的に「協同体」概念を作成した上で、それを中国の自然聚落に当てはめるという「実証的な比較研究として方法的なルール違反」［清水　二〇一二：一一四］を犯していたことを指摘する。さらに清水は、平野と戒能の見解を戦時中の刊行物から発掘し、「平野―戒能論争」と命名して中国研究の場に再登場させたのは、旗田巍であると指摘する。そして、平野が「自然的生活協同態」という用語を用い、一方戒能は「組仲間的協同体」（Genossenschaft）という用語を用いていたことに注目し、旗田の「共同体論争」という捉え方を次のように批判した。

> 二人の異なる表現を吟味することなく、いずれをも「共同体」と置き換え、二人の認識は中国の「自然村、自然集落」が「共同体」であるか否かで真っ向から対立したと捉えたのは、旗田である。しかし、平野と戒能がそれぞれの用語で異なる事象を指摘しようとしたのならば、そして私はそうだったと考えるのだが、二人の見解が並立することも十分に可能であった。［清水　二〇一二：一一三―一一四（傍点筆者）］

この清水の議論をうけとめるならば、中国研究には二つの課題があると言えよう。一つ目は、「二人の見解が並立しうる」という観点の検討である。平野と戒能の二人がそれぞれ別の用語で別の事象に着目していたならば、「真っ向から対立していた」とされてきた「論争」は、単なるすれ違いのものであった可能性がある。そして二つ目は、旗田の「共同体論争」という認識枠組み、いわば「旗田パラダイム」の相対化である。[9] それぞれの「共同体論者」が、どのような事実に基づき、どのような意味での「共同体」を論じていたのかに注目する必要がある。

以上の問題意識をもちながら平野および戒能の文章をあらためて読んでみると、まさに平野と戒能の着眼点が異なっていたことに気付く。平野が注目し、戒能が注目しなかったもの、それが宗教活動であり、とりわけ廟（および廟組織）と村との関係である。そこで以下では、平野がどのような宗教事象をもって、そしてどのような意味で「共同体がある」と論じていたのか、その立論過程について再検討してみよう。

2　平野義太郎の宗教祭祀と「聚落結集作用」論

平野義太郎について明らかにしなければいけない課題は多いものの[10]、ここで平野の中国研究として取り上げるのは、彼の一九四三年の論文「北支農村の基礎要素としての宗族及び村廟」である［平野　一九四三］。この論文は、慣行調査データや他地域に関する文献資料を利用して記されたものだが、実のところ、「協同態」という用語自体は一度も使われていない。だが、この論文で平野が提示する「廟における祭祀と村落統合の関係」という論点は、「共同体肯定論者」としての平野像の根拠となってきた。平野はのちの論文で、廟を運営する村民組織である「会」を、「村民の自然聚落」とも、そして「自然的生活協同態」とも表現していたからである[11]［平野　一九四五：一三六―一三七］。

平野はまず、祠堂（宗祠）と村廟を対比的に捉える。「村廟は血縁団体たる宗族の中心たる宗祠に対して、地縁団体たる村の中心である」［平野　一九四三：四一］。この認識から、平野は二つの議論を展開する。一つは、華北・華東・華南のいずれの地域においても、宗族制度は「根本において支那村落の基礎になっている」という論点である［平野　一九四三：三―四］。平野によれば、宗族が発達している華南とは異なり、華北農村では、「宗族の共同祖先祭祀を行い同族の連鎖を強化する」宗祠は相対的に少ないものの、宗族間の関係を規律する道徳[12]それ自体は、中国のどの地域においても、村落生活上の大きい規制力をもっている［平野　一九四三：一八―二六］。

もう一つの論点は、宗祠と村廟が「日本のように」自然と融合することなく、分かれ分かれになったままであるというものである［平野　一九四三：二七―三二］。平野によれば、中国では宗祠は単に家族の共祖を祀るに過ぎないのに対し、日本の場合は、村民が共同で神社を祀り、異族であっても村民であるという資格によって同一の村の守り神を崇拝する。これにより同胞の観念が発達し、氏神は地域神に融合する［平野　一九四三：三〇］。それに対して、華北農村の村廟は、「日本のように、村の鎮守という信仰において村民を統合せしめ、統一連帯化するのでもない」［平野　一九四三：三二］。

しかし平野は、以上のような日中比較を通していったんは否定したはずの村廟の「聚落結集作用」を、今度は逆手にとるような議論も展開している。すなわち、村廟は「日本の神社と同じように」、祭祀を通じて聚落を結集させ、村民の統一性と連帯感をつくりだすという主張である。こう述べた上で、平野は続けて、村の全生活が村廟を中心とする訳ではなく、村廟が村落生活において有する結集力は、日本の神社と比べて比較的に疎漫であるとする［平野　一九四三：三三一―三四］。このように、平野は日本と中国とを比較することを通して、中国の村廟は「村民を結集させる」作用があると論じると同時に、村廟の持つ結集作用は「弱い」[13]と指摘していたのである。

平野のこの論文は、宗族の華南における発達／華北・華東における未発達という論点や、宗祠／村廟という対比、そして、廟の祭祀活動と「聚落結集作用」という着眼点においても、後続の研究者にも踏襲される議論の枠組みを用意した点で先駆性が認められる[14]。

ただし、平野が廟の祭祀活動（廟会）を通じて聚落が結集すると述べる時、その根拠はいわば祭祀に関する本質論のみであったことに留意すべきである。平野によれば、祭祀とは社会結合の宗教的表現であると共に、社会結合を強固化する性質を持つ［平野　一九四三：三三二］。実のところ、平野はこの観点に立って事例を提示したのであり、事例から「祭祀は社会結合を強化する」という理論を導いたわけではない。すなわち、平野はどのように祭祀が村の社会結合を促すのか、具体的資料によって根拠を示すことはできていなかったのである[15]。

3　旗田巍の宗教組織論

平野が宗教祭祀としての「会」が村落結合の大きな要素となると考えたのに対し、平野と同じ資料を分析しながらも異なる結論を導き出したのが、旗田巍である［旗田　一九八六（一九四五）］。論文を執筆した一九四五年当時、旗田自身は、マルクス主義的な村落共同体論[16]――孤立的小宇宙である農村共同体が、中央集権的官人支配体制を成立させた地盤である――の再考を意図していたという［旗田　一九八六（一九四五）：一五二］。本項では、旗田パラダイムではなく、旗田自身の研究について検討する。

中国では一般に、何らかの行事が集団的に行われる場合、「会」が作られる。目的、機能、組織の違いに応じて、異なる名前を冠した「会」があるが（旗田の調査村では、「辦五会」の他に、青苗会、謝会、請会、猪会などがあった）、「会」はまた、行事自体、および実行組織の双方を指す言葉でもある（日本語の「学会」が、学会活動と学会組織の双方を指すことを想起されたい）。旗田がとくに注目したのは「辦五会」であるが、その議論の力点は、宗教祭祀というよりは、むしろ組織面（会の運営者である「香頭」や参加者の資格や役割など）に置かれている。

旗田によれば、辦五会は、村民が集まって廟の祭神に祈願し、会食する集団的行事である。辦五会の二～三日前、「老道」と呼ばれる廟の管理人は案内状（会貼）を持ち各家を廻り出欠を確認する。参加を望む者はこの案内状を受け取る。そして当日、参加者は廟の庭にやってきて、祭神に対し焼香をし、叩頭する。その後、村民は観音寺の中庭で食事をとるが（破供）、この際、食べてもいいのは豆腐や饅頭等であり、肉や酒は口にしてはいけない。食事が終わると辦五会は終わりである。合計で三時間程度の活動である［旗田　一九八六（一九四五）：一一三—一一四］。

このような概括の後、旗田は、辦五会はごく簡単な行事であり、参加者も村民約七十戸のうち約三十名にすぎないと指摘し、この行事の衰退傾向を指摘する。かつては参加者も多く、また夜には講談（「評書（*pingshu*）」）も開かれていたのだが、民国以後の衰退過程のなか、辦五会は一度、途絶えた。だが中断させた者は村民の非難を受けたため、その後再開された。この辦五会の経緯を、旗田は「衰えつつもなお伝統的行事が村民に必要とされている」ことを示すものだと纏めている［旗田　一九八六（一九四五）：一一四—一一五］。

では、平野が提起していた「会」による村落統合という観点は、旗田にとってどう映っていたのか。旗田によれば、「辦五会は集団的行事であるにも拘らず強い団体的性格を示していない」［旗田　一九八六（一九四五）：一一七〕。なぜならば、辨五会における神への祭祀は、出席者がそれぞれの御利益を得るために集まったものであり、村や宗族などの団体の御利益を祈願するために集まった訳ではないからである〔旗田　一九八六（一九四五）：一一七〕。その他にも旗田は、村民が辨五会に参加する強制はなく、参加しないことにより悪口を言われたり何らかの制裁を受ける訳でもないことを指摘している〔旗田　一九八六（一九四五）：一四五―一四六〕。

特に興味深いのは、辨五会に参加するメンバーシップについての解釈である。平野はそこに「村の」祭祀を見たが（本章注15）、旗田はそのメンバーシップは緩やかであると強調する。

> 辨五会に出席できるのは本村人だけであり、外村人は出席が許されない。そこに外村人に対する封鎖的性格が認められる。しかし本村人の資格は単に本村定住者であって、それ以上の条件を必要とせず、しかも入村離村は容易であり、新来者に対する差別的待遇はない。本村人だけの会ではあるが本村人の資格の獲得喪失が容易であるので、その封鎖的性格は強くない。〔旗田　一九八六（一九四五）：一四五〕

平野と旗田の見解の差異は、旗田が、「村落の封鎖性」というマルクス主義的村落共同体論の観点から、議論をよりつっこんだものとしていることに由来する。すなわち、平野が、辨五会のメンバーシップを本村人／外村人の対比で捉えたのに対し、村落共同体論に疑念をもち、「共同体村落」の封鎖性にこだわった旗田は、そこに入村権という基準を設けることでこの対比を相対化すると共に、強い封鎖性／弱い封鎖性という尺度を付け加えていたのである。実のところ、平野が引用していたのは旗田が行った慣行調査の資料だったのだが〔平野　一九四三（一九四五）：一三九―一四〇〕、その引用は不十分だったと判断できる。

以上のような旗田の「共同体」への拘わりは、結論部分においても確認できる――辨五会という集団的祈祷は、各人の祈祷に共通性があるために集まっているだけであり、「団体のための祈願ではなく、それぞれの共通的祈願の集合にすぎない」ものであり、「各自の御利益を目的とする人々の集まりに過ぎぬ」［旗田　一九八六（一九四五）：一四六］。旗田は、平野のように集団活動をそのまま村の結集作用の証拠とするのではなく、いかに「共同体」とは言えないのかを考えた末に、そのような集団活動の質感を示そうと、団体／集合という対概念による記述を試みていたのである。

4　福武直の宗教統合論と「宗教圏」論

旗田の整理した「共同体研究史」において、「共同体」を否定する代表的論者の一人として名が挙げられたのが、社会学者福武直である。彼が一九四六年に出版した『中国農村社会の構造』［福武　一九七六（一九四六）］は、華東および華北の農村それぞれについて総合的に分析を加えた点、そして、旗田パラダイム以前に平野と戒能の議論に着目していた点で［福武　一九七六（一九四六）：三四］、重要な著作である。(17)

福武によれば、華北の村落の多くが集村の形態をとるのに対し、華東の村落は自然環境のため散在的に分布していることが多く、市鎮との結びつきが強い。村落は高度に開放的なものであり、村落は農民生活が自足的に行われる地域集団だとは言えない。そのため、マルクス、サンダーソン（D. Sanderson）、および清水盛光の三人の「村落共同体」概念はいずれも華東の村落では当てはまらず、むしろ、華東の村落は「郷鎮共同体」(18)という概念で捉えるべきだと結論した［福武　一九七六（一九四六）：二五九―二六三］。旗田はこのような福武の表現をして、「いかなる意味でも村落共同体ではない」と結論づけたと表現するが［旗田　一九七三：一四］、これは誤った要約である［cf. 濱島　一九八七：一三九―一四〇］。福武は、華東の郷鎮共同体は「吾国一般の農村から見ればより多く村落共同体的性格を残しているものであった」とも述べているからである［福武　一九七六（一九四六）：二六三]。また福武は華北村落に関しても、戒能が農村社会には「村意識の存在がない」[戒能　一九四三：一五八]とした見解は「行き過ぎた結論」であり、華北村落の集団意識は村民を拘束する度合は低いものの、存在はしており、かつ華東村落に比してその意識は強いと論じている[福武　一九七六（一九四六）：五〇二]。このように、旗田による福武の議論の位置づけには距離を置くことが必要である。

さて、右記の要約には、福武の議論の特徴がよく表れていると言える。すなわち、農村の「集団性」を認めながらも、一方でその「集団性」や「結合性」を、強い／弱いという対比を用いて記述したことである。

このような対比は、福武の宗教統合論においても確認できる。福武は、アーサー・スミスの有名な言葉、「中国人の団結の才能は宗教的目的を有する会に最も明瞭に現れる」[Smith 1899: 141]を引き合いに、「農耕儀礼的な習俗」あるいは「求幸祈福の共同的慣習」である宗教会に着目する。(19) 福武によれば、宗教会とは「農村の社会的結合に及ぼす意義」に加え「娯楽的意義」を有する、「単なる宗教的事象以上のもの」である[福武　一九七六（一九四六）：一四一―一四三]。だが同時に、そこにみられる「集団結合の強度」は低いのだと福武は指摘する。「宗教的会は、会員相互に会友意識を生じその間に親密なる感情を起こさしめるが、それは宗教的行事の面に止まり、農耕儀礼的な宗教会においてすらそれが吾国のゆい等の如きものにまで組織化されて」おらず、「そこに積極的な扶助や共同が見られない」[福武　一九七六（一九四六）：一六一―一六二]。ここで福武は「ゆい」、つまり日本各地の村落でみられる労働力の交換という慣行[鳥越　一九九三：一二一―一二三]に言及している。すなわち、先述の平野や旗田と同様に、福武も、日本の村における共同労働のあり方を基準として、村落の「結合」の強さ／弱さを判断するという議論の展開をしていたことが確認できる。

一方、福武の宗教論では、独自の概念も提示されている。それが、「宗教圏」である。福武によれば、華東農村地帯では村廟と土地廟とがそれぞれ異なる役割を持つ。村廟は「宗教的集団構成の結合中心となる」が、廟の大きさによってその「宗教圏」は「部落」[20]の範囲となることも、「村落」と一致することもある［福武　一九七六（一九四六）：一五三、二二九―二三〇］。一方で土地廟を中心とする宗教的結合はより広域にまたがるものであり、「村落」から「複数村落」にまたがる。ただし、土地廟を数部落で一つ持つ場合は「その区域が一村落と概念される」［福武　一九七六（一九四六）：一五三―一五四］とは言え、華東農村では「土地廟の地域が村落と一致することが稀であり、村落結合の象徴とすることはできない」[21]［福武　一九七六（一九四六）：二二九―二三一］。土地廟を起点とする宗教圏から見た場合、村落は「単なる宗教的な社会圏」と捉えるべきであり、また、諸村落の共同による廟会が行われる場合もその村落連合は「宗教的な集団」とは言えず、「宗教的な社会圏たるに止る」［福武　一九七六（一九四六）：一五三―一五四、一八二、二二六―二二八］。

この議論を敷衍し、福武は三つの宗教圏という概念を提起する。小さい村廟により、村落が第一次宗教圏を形成する。さらにより広範囲の第二次宗教圏は土地廟の信仰に見られる。そして、各土地廟を合し、より高次の廟で行われるような宗教活動は第三次宗教圏と言える［福武　一九七六（一九四六）：二二九―二三一］。

このような福武の宗教圏論は、ウィリアム・スキナー［Skinner 1964, 1965a, 1965b］の「市場圏」（marketing community）論が提起した、一農村を超えて広がる社会単位に着目している点で先駆的な議論だと言える[22]。さらに福武の立論で特筆すべきは、第一次宗教圏は固定したものではなく、その範囲が村落以下、つまり部落の範囲にまで縮小する可能性もあるとしていた点、そして、村落が宗教的統合性を持つか／否かという二分法ではなく、村民の宗教生活が村落を単位とする場合と、村落を越えた範囲の広がりを有する場合の双方が併存することを示していた点である。

5 「共同体論争」からの視点

本節ではここまで、「共同体論争」という枠組みの相対化に向け、平野義太郎が着目し、戒能通孝が検討をしてこなかった「宗教と村落統合」の問題に焦点をあて、各論者の立論過程をつぶさに追いながら批判的に再検討してきた。本節で扱った議論は「共同体論」の蓄積のうちのごく一部ではあるものの、少なくとも、平野、旗田、福武それぞれの「共同体」概念は決して一様ではなかったこと、そしてこの三者の「共同体論」的研究は、「共同体があるか／ないか」を問うような論争として一括りにできるものではなかったことを、改めて確認しておきたい。

では、一九四〇年代の漢族農村研究における「宗教と村落統合」の知見は、今日どのような意義を持ちうるだろうか。まずは、平野と福武の議論に共通する日中比較の問題、すなわち、日本の農村との対比から、中国農村における「廟がもつ結合作用が弱い」という見解を示していた点について考えてみよう。

日本と中国の農村の差異という問いを立てる上で注意すべきなのが、「村」という概念の内実である。歴史学者の濱島敦俊は、漢語の「村（*cun*）」とは日本語でいう「聚落」、つまり家屋（＝人の居住）が集合しているところという意味でしかないという、重要な指摘を行っている[23]［濱島 二〇〇一：四］。日本人によって、同じ漢字文化圏である中国を研究する際、日本語の「村」（ムラ）と漢語の「村（*cun*）」がそれぞれ民俗概念であり、意味が大きく異なっているという可能性は、案外、十分に意識されてこなかった論点なのではないだろうか。日本的な「村」の発想から中国の「村（*cun*）」を捉えてしまっては、漢族農村社会を現地の文脈において理解することは難しくなってしまうだろう。

しかし筆者は、このような「村」把握の躓きを理由に、かつての中国農村研究の知見を全て捨て去るべきだとは考えていない。むしろ日本人研究者による「共同体論」的な中国農村理解は、そのような「村」把握の躓きをしていたがゆえに、中国社会の特徴の一端を明らかにしてきたとも言える。なぜなら、比較とはそもそも比較する事項の間に共通性と差異を際立たせ、「比較の文脈に依存した相対的な特徴分布模様」を明らかにするものなのであり、実体としての事項の属性を明らかにするものではないからである［清水 二〇一二：一一九―一二〇］。たとえば、日本の「共同体論」が明らかにした「村の境界がない」という論点は、日本の村との比較から見えてくる中国の「村」の相対的な特徴なのであり、比較の文脈に別の国や地域の村を加えた場合には、「村の境界がある」ことが日本の特殊性として見えてくるかもしれない。

比較の文脈に依存していること、あくまで中国農村を捉えるための視点の一つであることを忘れぬ限り、日本の農村との対照によって了解される中国農村の相対的な特徴は、今日の中国社会を考える上でも一つの指標たりうる。とりわけ、日本の共同体論的研究は「〜〜がない」という論点を提示してきたのである。中国の村には「境界がなく」、「宗祠と村廟が融合することがなく」、「村民が会に参加する強制はない」等といった論点は、いずれも比較によって初めて見いだせる論点である。

本論では、これら共同体論的研究の知見を今後の中国農村研究における視点の一つとして再構築すべく、「共同性（communality）の不在」と呼称する。ここでいう「共同性の不在」とは、日本の農村を鏡像として「発見」された相対的な特徴のことであり、具体的には、中国農村社会では、「村（*cun*）」という地理範疇において、「ゆい」や「地縁的結合」や「相互扶助的」などの「共同性」（communality）が見いだせないという知見を指す。ここで重要となるのは、「共同性の不在」という知見を「共同体があるか／ないか」という「共同体論争史」に閉じ込めることなく、「共同性の不在」であるような「村（*cun*）」とはどのような社会だと言えるのかというように問いを開いていくことである。

ところで、一九四〇年代に展開された共同体論的研究の知見にはもう一つ、今日の中国研究にとって示唆的な論点があるように思われる。平野に端を発する「中国に普遍的に見られる」廟に着目するという視座は、旗田および福武の研究に引き継がれていくなかで、必ずしも「農村」や「村落」という地理範疇をめぐる問いとしてだけではなく、「会」という人々の集合的活動そのものの性質についての議論として展開されてきた。すなわち、旗田は、廟における民間信仰実践を個人の集積としての集合として捉えるという視座を提起しており、一方で福武の宗教集団／宗教的社会圏概念は、農民らの民間信仰実践が彼の定義する「村落」を超える局面が存在することを指摘していたのである。

旗田と福武の議論が提示していた問いは、その後一九八〇年代から一九九〇年代において展開された人類学的現地調査において再度議論されることになる。

二　祭祀圏論の超克

1　人類学者による祭祀圏論の焦点

農村地理学者の小島泰雄によれば、一九七〇年代の日本の中国史学では、日本的な意味での「共同体」概念が中国の農村に適用できないという認識が高まったのち、これに変わる新たな枠組みが求められていた。この状況下に、スキナーの市場圏（marketing community）の理論、すなわち、村を越える経済空間を社会単位（social unit）として設定する発想に、多くの日本人研究者が着目したという経緯があったとされている［小島　二〇〇九：九三］。

民間信仰の側面において、これと同様な経緯により人類学者が展開したのが、「祭祀圏」の議論である。「村落単位の確定と、一つの地域単位としての村落の明確さは、より大きな地域内における社会的相互作用の動態を分析することによってはじめて明らかにしうる」［王崧興　一九九一：九］と考えられたからである。

祭祀圏という用語は、植民地期の台湾において漢人住民の信仰を調査した岡田謙［一九三八］が提示したものであるが、それ以降、一九七〇年代後半から一九九〇年代にかけ、盛んに議論がなされてきた。今日、この概念は、中国語圏では主に台湾の研究者ら、特に林美容の研究でよく知られるところとなっているが［林美容　一九八七、一九八八］、一方で「共同体」概念と同様に、この概念もまた論者ごとに定義があるといった具合で[24]、曖昧さが残るものである。

日本においても、一九八〇年代より盛んに祭祀圏が議論され始め、その定義も徐々に洗練されており［末成　一九八五、一九九一a：末成（中文）一九八九：Suenari 1985：植野　一九八八：木内　一九八八：三尾　一九九一、一九九七、二〇〇四］、その議論を単純化して概括することはできない[25]。しかし、各論者の定義の差異にも拘らず、日本の人類学者による祭祀圏論では基本的な共通認識があると言える。それは、「祭祀圏がセグメンタリーな構成をもつ集団であるかのように取り扱うことを見直すこと」［末成　一九九一b：一三二］、すなわち、広範囲な祭祀圏が一つの祭祀集団をなし、その祭祀圏のなかに複数の村があり、各村もまた祭祀集団を構成する、といったような発想を[26]、再考することである。

このような新たな祭祀圏論の起点となったのが、台湾の原住民社会から漢族（客家）社会へと研究を展開してきた末成道男による一連の議論である［末成　一九八五：末成（中文）一九八九］。末成はその精緻な現地調査のデータをもとに、庶民の祭祀活動においては、寺廟を村落の中心だと見なすような「硬いモデル」のみならず、それでは捉えきれない「柔らかい」実践が存在していると指摘した。

〔硬いモデルにおいて、祭祀圏の〕境界は明確であり、神明のヒエラルヒーは整然としており、村民は団結し、

> また神明は善良な信徒を助ける。ゆえに村廟とその他の廟との関係ははっきりとした、また固定的なものだとされる。〔…〕しかし我々がしばしば目にするのは、この「硬いモデル」では説明ができない現象である。すなわち、〔祭祀圏の〕ある部分の境界線は不明瞭であったり重複したりしており、また、一般的には〔…〕神格の上下関係は信者の崇拝に対しとりたてて影響を持つことがない。廟は凝集性の象徴であるだけでなく、抗争の場を提供するものでもあり、一定の条件の下では、神明はまたグレーな行為（博打など）への願いを助けてくれもする。村廟も固定的なものではなく、代替可能な存在なのであり、その他の廟との間に上下関係を持っていない。［末成（中文）一九八九：五五］

住民の意識や語りの中では秩序だった「硬い」信仰体系と信仰組織が存在しているのに対し、信仰実践をつぶさに観察すると、そこには秩序だった信仰体系は見いだせず、むしろ境界の不明瞭さや重複といった「柔らかさ」が見られる。これを「硬い／柔らかい」モデルと理論化した末成の議論の特色は、「二者択一ではなく、二つの異なるモデルが併存することを強調し、祭祀実践をめぐる凝集性と流動性の二つの側面を明らかにしたこと」［川瀬（中文）二〇一三b：七〇］だと言える。

2　硬い／柔らかいモデル論の展開

祭祀圏論では、そもそも村をどのように把握するかが議論された。三尾（木内）裕子は「境の見えない『村』」という論文の中で、小琉球嶼では、村が一つの祭祀圏（つまり村廟祭祀の単位）とは見なし得ないこと、村廟に村民が帰属するというようなものではなく、個人の任意によりいくつもの廟の信者になれることを指摘した［木内 一九八八］。一方、植野弘子は、台南県におけるフィールドワークにて日常生活を見ている間は、社会単位としての村落の姿を感じられなかったが、七十数か村が参加して行われた祭祀活動において、村落の存在が顕著になったと述べている[27]［植野 一九八八］。

このような研究潮流のなか、重要な観点を提示したのが瀬川昌久［一九八七］である。末成［一九八五］の提示した硬い／柔らかいモデルを念頭に、香港新界における村落や村落群によって行われる非日常的祭祀である太平清醮と、社稷や土地公などを祀る日常的祭祀を分析した瀬川は、前者が明確な境界と帰属意識を伴う厳格な村のモデルなのに対し、後者の場合それらが不明瞭な柔軟なモデルになっていると指摘する。ここで瀬川は、スキナーの理論［Skinner 1964, 1977］、中国社会を形成するのは二つの位階システムであるという理論を引用し、村落や村落群を祭祀の単位とする非日常的祭祀には官僚制にもとづく行政位階システムが反映しており、個人を祭祀の単位とする日常的祭祀には市場中心地の位階システムが反映しているのだとした［瀬川 一九八七：一九五―一九六］。さらに瀬川は、日常的には村の集団性や協同性が希薄であるにも拘らず、太平清醮の如き儀礼の場面では、集団的・協同的な村のモデルが表現され続けていると指摘し、二つのモデルの共存は、漢族村落社会における柔軟性と持続性の性質を明らかにするための手がかりとなるのではないかと述べている［瀬川 一九八七：一九六―一九七］。

ここで瀬川は、村落統合論における村落を単位とできるか否かという議論に対し、一つの決着をつけていると言える。すなわち、硬い／柔らかいモデルにより、村落が村落として顕現する局面と希薄に見える局面双方の並存を指摘しているのである。硬い／柔らかいモデルに対し、行政位階システム／市場位階システムの対比、集団性／個人性の対比、そして、村落の持続性／柔軟性の対比を対応させた瀬川による理論展開は、香港の事例のみならず、他地域を研究する人類学者にも応用されてきた［e.g. 三尾 一九九一；深尾 一九九八］。祭祀実践の領域と中国社会の位階システムとの対応を指摘し、射程の広い分析概念を構築した瀬川の功績は大きい。

さらに末成道男［一九九一a］は、この瀬川の議論をさらに一般化し、硬い／柔らかいモデルは、常に人々の脳裏のなかに共存しており、当事者は両モデルをその場の状況に応じて選択していると指摘する。つまり、祭りの際には硬いモデルがより多く選ばれ、日常の祭祀においては柔らかいモデルがより多く選ばれるという訳である。また、祠の改築などでは臨時に集団が組織されることに見られるように、両モデルは相対的なものであり、連続した相互補完的関係にあると捉えるべきだとした。最終的に、末成は、集団性と個人性とが連続し相互補完的にあるということは、漢族が形成する集団が常に「個の集合」として成り立っているためではないかという見解を示した［末成　一九九一a：九七―九八］。

ここで、末成が漢族のつくる集団を「集合」という表現で指摘している点は注目に値する。というのも、この問題意識は、旗田巍が「会」の参加者の信仰の目的に着眼し、そこに立ち現れる集団活動は実のところ個々人の「共通的祈願の集合」であると述べてきたことと重なるからである（本章二節3項）。すなわち、末成と旗田はそれぞれ別の思考過程を経ながらも、双方が、中国の民間信仰の実践を表現するために、団体（corporate group）や集団（group）ではなく、「集合」という用語の選択を行っていたのである。

3　渦モデル

人々はどのように祭りに集まるのか、その意義は何なのか。これらの問いを引き受け、廟会を「渦」のような存在であるというユニークな比喩で表現したのが、陝西省北部農村にてフィールドワークを行ってきた人類学者、深尾葉子［一九九八］である。深尾はこれまでの人類学者と同様に、明確な境界をもった「祭祀圏」ではなく、むしろ個々の行為者に着眼した議論を展開している。

まず深尾は、「廟の規模と機能の違いに一定の目安を与えるため」に、スキナーの市場圏の議論のように、廟のランクというモデルを考案した。原基廟、中間廟、中心廟である。そしてその上で、廟の威信の変化によって廟のランク間の移動が急速に起こる場合があること、廟の規模は神の評判などの価値意識に支えられていると指摘する［深尾　一九九八：三三六―三三八］。

さらに深尾は様々な二者間交換関係に着目する。願いをかなえてくれた神との約束により廟会のための労働に奉仕する者や、霊験を得るために手伝いに来る人々は、個々人で異なる意味付けをしながら神および廟会への関与を行っているものの、個々の二者関係の集合は、地元の協同モデルである「相伙」（親しい間柄の者の結婚式や葬式などの時に、金銭関係抜きに無償で手伝うこと）により組織化されているとする［深尾　一九九八：三三八―三四五］。

一方で、深尾は「神と人との集合的交換」の意義を考察し、ターナー［Turner 1974: 168］の指摘と同じく、小さな日常生活からの離脱とコミュニタス的作用を認めた。つまり廟会は、見知らぬ人々の集団に身を置き、より広い世界に自己を見いだし、生活世界の広がりを確認する機会を作り出す。さらに、廟会の際に可視化した人の集まりが大きな意味を持つのは、実はお祭りの後の「語り」であるとし、その廟会の規模や「会長（トップ）」の評判などが語られることが、廟会の規模や華やかさを常に流動的なものとする背景の一つとなっていると指摘した［深尾　一九九八：三四五―三五〇］。すなわち、あそこの廟会は評判が良い、では行ってみようといった日々の語りが、廟会の流動性に大きく関与するのであった。

以上のような意味で、廟会とは人びとの行為と意識が凝集し、その相互作用によってつくられる「渦」のような存在だと深尾は指摘する。

渦は中心の速度が早ければより多くの人々を巻き込んで成長する。逆に中心の速度が弱まると弛緩して、渦全体が縮小し、いずれは消滅する。これは中心に位置する廟の神と、廟会の「会長」の評判が高ければ高いほど、より多くの、またより広範囲の地域の人々が参加し、逆に廟の「会長」や廟会の勢いが衰えると集まる人々も減少し、廟全体が失速するのに似ている。また、渦はその外延に明確な境界線を持たない。それは廟会をめぐる人々の集まりが、何らかの境界を持つ圏では捉え難いことと共通する。［深尾　一九九八：三五〇］

深尾によれば、この渦のモデルで考えることで、村が一つの祭祀単位として現れてくるような状況についても、柔軟性に配慮した把握が可能である。すなわち、村のサイズと渦の影響力の範囲が一致している場合、それは一つの経過点であると把握できるのである［深尾　一九九八：三五〇］。この見解は、祭祀圏論における三尾裕子の見解[28]と一致する。村と村廟が一対一で対応するような祭祀圏モデルではなく、廟会のより流動的な姿を強調することのできる渦モデルは、瀬川とは異なる立論から、村落が社会単位たりえるかという村落統合論上の問題に回答したものだと評価することができる。

渦モデルだけでは、廟への参与のレベルが異なる「信徒圏」と「信者圏」の差異［末成　一九九一a］を明らかにすることはできないという課題は残るものの［深尾　一九九八：三五五、注二五］、このモデルは、あくまで個々の二者間関係の集積であるような集合が生成され、またその規模が変化するという動態的プロセスを明らかにした点で、重要な視座となっている。

三　差序格局から非境界的集合へ

1　村と対象設定

本章第二節では、旗田と福武の中国農村研究が提起していた庶民の民間信仰活動・組織である「会」に関する論点が、人類学においてどのように引き継がれてきたのかを検討してきた。本節では、この研究史はどのような中国農村社会の特徴を明らかにしてきたのか、あらためて検討する。

まず、中国農村の民間信仰活動を捉える上での問いには、序章第二節でのべた「対象設定」の問題があった。この問いは、一九八〇年代から本格化する人類学的研究では、「村（*cun*）」の境界線が不明瞭であるという共同体論の知見が継承されるなかで議論されてきた。[29] 祭祀圏論の課題とはまさに、「村落単位の確定の問題」だったのであり（本章二節1項）、一村落をこえる宗教実践の範囲をどのように認識するかという問いが議論されていたのであった。

福武の宗教圏論、および人類学者による祭祀圏論の研究蓄積は、同じく村落をこえた経済活動の範囲を分析したスキナーの市場圏理論と共通する点もあるが、社会単位の設定に関しては大きな違いも存在する。スキナーは、村落を社会単位として設定することを否定しているからである。スキナーは言う。「中国の農民は閉鎖的な世界に住んでいたといわれるが、その世界とは村落ではなく原基市場コミュニティのことである」［Skinner 1964: 32］。「伝統的な中国のコミュニティの基本単位が個々の村落ではなく〔…〕村々を統括する市場コミュニティであることに注意せねばならない」［Skinner 1979: 149, As cite in 中生　一九九三：八五］。

スキナーの市場圏論への反論はいくつかあるが、[30] ここで社会単位の捉え方の問題について改めて述べると、福武直（本章一節4項）は、村民の宗教生活が、村落を単位とする場合と、村落を越えた範囲の広がりを有する場合の双方を認めていた。また、末成らによる祭祀圏論、深尾の渦モデルもまた、祭祀圏の範囲が村と一致する局面が存在することを認めるものであった。これらの議論は、スキナーが社会単位を村か／市場コミュニティかという二分法で論じたこととは対照をなす。

また、共同体論において議論された農民らの「村意識の有無」という問いに関しても、末成に端を発し瀬川によって発展された「硬い／柔らかいモデル」では一つの結論を見ていた。すなわち、農民の語りや意識において、「村」が確固とした社会単位として存在することと、実践面で「村」が非境界的な存在として現象すること、この両者の併存が指摘されていたからである。

人類学的フィールドとしての中国の農村は、時に確固とした輪郭をもつ社会単位として立ち現れ、ときに境界が不鮮明な範疇となる。そしてこの民族誌的知見は、さらに、農村社会における「会」、民間信仰活動の性質に関する問いと密接につながっていった。次に、その「集団性」と「個人性」の併存という知見について検討しよう。

2 〈集合〉と「群」

旗田と末成は、それぞれ別の事例を扱いながらも、共通の見解に達していた。すなわち、中国の農村社会に見られる人々の共同活動をあくまで個人を単位としたものであると捉え、それを団体（corporate group）や集団（group）ではなく、「集合」と表現していたのである。この示唆に富む観点は、序章第三節で紹介した費孝通の「差序格局」論と、深く呼応する。ここで、費孝通の立論を、特にその用語法に注意しながら改めて確認しておこう。

『郷土中国』において費孝通は、彼が中国の基層社会構造と位置づける「差序格局」の説明において、日本語にしづらい、中国語のフォークターム「群（*qun*）」を用いている。費孝通の用語法では、「群（*qun*）」と呼ばれる集合体は「己（*ji*）」と呼ばれる諸個人から構成されるものだとされており、彼はこの用語によって、中国の「集団と個人の関係」が西洋と異なることを表現していた。

費孝通によれば、西洋社会では人々は境界線を有し、成員資格が明確に定められた「団体（*tuanti*）」を形成する。このような「団体（*tuanti*）」は分子たる「個人」（individual）から形成されている。それに対し、中国伝統社会の場合は、人々の「群（*qun*）」は、「水面の波紋」のように、「己（*ji*）」を中心とした伸縮自在な「輪っか」（「圏子（サークル）（*quanzi*）」）として現れる[31]［費孝通　一九九一（一九四八）：二七］。すなわち、費孝通が述べる、複数の「己（*ji*）」（differential self）から構成される「群（*qun*）」（或いは「一群人（*yiqunren*）」）とは、境界線も不明瞭で、成員資格が明確に定められてはいないような人間の「集合」を指すものだったのである。

旗田、末成、そして費孝通という三者の議論が、西洋あるいは日本の発想では捉えきれない中国社会のあり方を捉えるために「集合」＝「群（*qun*）」という語を選択していたという事実は、中国の社会学史の展開、すなわち、西洋のsociologyが導入された当初、この学問領域を厳復が「群学（*qunxue*）」と翻訳していたにも拘わらず、その後日本を経由するかたちで社会学が中国に紹介されていくに従い、「社会学（*shehuixue*）」と呼称されるようになったという歴史［星　二〇〇五］を想起させる。この意味で、彼ら三者の「集合」論は、近代社会学が取りこぼしてきたものを再び対象化したものであったと共に、序章で紹介したように、「現地の人々の間で生きられ、概念化されている関係性のありかた」［Carsten 1995: 224］を捉えようとしたものだったと位置づけることができる。

だが、彼ら三者の議論には、共通する知見とともに、重要な差異も存在していることは改めて強調すべきである。彼らの議論はいずれも、中国における「個体—集合体」関係が、日本や西洋の「個人—集団」関係とは根本的に異なることを指摘したものだった。またいずれの議論も、中国の集合体に見られる「非境界的」な性質［堀内 二〇一五：xi］、つまり無境界（境界が存在しない）でも、反境界（境界は取り払われるべきだ）でもない、境界が「柔らかく」、また漠然としたものであることを指摘したものであった。しかしながら、このような相同的な知見に至るまでの立論過程は、費孝通が理論的思索から理念型（ideal type）を提示したのに留まるのに対し、旗田と末成は、具体的な調査資料に基づき、「集合」論を展開していたのである。

旗田巍の「集合」論は、個々の祭祀者の動機が、「集団」ではなく個人の利益のために行われていることに着目したものであった。漢族社会における祭祀儀礼が「招福」と「除災」という共通のモチーフに特徴づけられるという論点は今日では広く知られているが［渡邊欣雄 一九九一］、旗田はこの視点から、宗教活動における人間集合を、「共通的祈祷」すなわち個々の祈祷者が各々のために祈っているという共通性のために発現した、単なる「集まり」だと指摘していたのである。これはいわば、心理面からの集合論であると言える。

一方、末成道男の「集合」論は、費孝通の差序格局論が「団体」と「群（*qun*）」を対置し、後者を中国の基層的社会構造だと見なす静態的な枠組みに留まっていることとは対照をなすものであった[32]。すなわち、末成は、日常祭祀や祭りなど、人々の集合活動が時と場合に応じて硬く／柔らかくなる点に着目していたのであり、「集団があるか／ないか」という二者択一的な議論をしていた訳ではなかったのである。これは、集合体の両局面を一定の時間幅のなかにおいて捉えた、いわば場面性に着目した動態的集合論であると言える。

3 「渦」と「波紋」

費孝通の差序格局論は、西洋と中国の基層的社会構造を対置した点では静態的枠組みとなっていたが、一方で彼が提唱した社会モデルは、優れて動態的なものでもあった。すなわち費孝通は、差序格局のもとで見られる

「集合」（「群（*qun*）」）を、水面の波紋のように自己を起点に伸縮する「圏子（サークル）（*quanzi*）」であるとも述べていたのである。その一例として彼が挙げた以下の「家（*jia*）」に関する記述は、先述の深尾が提起していた渦モデル、すなわち廟会の栄枯盛衰という流動性の記述と、驚くほど重なり合う。

> 〔『紅楼夢』で描かれた〕賈家の大観園のなかには、父方イトコの林黛玉、母方イトコの薛宝釵なども住むことができた。のちにはもっと多くなって、宝琴や岫雲など、少しでも親戚関係にある者は、誰でも引っ張り込んでしまえるのであった。ところが、賈家が没落してしまうと、大木が倒れれば猿も逃げるという喩えのように、それはたちまち小さく縮んでしまう。それは極端な場合になると、蘇秦が帰ってきた時、「妻はかれを夫とせず、兄嫁は叔父としなかった」ほどであった。［費孝通　一九九一（一九四八）：二八（傍点筆者）］

深尾と費孝通の議論は、求心力の増／減に応じて変化する、非境界的な集合の動態性を指摘したという点において通底する。この視点は、集団をその帰属意識や境界の排他性／非排他性において論じるような議論とは大きく異なり、「勢力」という視点から人間集合の動態を対象化した点において、独創的かつ新たな社会理論モデルとなっている。

しかし、双方の議論はその対象において大きな違いがある。すなわち、深尾が廟会にみられる人だかりという群衆に着目し「渦」の力学を指摘していたのに対し、費孝通が指摘したのは、通常は集団だと見なされる家族という集合体が、中国の文脈においては必ずしも固定的・境界的な存在だとは言えないという論点であり、それぞれが取り上げた「集合」の性質は大きく異なる。ここでの両議論の差異の指摘で筆者が意図しているのは、どちらかの議論が正しく、どちらかが間違っているというのではない。むしろ筆者が重視したいのは、「渦」の比喩と「水面の波紋」の比喩によって対象化された社会現象のモデルが、単なる人だかり、および中国のローカルな家族のあり様という別の水準の「集合」を説明しうる理論となっているということである。

ここまで、差序格局論と三名の日本の研究者による知見との異同について検討してきた。最後に、今日の中国民族誌学における差序格局論の再発見という研究動向との関連において、これら諸議論の持つ意義について述べておこう。

序章第三節で見てきたように、費孝通の差序格局論はしばしば、「集団ではなくネットワークだ」といった議論に還元されたり、また伝統的社会構造として固定的に表象されることで、その今日における変容が議論されてきた。しかしながら、そのような議論は、比喩を用いる形で展開された差序格局論の意義をむしろ削減してしまっているように思われる。それに対し、本章での議論が試みてきたのは、豊かな理論的資源として差序格局論を再評価する上での補助線を描くという作業である。すなわち、差序格局が指示するような〈集合〉とは、心理面からも（旗田）、場面性からも（末成）、また、求心力に応じて伸縮する「渦」の視点からも（深尾）、それぞれ浮かび上がらせることができるのである。本論では、差序格局論と日本の諸研究との比較において見いだしてきたこれらの知見を、非境界的集合論と呼ぶこととする。

なお、本論で言う非境界的集合論とは、中国社会に共通するような持続的社会構造の存在を仮定したものではないし、また社会構造モデルの構築を目的とするものでもない[33]。非境界的集合論とは、一つのものの見方であり、視点であると位置づけられる。この視点は、中国社会を見つめるための唯一のものではないが、少なくとも、「集団」や「組織」の語では掴むことのできない社会現象を、その動態性に留意し、また中国社会の文脈に即した形で捉えようと志向した点で、有効な分析視座の一つとなるであろう。

四　小結

本章では、これまで明示的に認識されてこなかった〈集合〉論の系譜を、個々の議論の文脈に留意しながら検討してきた。その研究の流れを一言で述べるならば、「共同体」という固定的な社会のイメージから出発した研究が、しだいに「渦」のように流動的な、諸個人の群れからなる社会構成のあり方の認識へと至ったというように概括することができる。

まず、中国農村社会をより十全に把握するために重要となるのが、「共同体があるか／ないか」に拘泥する「共同体論争」の枠組みから離れ、その共同体論の知見を相対的な特徴を示した一つの研究視座として理解することである。本論ではこれを「共同体の不在」と定義し、「共同体の不在」を所与の前提として成り立つような社会を捉えることが必要となると論じた。

また、人類学者らは農村社会の民間信仰実践から、「硬い／柔らかいモデル」や「渦モデル」といった観点を提起してきた。これらの議論に共通するのは、村や共同体といった概念を携え現地調査を行ってきた者たちが、そのような社会範疇のみでは現地の社会現象を捉えることができなかったという事実であり、また、そのような躓きを契機として研究史は展開されてきた。そこでは、農村社会における宗教実践が、時に凝集性を示しながらも、時に柔軟性に充ちたものであるという事例を統一的に把握することが試みられていたのであった。

人類学的コミュニティ論からこの研究史を概括すると、そこでは、「村（*cun*）」という地理範疇のもつ意味あい、そして、「村（*cun*）」における人間関係のつながりと離接という二つの論点に関して、非境界的な〈集合〉という観点が提起されていたと言うことができる。明確な境界をもった安定的集団としてではなく、個人性／集団性、そして柔軟性／凝集性の相反する力学の動態的プロセスのなかにおいて漢族の社会構成を捉えるという理論的課題は、これまでの中国民族誌学では十分に意識されてきたとは言い難い。とりわけ、議論が日本語圏に限定されてきたために、欧米や中国における中国民族誌学においては殆ど論じられてこなかった［cf. 桑山　二〇〇八］。まただからこそ、この課題についての個別具体的な経験的事例による検討は、有意義な仕事となるはずである。

注

（1）上田信［一九八六：二］も同様の指摘をしている。

（2）社会学者の中久郎は、ドイツ語圏の Gemeinschaft、英語圏の community の双方に、抽象的な意味と具体的な意味の二つがあると指摘し、それぞれに「共同態」と「共同体」という訳語をあてた。「共同態」（あるいは共同性）とは、ある特定の人間関係の有り様を指し、「共同体」とは、そのような様態によって基礎づけられる集団ないし結合体を指す［中　一九九一：二二六、二三五］。後者は Gemeinde とも記される［中　一九九一：一四五］。この表記は優れたものであるが、この訳し分けは今日では殆ど採用されていない。

（3）その他にも、共同態、共同社会、基礎社会、全体社会などがある［cf. 中　一九九一：二二五―二五四］。

（4）東亜研究所からこの調査事業を委嘱された東京帝国大学教授末広巌太郎とその門下の法学者たち（清水昭俊のいう末広班）が調査計画を整備し、それをもとに、満鉄調査部の一部門として満鉄北支経済調査所に設けられた「慣行班」が実地調査を行った。慣行班が調査した家族、村落、土地所有、小作、水利、公租公課、金融、取引などのデータは東京に送られ、末広班が論文を発表した［清水　二〇一二：一〇五―一〇六］。その調査項目には「日本的な村落共同体の有無」の探究という目的が反映されているという指摘もある［上田　一九八六：二、注四］。

（5）旗田［一九七三：ix、注一、二七二―二七三］や内山［（中文）二〇〇一：二一―三〇］の議論を参照。なお、「慣行調査」のデータがどれほど信頼できるかについては、中生勝美が改革開放後に行ったフィールドワークをもとに議論している［中生　一九八七］。

(6) たとえば、Myers [1970]、Huang [1985]、石田浩 [一九八六]、Duara [1988]、中生勝美 [一九九〇b]、三谷孝 [三谷(編) 一九九九、二〇〇〇;三谷ほか 二〇〇〇]、内山雅生 [二〇〇三]、張思 [二〇〇五] などの研究が挙げられる。

(7) 現在の中国では行政村の下に置かれる行政単位のことを自然村と言う場合があるが、ここでいう自然村とは学術用語であり、行政的に編成された行政村に対する、自発的に形成されてきた村のことを指す。

(8) 近年の「共同体」論として、谷川 [二〇〇一]、内山 [二〇〇三、二〇〇九]、奥村 [二〇〇三]、張思 [二〇〇四]、河野 [二〇一一] などがある。

(9) 清水が批判したのは、旗田自身の中国論ではなく、旗田による平野と戒能の研究の整理の仕方であり [清水 二〇一二:一一三]、さらに、中国農村の村落共同体に関する平野および戒能の論争に言及する研究者の多くが、旗田が設定した枠組みに沿って「共同体論争」を論評していることである [清水 二〇一二:一〇七、二〇一三:七五、注七]。本章では、旗田に端を発する「共同体論争」という枠組みを「旗田パラダイム」と呼ぶ。

(10) 彼の思想の「転向」(マルクス主義者↓大東亜共栄圏を擁護するイデオローグ↓マルクス主義の権威)の問題、そしてその思想と中国研究との関係という問題 [e.g.森 一九七六:長岡 一九八五:武藤 二〇〇三] などである。従来までの「旗田パラダイム」では、平野と戒能の中国農村の評価の違いには「アジア主義」と「脱アジア主義」という思想の対立の差異があると整理されてきた [旗田 一九七三:四〇―四二、四四―四六:吉澤 二〇一二:四九―五〇]。しかし近年、清水昭俊は戦時の学術動員という文脈を重視した上で平野義太郎の仕事を精緻に分析し、新たな平野像を提示している [清水 二〇一三]。

(11) ただし、平野の「協同態」論は一つの「協同態」論だとは言えない程に、用語の使用が混乱を極めている。平野は時に、「会」を指して「自然部落」とも「自然村落」とも表現しているが [平野 一九四五:一三六―一三七、一五八―一五九]、このような記述には、複数の「自然部落」から「村落」が構成されるとする、彼自身の議論との矛盾がある [平野 一九四五:一四三]。また、村を「生活協同體」と表現している箇所もある [平野 一九四五:一五〇]。

(12) 平野は例として『功徳格』（人の行為の善悪を点数表で表示する道教の教典）を取り上げている。たとえば、「尊長を敬い同輩と睦まじくすれば、一日一功」、「貴賤平等なれば、一日一功」などと換算する［平野 一九四三：二二―二三］。この論点に戒能は注目していない［小口 一九八〇：四四―七一］。

(13) この論点は旗田によれば「戒能の批判を受け容れた」ものであるが［旗田 一九七三：三九］、平野の論文中には戒能の文献についての言及はない。この論文に「協同態」概念が使われていないことと合わせて、より詳細な検討が必要となる。

(14) 単姓村では宗祠が村の中心となり、雑姓村では村廟が村の中心となるという議論の構図は、Topley［1968］やHsiao［1960］、Diamond［1969］などにも見られる。

(15) ただし、村民のメンバーシップと祭祀儀礼（廟会）が関わるという点は議論している。村出身の同族が別の村の者となった場合、および村に家を建てたが土地は別の村にある場合は廟会に参加できないとし、また村民であれば男女ともに参加可能であるという［平野 一九四三：一三九―一四〇］。だが、村の成員が「団結」するかどうかというのは別の問題である。

(16) マルクスの歴史理論において、共同体は鍵概念の一つである。マルクスの言う「共同態」は人間の本性に基礎づけられた集団構成の原理と考えられており、「共同体」(Gemeinde) は具体的な集団構成を指す［cf. 中 一九九一：二四二―二四三、二五二、注二八］。後の中国研究ではこの二つのレベルの混同がしばしば見られた。

(17) 一九四〇年代には華北のみならず、華東地区においても日本人による実地調査が行われた。福武の師にあたる林恵海［一九五三］の研究が著名であるが、林が執筆予定であった農村の家や宗教に関する「下巻」は出版されなかった［福武 一九八五］。満鉄の上海事務所による『江蘇省農村實態調査』等の資料を利用した研究として、石田［一九八六：二三九―二六〇］や黄宗智［Huang 1990］が挙げられる。併せて、華北・華東の両地域における研究成果の比較を行った佐藤仁史［二〇一三］による優れたレビューを参照のこと。

(18) この概念により福武は、アメリカ農村社会学の都鄙共同体（rurban community）に比して、華東の村落が生活の共同の多くが依然として農村内部で行われていることを強調している［福武 一九七六（一九四六）：二六一］。

(19) 福武は「会」を、土地廟を中心に土地公の神の管轄区域全部の居住民が祀る迎神賽会と、より小範囲の地域において会員組織をとり土地公以外の諸神を祭祀する会（猛将会、太平醮会）の二つに大別できるとしている［福武　一九七六（一九四六）：一四三］。

(20) 福武は社会学の立場から、華東の「村落」は数個の「部落」からなり、部落は数個の「近隣」からなると定義している［福武　一九七六（一九四六）：一五〇―一五四］。

(21) 福武がこのように述べる根拠は、具体的には次の三点である。①村落と言える範囲に土地廟が持たれないことも多い。②村落内の部落が異なる土地廟に所属する場合、土地廟の祭祀は別個に参加するが、別の儀礼では共に行っている。③毎年、土地廟では宗教会（廟会）が行われるが、この祭事に参与し費用を負担するのは土地廟の管轄範囲の住民全部であり、この範囲は一村落を超える［福武　一九七六（一九四六）：一五三―一五四、一八二、二一六―二一八］。

(22) より早期には、費孝通［Fei 1939］も、村落を越えた範囲の市場圏と宗教圏について指摘していた［川瀬　二〇一三a：一七〇、注一六］。

(23) 濱島は、日本の村（ムラ＝村共同体）は、聚落（サト）、耕地（ノラ）、山林原野（ヤマ）から成り、境界（サカイ）を有し、様々な共同体規制を含む共同性が明確に確認されるものだと述べている［濱島　二〇〇一：四］。

(24) 林美容もまた、祭祀圏概念の曖昧さ、及び祭祀圏と類似した概念の多様性を指摘している［林美容　一九八八：九五―九六］。

(25) 台湾における祭祀圏論の展開については、三尾裕子［二〇〇四：二三四―二三九］を参照のこと。

(26) たとえば三尾裕子は、施振民［一九七三］や荘英章［一九七七］が提示した、最大祭祀圏、中規模祭祀圏、最下位祭祀圏という同心円のモデルに対し、この祭祀圏の最下位の単位として位置づけられた村落における信仰のありようが十分に検討されていないと指摘している［三尾　一九九一：一〇七―一〇九］。

(27) 植野は、祭祀圏内の諸社会関係は各村に均等に広がっているのではないと指摘し、村外に広がる婚姻関係などの具体的関係性に注目すべきだと主張した［植野　一九八八：七九―八一］。また論文発表後の討論会で植野は、村と村の交際関係もまた、「個人の付き合いの蓄積の結果」と捉えるべきかもしれないと述べている［末成ほか　一九八八：一八二―一八四］。

(28)「村落はその発展による結合の象徴として『村廟』を建てるというよりは、廟の信者の拡大・縮小のプロセスのある時点において、信者の広がりの境界が村境と重なった結果として、廟が村廟の役割を果たすことがある」［三尾　一九九一：一〇八］。

(29) なお、中国では community の翻訳語として、一九三〇年代に費孝通らが初めて中国語に翻訳した用語である「社区」という言葉が使われている［費孝通　一九九八：九：cf. 川瀬　二〇一三a：一七一―一七二］。ただし近年では中国語でも「共同体」という用語が使われている。たとえば王銘銘は自身の著作の索引で、community を「社区」とし、アンダーソン由来の imagined community を「共同体」としている［王銘銘　二〇〇五：二五六、二五九］。

(30) たとえば中生勝美は、同じ村の構成員であるということを条件として適用される親族呼称の使用にみられる擬制的世代関係（彼の用語でいえば世代ランク）に着目し、華北村落が自律的な社会単位であることを主張するとともに、村落が社会単位とは見なせないというスキナーの見解を批判している［中生　一九九一：中生　一九九三：一一五―一一七］。

(31) 費孝通は、英語 group の翻訳語には基本的に「社群（*shequn*）」をあてているが（「集団（*jituan*）」という表記も二か所ある［費孝通　一九九一（一九四八）：七、四六］）、彼は、社会構造の違いによって、「社群(グループ)（*shequn*）」の主たる性質が異なるのだと主張している。すなわち、西洋の基層的社会構造（団体格局）において主に発現する「社群(グループ)（*shequn*）」が「団体（*tuanti*）」であり、中国の基層的社会構造（差序格局）において主に発現する「社群(グループ)（*shequn*）」が「社会圏子(サークル)（*sheuiquanzi*）」であるとしている［費孝通　一九九一（一九四八）：四一］。

(32) なお費孝通は、中国の郷土社会にも「団体」は存在することを認め、また近代西洋社会においても差序格局は見られるとも断っているが、相対的にその重要度は低いのだと論じている［費孝通　一九九一（一九四八）：四一―四二］。

(33) 本章で見てきた諸研究が論じた各農村はいずれも「漢族」の農村であるものの、それぞれの村の規模や構成は偏差に富んだものであり、平面的な「農村比較」には十分な留保が必要である。さらに言えば、福武が華北／江南の差異を強調していたように、また人類学者による諸研究が中国本土のみならず香港・台湾でも展開されていたように、それぞれの地域ごとに非常に大きな違いが存在することは明らかである。また、これら先行研究の調査時期と今日の社会状況の大きな違いを考えても、通時的・共時的「社会構造」の論証は困難な作業となるだろう。ただし、時代や地域の違いを超えて繰り返し観察されてきた汎時的な（panchronic）相対的特徴が存在することもまた事実であり、従来までの諸研究が社会構造の語に仮託してきた知見の精査は、境界型の枠組みの相対化の上で、いま一度為されるべき課題であるように思われる。なお、中国民族誌学における汎時性の視点については、別稿を用意している。

第2章

渦中の無形文化遺産

——高淳三か村における祭祀芸能と機運

本章では、高淳三か村での調査事例をもとに、一九八〇年代に「復興」し現在は無形文化遺産に登録されている二つの祭祀芸能について考察する。本章の記述は、高淳という地域についての基礎的情報を提示するものであるが、その分析の焦点は、三か村のうちでも筆者の調査村であるQ村の祭祀芸能の現状をいかに理解するかにあてられる。序章第一節でも提示した通り、Q村の祭祀芸能は「断絶」していたからである。以下、まずは本章の文化遺産研究における位置づけについて確認しておこう。

周知のとおり、中国では長らく宗教や民間信仰に根ざす儀礼や祭り（廟会）は迷信だと否定され、禁止されてきた。この状況は改革開放政策を機にゆるやかに緩和され、それに伴い中国の各地で伝統文化の復興が見られてきた。筆者の調査地である高淳区もこのような流れのなかに位置づけることができ、廟の再建、廟会や祭祀芸能の復興が見られる。

また一方で、現在の調査地も「文化遺産時代」［菅　二〇一四］を迎えており、メディアや学者、そして地方政府は、かつては迷信として否定されていた祭祀芸能をも伝統文化として肯定的にとらえなおし、その価値について積極的に発言するようになっている。無形文化遺産は、それへの指定を契機として、民俗および民俗の伝承主体に対して様々な社会的効果（例えば、観光化の促進）をもたらす法的概念であると同時に、消えゆく文化の多様性を保護するという理念を抱いた規範概念でもあり、この新たな概念がもたらした様々な影響は、高淳においても等閑視することができないものとなっている。

しかし筆者の議論の企図は、無形文化遺産という新たな概念がもたらした変化という問いの立て方ではうまくとらえることのできない側面に光をあてることにある。端的に言って、高淳の「伝承主体」を構成する多くの村民にとって、無形文化遺産（登録）は好ましいものであると捉えられているが、その実、祭祀芸能の復興や衰退とは無縁であるか、あまり影響関係にはないというのが、筆者の見解である。調査地の事例の場合、無形文化遺産への指定がもたらした影響よりも、むしろ、村の伝統文化としてのロジックが顕著であるように思えるからである。

中国は地理、人口、民族構成などの点で非常に巨大かつ多様であり、無形文化遺産をめぐる状況も多様性に富むと考えられる。そのため本章で紹介する事例も、ある特定地域の状況の一つを示すに過ぎず、中国の無形文化遺産の状況を代表するものではない。とくに中国の他地域における無形文化遺産についての調査報告に鑑みると、特に以下の二点に留意する必要があると思われる。第一に、華東と呼ばれる、経済面で比較的豊かな長江下流域地域における無形文化遺産の事例であること。すなわち、調査地においては無形文化遺産に経済的発展を託すようなモチベーションは存在しない。第二に、無形文化遺産の指定のレベルも知名度も相対的に低いものであること。中国の場合、「非遺（*feiyi*）」[1]つまり無形文化遺産の登録では、行政階梯に応じたランク付けがなされ、「重要」なものから順に、国家級、省級、市級へと振り分けられ、さらに各「非遺」のランク・アップ（例えば、市級から省級へ）も試みられることがあるのだが、本章の事例はいずれも、省級ないし市級のそれであり、ユネスコによる指定を受けたものや国家級の「非遺」に認定されたものに比して、文化遺産化による影響の度合いは大きくないと考えられる。

このような限定はあるものの、文化遺産化とは、村をとりまく力学の重要な要素の一つではあるが、あくまでそのうちの一つでしかないのかもしれないという観点を示すことが、本章が企図する文化遺産論への貢献である。以下の議論では、現地の無形文化遺産を活発なものと零落しているものに大別し、考察をすすめていく。まず、現在盛んに行われている無形文化遺産、そして新たに無形文化遺産登録を果たした祭祀芸能の事例を検討し、調査地全域の民間信仰および儀礼に影響をおよぼす文化遺産化の諸力学について明らかにする。次に、衰退してしまった無形文化遺産の事例を検討し、この衰退に寄与した社会状況は調査地全域がこれから辿るであろう変化の方向性の一つとしても考えられることを示す。しかし、中国の民間信仰[2]およびその儀礼の特色に留意するならば、この途絶えゆく無形文化遺産という発想は、正しいとも間違っているとも言い難いものであることを示すつもりである。

一　高淳における無形文化遺産をめぐる力学——H村の跳五猖を例に

1　高淳の民間信仰についての概況

高淳には、中国国内の研究者が着目し、また現地政府が観光資源として売りだそうとしているものがある。それが本章で検討する無形文化遺産の一つ、「跳五猖」という仮面パフォーマンスである。
跳五猖は、水の神「祠山大帝」を祀る民間信仰と密接に関わる仮面パフォーマンス（「儺戯（*nuoxi*）」）であり、高淳の無形文化遺産のなかでも代表的なものの一つである。祠山大帝[3]についてはこれまで歴史学の領域で多く議論されてきたが[4]、その主な知見は近年、二階堂善弘［二〇〇七、二〇一三］により日本語でも紹介されているので、ここで詳細は述べない。

現代中国では祠山大帝信仰は廃れており、殆ど知られていない神となっているという指摘もあるが［二階堂 二〇〇七：一五九］、こと高淳に限っては、祠山大帝信仰は普遍的であると言える——筆者は高淳全域にて祠山大帝を祀る廟（祠山廟）の存在を確認している。祠山大帝信仰の現状については、すでに中国においていくつかの先行研究があり、そのうちの一つ、高淳の民俗研究の第一人者、陶思炎による研究は日本語でも読むことができる［陶 二〇〇九］。陶の研究は現地調査に基づいた跳五猖という民俗の紹介として簡にして要を得ているものの、「古い儺文化の遺存」［陶 二〇〇九：二九］という位置づけには疑問が残る。高淳の民間信仰およびその祭祀芸能には、無形文化遺産登録をはじめとした様々な政治経済的力学がはたらいているからである。

まず、簡単に祠山大帝信仰の概要について述べる。高淳における祠山大帝信仰を理解する上で重要なのは、個々人が必要に応じてお参りにいく実践の他、祭日には「出菩薩」という宗教実践が行われること、そしてそこでは祠山大帝の主神のほか、多くの場合、五猖神という神が配されていることである[5]。まず「出菩薩」だが、これは「菩薩（*pusa*）」[6]が廟から運び出され、村内外の特定のルート（神道）を巡ること（「巡遊（*xunyou*）」）を指す[7]（日本の御輿の「練り歩き」を想像してほしい）。この際、主神の祠山大帝は「魁頭（*kuitou*）」が象徴する［写真2-1］。「魁頭」（ないし「刹（*cha*）」）は、祠山大帝の神像がその村の祠山廟にない場合でも必ず準備されており、出菩薩の際に日本でいう御輿のようなものとして使用される[8]。出菩薩の構成は高淳エリア内でも差異があるが、

写真 2-1　祠山大帝の御輿（2014 年 2 月 4 日筆者撮影）

写真 2-2　跳五猖（2014 年 2 月 4 日筆者撮影）

この祠山大帝を中心とする出菩薩の一行には、旗指物や楽団に加え、五猖神が配されることもある。五猖神とは、東西南北に中央を加えた五方位を象徴した神だとされ、五猖神を担当する参加者は各自そのための仮面を装着する。彼らはただ単に一行の練り歩きに加わるだけの場合もあるが、いくつかの村ではこの五猖神による演舞が伝承されている。これが、跳五猖である[9]［写真2-2］。

高淳において、跳五猖というパフォーマンスそれ自体を保持している村は数か村のみであるが、その中でも、高淳における行政主体のイベント等で最も活躍しているのが、椏渓(あしつ)鎮H村の跳五猖である。二〇〇七年、「跳五猖」が南京市文化局より南京市級の無形文化遺産に、そして二〇〇九年には「儺舞[10]（高淳跳五猖）」が江蘇省文化庁より江蘇省級の無形文化遺産に登録された。その認定状はいずれも、H村の祠山廟に置かれている。

2 「跳五猖」の演じ分け

H村の跳五猖は、文革期での中断を経て、改革開放以後に回復した。このような歴史展開は高淳のみならず、全中国的に見られるものだが、H村の場合は少し変わった経緯があった。まず、新中国の成立後も跳五猖は行われており、とりわけ一九五六年には江蘇省の文芸イベント（江蘇省首届業余文芸会演）に招聘され二等賞を獲得している[11]。また、一九八四年には地方政府の文化部門により伝統民俗の採集・記録（「普査工作」）が行われたが、この時H村の跳五猖の伝承者の語りに基づき、『中国民族民間舞踏集成（江蘇巻）』の跳五猖の項目が記された［範依民・葛軍　一九八八］。省レベルでのイベントでの成功と、書籍において紹介されたこと、この二つの出来事は『高淳県志』にも記されており［高淳県地方志編纂委員会（編）　一九八八：六三九］、跳五猖の名を高めた根拠とされている。

二〇〇〇年以降、H村の跳五猖の演じ手たちは、少なくとも年に一度は遠征してきた。仮面パフォーマンスとしての跳五猖は、高淳の「蟹祭り」、椏漆鎮スローシティの「花祭り」、さらには南京や上海などで行われた様々なイベントに招聘される、高淳の主要な文化資源の一つとなっていたと言える。

この状況は一見すると、『中国民族民間舞踏集成』に跳五猖が記録された当時とは隔世の感がある。そこでは次のように記されていた。


「跳五猖」とは伝統的宗族祭祀であり、本会〔五猖会（村民の祭祀組織）〕が属していない村にはパフォーマンスに出向かない。なぜなら、「五猖菩薩が村を出る時には、必ずや幸運（吉祥）を持っていってしまう」という迷信的観念が民間にはあるからである。〔範依民・葛軍　一九八八：一四九五〕

跳五猖それ自体は宗族の祭祀とは言えず、またH村は小聚落の連合からなる雑姓村であるのだが[12]、この記録についてここでは、跳五猖の巡回パフォーマンスの範囲が限定されるべきだという観念が少なくとも一部には存在していたこと、そしてその理由の説明には宗教的表現が用いられていたことを確認しておきたい。

このようにH村の跳五猖は、村内部の宗教的祭祀という性質を持つものであったと言える。だが一方で、「断絶」以前の一九五六年の時点で、政府系文化イベントへの出演も行っていた。そのため、跳五猖の「儀礼的性格と芸能的性格」は、過去と現在の対比ではなく、村の内部と外部の対比で考えなければならない。そして、この対比は、現在でも同様であると考えられる。

一例として、二〇一四年春節期間の二つの調査事例を検討する。一つ目は、二月四日（旧暦一月五日）、H村の住民の多くが参加した出菩薩の事例である。H村の場合、主神である祠山大帝の御輿の前には、旗指物や楽団、跳五猖の他にも、子供が演じる「花藍（*hualan*）」（花籠を担いだ女児が歌を披露する）や「大叉（*dacha*）」（笏を持った男児が演舞を披露する）が配され、この一行が、H行政村を構成する各二十戸ほどの小村落十七か所を廻る。

早朝六時頃から廟では爆竹が打ち上げられ、徐々に人が集まり準備し、七時二十分、廟から出発した。「巡遊」中、出菩薩のルート沿いの各家では爆竹を打ち上げ、神を迎える。前もって取り決めておいた家では祭壇が設けられ、やってきた神に対し叩頭し、香と供物を捧げる。寄付金は祭壇上に設けられた地元のお菓子「歩歩高（*bubugao*）」の間に挟み込み、出菩薩の管理者であるH村老人会メンバー（旧称五猖会）が受け取る。巡遊ルートのなかで広場、あるいはやや広めの庭を持つ家に至ると、祭壇の前で「花藍（*hualan*）」、「大叉（*dacha*）」、そして跳五猖によるパフォーマンスが披露される。この際の供物や祭祀方法は各家屋をめぐる場合と同様である。昼食は、適当に分散した出菩薩の参加者に対し、これも予め手配済みの家庭が無償で提供する（「供飯（*gongfan*）」）。全過程が終了したのは午後二時であった。この日の跳五猖はあくまでも出菩薩の一構成要素であったが、高淳のテレビ局は跳五猖のパフォーマンスのみを撮影し、去っていった。

一方、二月十二日（旧暦一月十三日）には、元宵節にあわせて地方政府が企画した一連のイベントがあり、H村の跳五猖はパフォーマンス披露のために招聘されていた。だが、この時に会場となった地元の観光名所、遊子山に招聘されたのは跳五猖の演じ手と楽隊のみであり、また祭壇も用意されなかった。高淳の他の民俗パフォーマンス集団などが会したこのイベント中、スケジュールに左右されるなかで演じられたのは、パフォーマンスの一部過程が省略された「短縮版」の跳五猖であった。群衆のスマートフォンやテレビ局のカメラの前で、祠山大帝信仰の儀礼の文脈から切り離された跳五猖は二度演じられた。H村の跳五猖一行がイベント会場にいたのは、二時間足らずの時間であった。

3　跳五猖の無形文化遺産化

H村の跳五猖の事例は、民間信仰の無形文化遺産化を論じた先行研究が指摘してきた諸論点に合致する部分も少なくない。まず、民間信仰に根ざす活動の無形文化遺産登録に際し、宗教的色彩を廃した名称が選好されるという現象が挙げられる［e.g. 櫻井ほか　二〇一一：一一―一二；陳勤建　二〇一四：四六；白　二〇一四：一〇九］。先述のように、跳五猖は現在の高淳における文化資源の目玉の一つであり、その名は各種媒体で盛んに喧伝されており、極端な例としては、江蘇省の公務員試験の教材においても言及されているほどである［華図教育（編）二〇一二：九］。だが一方で、高淳の民間レベルでは「跳五猖」という単語はほぼ聞かれない。聞き取り調査時に会話が順調に進むのは、あくまで「出菩薩」ということばを使った場合であった。すなわち、かつて地元でも「廟会に詳しい者」の間でのみ流通していた跳五猖という用語は、出菩薩という祠山大帝信仰の儀礼から、そしてその宗教的色彩の強い名称から分離された民間舞踏、「儺舞」（仮面の舞踏）として無形文化遺産に登録され、文化資源となっていたのである。

また、文化遺産というお墨付きは、出菩薩に正統性を付与する契機であるとも言える。高淳では一九八〇年代以降、徐々に祠山廟や出菩薩が復興してきたが、ある特定の鎮政府あるいは村民委員会によっては、出菩薩を禁じていたという経緯があった[13]。ある村ではかつて「ひそかに」出菩薩を実施したこともあったと耳にしたことがあるが、今日のH村では、テレビカメラが入っても支障なく出菩薩が実施されているのである。H村の祠山廟に付与された「無形文化遺産保護基地」という名称もまた、正統性の根拠と言えるだろう。

周星は、中国において民間信仰が合法性を獲得するための方法として、「民俗化」、「宗教化」、「遺産化」という三つの経路を指摘しているが［周星　二〇一三］、この観点から見れば、跳五猖もまた、「民俗化」そして「遺産化」により、今日の地位を確立してきたと言うことができる。ただし、それはあくまで名称や権威づけの点での変化であり、跳五猖という祭祀芸能、出菩薩という巡遊儀礼の内容自体に何らかの変化をもたらした訳ではないことも併せて確認しておきたい。

さらに、よりマクロな視座からは、跳五猖の場合にも、兼重努［二〇一六］がトン族の事例から論じているような、行政区画を競争単位とした文化の覇権争いに類似した状況が生じていると言える。高淳南部と安徽省の北部は省境にて分断されるものの、言語（方言）や民俗の類似性の点から見ると均質した文化圏が拡がっていると想定でき、跳五猖や小馬燈は両省にまたがって分布している。だが、文化遺産登録は各行政単位により行われるため、安徽省と江蘇省の双方に、それぞれ省級の文化遺産「跳五猖」が存在しているという状況となっている。歴史学者の李甜は、両省で跳五猖の「昇級（ランク・アップ）」申請が行われていると指摘し、この状況を「文化資源をめぐる競争」と呼んでいる［李甜　二〇一二］。「昇級（ランク・アップ）」申請が「文化資源」の獲得に向けた動きだと断言はしかねるものの、筆者も調査中、自らの村の跳五猖の「保存状態」こそ秀でたものであるといった旨の語りを何度か耳にしたことがある。少なくとも、自らの村の伝統を「保護」という新たな用語にて意識化した語りが、調査地には見られるようになっていると言える。

以上のように、祭祀芸能としての跳五猖は間違いなく全中国規模でみられる政治経済的影響を受けた存在である。しかし、ここで改めて強調しておきたいのは、無形文化遺産登録は、跳五猖の文化資源化を促した直接的な理由だとは言えない点である。H村の跳五猖は、無形文化遺産に登録される二〇〇七年以前から、すでに政府関係からの招聘に対応し、出張パフォーマンスを繰り返していた。無形文化遺産への登録に先立ち、文化資源としての活用ははじまっていたのであり、H村は、跳五猖を祭祀儀礼の場面から切り離すという――少なくとも一九五〇年代以来の――手法をもって、これに対応していたのである。跳五猖に関しては、祭祀芸能を梃子とした観光産業の建設といった動きや、露骨な儀礼内容の変化などといった現象が発生しておらず、文化遺産登録を変化の契機とするような議論は成立しにくいと言えるだろう。

二　活性化しつつある祭祀芸能——S村の小馬燈

1　小馬燈の概略

「小馬燈(しょうばとう)」とは、「小」「馬燈」、つまり、子供(「小人家(*xiaorenjia*)」)が演じる、馬にのった将軍をモチーフとした祭祀芸能である。小馬燈は、安徽省、江蘇省において分布が確認されており、一般的に、数年間に一度、春節(旧暦一月一日)から元宵節の翌日(旧暦一月十六日)までの期間におこなわれ、禍を払い幸福を招くものだとされている(「消災降福、避邪消災」)。儀礼の構成や由来などに関しては村単位での地域差がみられ、また江蘇省内の他の地域には別の名称をもつ類似した祭祀芸能が伝承されているようだが(14)、少なくとも高淳一帯ではこの用語と子供が行うパフォーマンス(表演)との間に一対一の対応を見いだすことができる。

管見の限り、日本国内では小馬燈についての研究はなく、また中国国内の先行研究でも、小馬燈のパフォーマンスについては概略が記されているに留まっているのが現状である。そこで以下では、二〇一四年の春節時期に小馬燈を行った自然村S村の事例を検討してみたい。

S村は、高淳の東北部に位置する雑姓村である。インフォーマントによれば、この村の小馬燈は旧暦の一九三九年十二月を最後に途絶えていたのだが、約七十年の断絶を経た二〇一二年の春節に復興した。当時、経済的なゆとりがでてきたこと、そして小馬燈を断絶させたくないという老人らの意向があったことから復興が企図され、各家庭の「家長」らの同意、そして村民から寄付などの支持を得ることができ、復興に至ったという。

二〇一三年の春節時は小馬燈を行わなかったが、二〇一四年は午年でもあり、小馬燈を望む声も強かったことから、小馬燈の実施を決めたという。この年の小馬燈は、春節前の数回の練習ののち、春節の二日前（二〇一四年一月二十九日）に始まり、元宵節（旧暦正月十五日）の翌日（二月十五日）に終了した。S村の小馬燈を指揮するのは同村の老人会であり、同会のメンバーが地方政府や他村と連絡をとり、スケジュールの手配を行う。

2　小馬燈のパフォーマンス

小馬燈は、広場でのパフォーマンス活動と、演じ手一行がS村の各家庭をめぐり祭祀を受ける行事の二つの形態に大別することができるが、この小馬燈の実施期間中、大部分は他所へ出張し小馬燈のパフォーマンスを行うことに費やされた。まず、このパフォーマンスの概要を述べる。

S村の小馬燈は、様々な歴史上の人物に扮した子供三十名から構成される［表2-1］。『楊家将演義』、『三国志演義』、『説唐全伝』の登場人物が基調をなすが【2、4、5、8、9、13、14、19、20、23、24、28、29】、彼らと、牛【3、18】、および麒麟【17】の役の子供は、馬（あるいは牛、麒麟）をあしらった竹細工（これを馬燈という）[15]を体の前方および後方にとりつけ、手には鞭を持つ[16]［写真2-3］。これ以外の子供もそれぞれの衣装に身をつつみ、皇后【10、25】、およびその女中【7、11、22、27】の六名は赤の三角旗を持つ（旗挑）。計二色の「傘」をもつ四名には名前がない【6、11、16、21】。馬引きの四名【1、15、16、30】は、それぞれ平安と豊穣を祈念する文字の書かれた紅の看板（蜈蚣旗）を持つ［写真2-4］。

この役割分担は年齢・性格などを考慮した上で老人会が指名する。このメンバーの大部分はS村から選出されているが、数名、近隣村の子供がいる。さらに、女児もメンバーに加わっている。老人会メンバーの一人によれば、ここには戦略がある。「旧社会の頃は男児のみだったけど、今は子供の数が少ないし、一般的に女児の方が聞き分けが良いからね」。

小馬燈のパフォーマンスは、反時計回りで円をえがくように歩く動作を基調とし、銅鑼、太鼓、喇叭（洋号）からなる楽隊の演奏に合わせ、陣形をえがく動き（擺陣）と、「文字を並べる」（擺字）動きからなる。まず、「天下太平」の看板【1】を先頭にした円が、ある時には一列で、ある時には「国泰民安」【16】を後列の先頭とした二列に分かれ、円回転と陣をきざむ動きを交互に繰り返す。図2-1に示したのは、二〇一四年現在においてS村で行われている七つの陣である。(17)円回転からそれぞれの陣が始まるときには、伴奏のリズムが速くなるのに合わせるように子供は駆け足で図中矢印の方向に線上をすすみ、二つの線が交差するところで子供は擦れ違う。

表2-1　S村の小馬燈の人物構成

1	馬夫（天下太平）	16	馬夫（国泰民安）
2	秦琼（「宝馬」「頭馬」）	17	「麒麟送子」
3	「牛頭」	18	「牛頭」
4	諸葛亮	19	周瑜
5	劉備	20	唐王
6	「無名師」（紅傘）	21	「無名師」（黄傘）
7	「丫鬟」（皇后の女中）	22	「丫鬟」（皇后の女中）
8	張飛	23	楊六郎
9	関公	24	趙子龍
10	「答婆」（皇后）	25	「答婆」（皇后）
11	「無名師」（紅傘）	26	「無名師」（黄傘）
12	「丫鬟」（皇后の女中）	27	「丫鬟」（皇后の女中）
13	薛丁山	28	楊宗保
14	穆桂英	29	樊梨花
15	馬夫（五谷豊登）	30	馬夫（風調雨順）

子供は角にいたると自分の一人前の子供を軸にするように、時計廻りにターンする（例えば、【1】は【2】と【3】の子供の間をすり抜けるように進み、【2】は【3】と【4】の間をすり抜けて進む）。図の下側には楽団が坐る。

この陣形の組み合わせのいくつかを演じ終わった段階で、途中、十三名の武将のみによる「文字を並べる」動作が行われる。この間、他の十七名の子供は円になって立ち止まり、その中心の空間が十三名による文字出現の舞台になる。秦琼【2】を先頭に、それに続く形で十一名の武将が特定の立ち位置にて足踏みを行い（順に【4、13、8、9、23、29、28、

写真 2-3　小馬燈の練習風景（2014 年 1 月 27 日筆者撮影）

写真 2-4　「双龍出水」の陣（2014 年 1 月 28 日筆者撮影）

14、24、19、5】)、最後に、唐王【20】がこれら将軍の周りを一周巡り、自分の立ち位置に到着したのち、くるりと一回転して片足を地面にドンと降ろす。そのタイミングで楽団の音楽が止み、次の「文字」へと再び動き出す。これを合計四回くりかえすことで、上空から俯瞰して確認できる四つの字、すなわち「天」「下」「太」「平」が浮かび上がる［図2-2］。

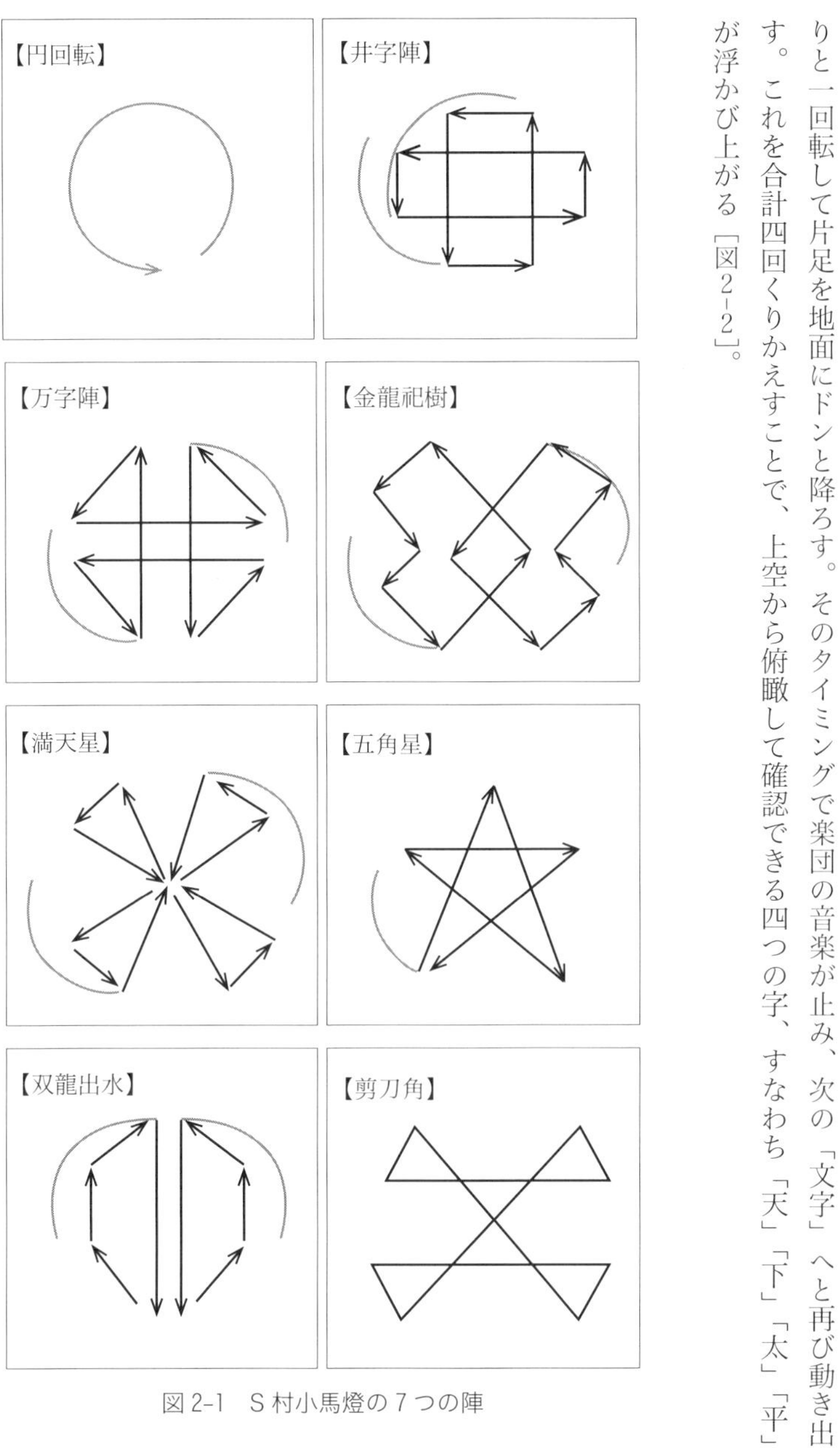

図2-1　S村小馬燈の7つの陣

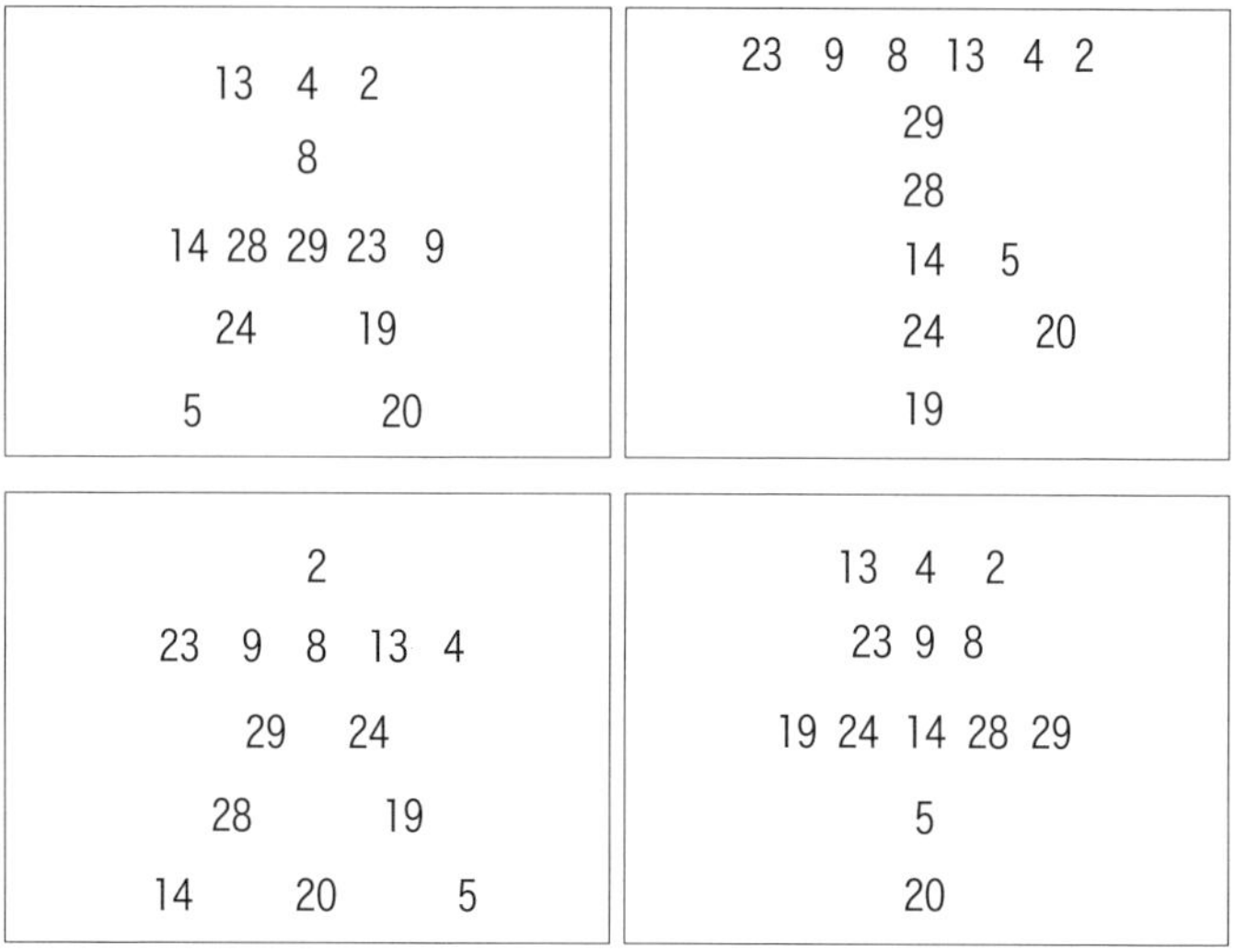

13　4　2
8
14 28 29 23　9
24　19
5　20

23　9　8　13　4　2
29
28
14　5
24　20
19

2
23　9　8　13　4
29　24
28　19
14　20　5

13　4　2
23 9 8
19 24 14 28 29
5
20

図 2-2　S 村小馬燈の「4 つの文字」の鳥瞰図
（図中の数字はそれぞれ（表 2-1）の人物名に対応。）

以上が小馬燈という名称が指すパフォーマンスの概要である。ただし、複雑な動作から構成されているこれら陣形はいくつかの意味で理念的・理想的なものであることを断っておきたい。むろん、練習時には小馬燈の「教練（コーチ）」は、子供らにこれら陣形の動きに則した動きをするよう指示するが、実践の場面では、子供同士がぶつかってしまう、あるいは特に小さい子供が転んだりすることで、陣形が乱れる可能性がある。さらに、子供の靴紐がほどけると、子供は一時輪の外にでて付き添いの親に靴紐を結んでもらうといったこともある（子供は馬燈のために前屈みになることができない）。他にも、小馬燈を行うスペースの広さの関係で、あるいは見物人が人だかりをなし円陣の外周を圧迫することで陣形が乱れてしまうこともあれば、はたまたシャッターチャンスを狙う無粋なカメラマンが陣の真っただ中に入り込んで列を乱すといったこともある。加えて、陣形に乱れがない場合でも、ただ単に祭りの「熱鬧（にぎわい）」に集まっただけの観衆が、その動きのなかに「天下太平」の文字が組み込まれていることに気づくのは難しい。その動きの規則性は熱心な観察によってのみ理解できるものであり、駆け足の子供たちの動きから手に取るように各陣形が浮かび上がって見えてくる訳ではない。何気なく見ただけだと、小馬燈の華やかさしか目につかない。

さて、先に小馬燈は他所へ出向き観衆に披露することを目的としたものであると述べたが、その出張先は主に、S村と関係の深い村、近隣の「老板（*laoban*）」（商売人で富裕者の意）、そして、政府主催のイベントの舞台である。いずれの場合も、老人会メンバーが予め連絡をうけ、日程・行程を取り決める。演じ手である子供の他、楽団、老人会メンバー、そして子供たちの親らは各自、電気自転車や電気三輪車で、あるいはマイクロバスで移動し、目的地近くに集合する。そこで、一行は提灯を先頭に音楽を鳴らしながら行進し、爆竹がうちあげられるなか目的地に到着すると、適当な広さのスペースでパフォーマンスを披露する。パフォーマンス時には、必ずしも全ての陣を披露するとは限らず、とある「老板」の店先では、二つの陣を披露してすぐに次の場所へ移動した。時と場面に応じて、柔軟にパフォーマンス構成が選択されていると言える。

3　村の中の小馬燈

上述の小馬燈の巡業とは別に、小馬燈の一行がS村の各家庭を巡る行事もある。「拝年（*bainian*）」、すなわち新年の挨拶廻りである。二〇一四年一月三十日（除夕）、早朝六時三十分に爆竹が打ち上げられ、銅鑼がならされる――これは、今日は小馬燈をやるぞという村民への合図でもあり、この日に限らず小馬燈を実施する日は必ず行われる。七時三十分、一同が廟の前に集合し、一列になり村の各家を巡り始める。各家庭では、家主が爆竹を鳴らして小馬燈の一行を出迎え、随行する大人たちにたばこを配る。各家屋には祭壇[18]が設けられており、小馬燈の指導者が拡声器で各家庭の家族に新年のあいさつを述べているなか、子供たちは祭壇を一周し、家屋を出る。

この過程で、老人会メンバーは寄付金を受け取り、子供たちはお菓子を手にいれるが、返礼として、各家庭には輪ゴムで括られた三色の旗（赤、緑、黄）が渡される。[19] 子供たちが手に入れるお菓子は膨大な量にのぼるので、付き添いの親が携帯する手提げ袋はお菓子で溢れかえる。さらに、馬燈の胴体部分は、巡回途中につまみ食いをするための、お菓子を詰め込む機能を果たす。昼の食事休憩をはさみ（各人は自分の家に戻り食事をとる）、午後三時すぎに、すべての家をまわり終えた。

この半日にわたる儀礼で子供たちはくたくたになるので、子供たちの不満の声に応じて途中休憩の時間が設けられる。しかしこの日の途中、反抗期をむかえた数名の子供は「死ぬほど疲れた」といってずるを実行した（家のなかにはいらず門外で休む）。結局、大人たちにみつかり怒られたが、情状酌量の余地あり（確かに疲れる）ということで、子供たちの意をくみ、全過程終了時に予定されていた廟の前の広場でのパフォーマンスは結局取りやめとなった。[20] ここでも、「小馬燈のやり方」は柔軟に実行されている。

だが、小馬燈は芸能的要素をもつと同時に宗教祭祀でもあり、変更不可能な要素もある。小馬燈の開始日にはパフォーマンスに赴くに先立ち、S村裏手の丘に登り「馬神を招来する」儀礼（「掠草（*lüecao*）」）を行い、小馬燈の終了日には「三牲」（豚、鶏、魚）、三杯の茶と酒、三本の線香をささげた上で、「頭馬」の馬燈の首と胴体を包丁でたたき切り落とし、その他の子供も叩頭・礼拝を行い、馬神を送り返す儀礼（「殺馬（*shama*）」）が行われる――その後、「三牲」は廟の調理場に運ばれ食事に供される（この時の食事参加者は老人会メンバーのみ）。また、いずれの小馬燈の日も、子供たちは衣装を身に着ける時、および衣装を脱ぐ時には、S村の廟（降福廟）内に用意された祭壇にて叩頭・礼拝を行う必要があり、これは練習日、本番の別なく行うべき規範となっている。

4　無形文化遺産登録へ

S村は小馬燈の巡業を経て、金銭と「名気(めいせい)(*mingqi*)」を得る。巡業時に受け取るお布施はS村老人会により食事や備品購入、廟の修繕などの費用にあてられると共に、子供たちにお年玉として一部還元される。名声の高まりに一役買うのが、政府主催のイベントである。二〇一四年の場合、遊子山(二月)やスローシティ(八月)といった景勝地の舞台に招聘されたことそれ自体が、外部者に「S村の小馬燈」の名声の根拠として語られる材料となる。

また、これらの名声は、無形文化遺産申請に際しては有力な根拠となる。中国の無形文化遺産法第二十条第二項では、「特定領域内における代表的性格を有し、比較的大きな影響力を有すること」が指定の要件とされており、「名声」は認定の必要条件でもあるからである[李樹文等(編)二〇一一：一一三―一一六]。

S村の小馬燈は、二〇一四年末、南京市レベルの無形文化遺産として認定された。今後は江蘇省級の無形文化遺産への申請を試みるのだという。

三　衰退下の小馬燈——Q村の三十年

1　Q村と無形文化遺産「小馬燈」

筆者が二〇一四年三月から住み込み調査を行ってきたQ村では、出菩薩および跳五猖に加え、小馬燈が伝承されてきたが、この村の小馬燈は二〇〇七年十二月、南京市級の無形文化遺産に登録されていた。

インフォーマントによれば、Q村の小馬燈は少なくとも二十世紀初頭には行われており、新中国建国の一九四九年以後にも行われていた。その後、文革期の断絶をへて、一九八〇年の春節(21)、他の地域に先駆けてQ村の小馬燈は復興された。「我々の村の小馬燈はとっても著名だ」。この語りの例証としてよく持ち出される表現の一つに、高淳一帯に流布している「定埠の小馬燈、東壩の大馬燈」[22]という対句がある（定埠とはQ村がかつて属し、現在は消滅している郷・鎮レベルの行政区画であるが、地名としては現在も流通している）。また、Q村の小馬燈組織はかつて、高淳県政府さらには南京市政府からの要請で高淳（県城）や南京（夫子廟）にまでパフォーマンスへと出向いたことがあるということも頻繁に言及される。そして、多くの場合この後に続くのは、「我々の村の小馬燈は非物質文化遺産だ」という言葉である。

しかし、興味深いことに、このような名声とはうらはらに、Q村の小馬燈は二〇〇八年の春節期間に行われたのを最後に、筆者が長期調査を終えてQ村を離れた二〇一六年二月現在に至るまで途絶えたままとなっていた。以下では、無形文化遺産への登録直後に小馬燈が途絶えてしまったことの背景について分析してみたい。

2　Q村の「小馬燈」の断絶と現在

S村とQ村の小馬燈は、来歴のみならず、子供が扮する歴史上の人物および人数、また、儀礼実行に際しての規範などの点で差異が存在する。ある日、Q村最大の社交場だといえる村の売店の庭先で筆者が撮影したS村の小馬燈の動画を友人と見ていたところ、パソコンのまわりには人だかりができ、口々に批評が飛び交った。S村の小馬燈とは「だいたい同じさ」という意見もあった一方で、「我々の村の小馬燈」との差異がどこにあるのか、とりわけ、宗教的禁忌や規範に関する差異の指摘は少なくなかった[23]。

では、彼らの小馬燈に関する熱心な語り口とは裏腹に、なぜQ村の小馬燈が途絶えてしまっているのか。筆者のこの問いかけに対する住民らの答えは、概ね次の三点に要約できる。

第一に、「いまは子供がいない」。小馬燈が復興した一九八〇年代、子供たちは全てQ村の出身者であった。一家庭から一人の子供のみが参加可能であり、小馬燈に選ばれなかった子供は不満たらたらであった。その状況は徐々に変化していく。一人っ子政策の順守が年々厳しくなり、村からは子供が減り、付近の三か村からも子供を集め行うようになった[24]。就学等のため、村から都市の方（県城）に移り住む子供が増えたことなども一因ではあるが、結局は「子供を（たくさん）産むことが禁止された」ことが大きな要因だという。この点に関しては、Q村の場合、宗教的規範に基づく女児の参加の禁止が重視されている点（本章注23）も、小馬燈の実行を難しくしている要因を形成していると言うことができるだろう。

第二に、「いまは（親が）子供を参加させたがらない」という意識面での変化が挙げられる。あるインフォーマントによれば、「今は子供がとても大事だ」。「いまは、親も子供にやらせたがらない。（練習時間とパフォーマンス巡回などで）時間も使うし、疲れる。子供も学校にかよって勉強しなきゃいけない」。小馬燈をやるということは、「確かに小さな危険もつきものである（車通りのある道路を大人数の子供たちが行進するなど）」。その他にも、顔の化粧のため、ある子供の顔が腫れあがったという不満の声があがったという出来事もあったという。またあるインフォーマントは、さらにこう言及した。「いまだって一日いくらとお金がもらえるなら、小馬燈には参加するかもしれない。だが、これは『菩薩』を祀るものだし、お金も準備できない」。「昔は違った。小馬燈をやるぞと一声かければ、皆が参加した」。これは、「こういう社会になったってことだ。昔とは違うんだ」。

第三に、「いまは（村に）人がいない」という点がある。小馬燈を再びやるには、お金も必要となるが、「これは大した問題ではない」。問題は、一九九〇年代ではあまり見られなかった村民の出稼ぎが二〇〇〇年代には活発になったことにより、化粧の知識、楽団の演奏の知識を継承する年齢層の者たちが一年の大部分をQ村の外で過ごすようになったことである。さらに、演奏ができる者も減少した。「ある者は死んだし、ある者は歳をとって演奏をしなくなったんだ」。また、Q村では二〇一二年の春節の際、小馬燈を行おうという話がでたが、この時には「人を集めることができず」、断念した。

以上の社会的背景の変化は、それぞれ、少子化（一人っ子政策に加え、宗教禁忌による女児の不参加）、価値観の変化、移民母村化、およびそれに伴う高齢化というように纏めることができる。こうした社会変化の前で、文化遺産登録は小馬燈の「保護」に対しては影響力を持たなかった。二〇〇八年の「最後」の小馬燈の直前に無形文化遺産に登録されていたものの、これは鎮政府の文化部門の人間が資料整理ののち申請したものであり、Q村が主体となったものではなく、また資金面等での何からの援助も受けてはいないと言う。すなわち、無形文化遺産は、Q村の人々にとっては現在も廟に安置されている無形文化遺産の認定状以上の意味をもつものではなかったのである。

なお、S村の小馬燈との対比で付言するならば、地政学的要因もQ村の小馬燈の衰退に関係していると言えるだろう。S村の場合、スローシティという観光開発地域に該当し、文化資源の振興に政府関係者が熱心に取り組んでいる。椏漆鎮南部に位置するQ村には、このような政府からの積極的「支持」はなかったのである。

3　増加か、減少か

高淳では現在、ほぼ全域で村落からの若者の流出が起きている。すなわち、民間信仰とその儀礼の知識の世代間伝達を難しくしている要因の一つである移民母村化は、Q村のみならず、高淳全域の問題でもある。この点で、Q村の事例は、高淳における民俗が消滅へと向かうプロセスの先駆的な例であるとみなすことができるかもしれない。

高齢化および伝承者の減少により伝統儀礼が断絶していくという見解は、フィールドワーク中に何度も耳にする地元民の見解でもある。その一方で、逆の意見もある。筆者がQ村に住み込みを始める以前、高淳全域を対象とした広域調査をしている最中に出会った高淳のある若者（二十代男性、大学卒）のユニークな意見は、もう一方の意見の主要な論点を網羅しており、ここで紹介してみたい。彼との世間話のなかで、高淳では伝統文化、無形文化遺産が減りつつあるという言い方があるよねと筆者が話題を振ると、彼はこの見解に反対した。その意見を要約すると、次の通りである――改革開放後の経済的発展に伴い金銭面でのゆとりが出たころから、出菩薩などは年々増えている。さらにこの状況を後押ししているのが政府の方針転換である。かつては迷信と分類され、抑圧・禁止されていた民間文化だったが、その後、宗教的な空白地帯となっていた江南地帯をキリスト教が席巻した。この状況（とりわけ「西欧の文化の流入に伴いやってくる民主主義という思想の伝播」）に危機感をいだいた政府が、道教や仏教を中国の伝統文化として評価し直した。だから、たくさんのところで廟が建てられているし、文化遺産の保護も盛んになっている。

念のために断っておくと、これはあくまで政治を講じることが好きな若い男性の、興味深い一意見にすぎない。眼前の状況をマクロな政治環境と関連づけて分析している彼の見解を論評することは筆者の力量を超えた作業になってしまう。ただここで確認できるのは、彼にとって高淳で見られる民間信仰は道教および仏教という「中国の伝統」に属するものであり、また、それを祀る宗教施設である廟が経済的発展に伴い増加傾向にあることを、彼が実感していることである。

この経済的発展および政府の締め付けの緩和による伝統儀礼の増加という見解と、高齢化、少子化、移民母村化などによる伝統儀礼の減少という見解とは、一見矛盾した見解ながら、どちらも高淳の状況を説明する妥当な解釈であり、どちらか一方のみが正しいとは言いきれない。むしろ筆者は、このような両極の現象が並行して進展しつつあることこそが、中国の無形文化遺産、とりわけ民間信仰の特色を考える上で重要な手がかりとなるのではないかと考えている。

高淳という地理的範囲においても局地的には民間信仰儀礼の栄枯盛衰が同時期に見られることを念頭に置いた上で、ここで改めて、Q村の小馬燈の「断絶」を考えてみよう。まず、祭祀芸能の不在は、どのくらいの期間から断絶ないし消滅ということばで言うことができるのだろうか。小馬燈の場合だと、一〜二年程度の不履行ならば、中断とすら言うことができない。そもそも小馬燈は、毎年一度かならず行われるといったたぐいの「祭り」ではなかったからである。インフォーマントによれば、小馬燈が「断絶」する以前、Q村では二年から三年に一度、小馬燈が実施されていた。そしてどの年に実行するのかは、寄付金の集まり具合など金銭面を見ることに加え、（たとえば宗教職能者「門司（*mensi*）」の託宣に基づく、というのではなく）「関係者各位とのやりとり」のなかで決まっていた――すなわち、小馬燈のパフォーマンスを請う民間の声の高まりや、政府関係者や有力者などの声である。

このような実施理由には、機運ということばが相応しいように思われる。小馬燈は、そもそも時節、機運が高まった時に行うものなのである。通常その間隔は数年であったが、より時間軸を長めにとるならば、文革期に代表されるように、数十年の間隔の「断絶」の歴史を小馬燈は有していたのであり、それは小馬燈の消滅を意味しなかった。そして、長らく小馬燈が実行されなかった後、政治環境が変化し、かつての迷信が文化へと再定置されつつあった一九八〇年に、Q村の小馬燈は「復興」した。この時の小馬燈は、実に多くの観衆をあつめたと現在でも語り草になっている。政治環境の大いなる力に押し曲げられたしだれ柳の枝が一気に解き放たれたがごとく、小馬燈を渇望していた人々の声の集積が大きな高まりをみせたのである。

中国の廟会の特色を「渦」という比喩をもって表現した深尾葉子［一九九八］の議論は、本章の事例を考える上でも有益である。第一章で述べた通り、深尾は廟会の規模や「会長」の評判などに関する「語り」が、廟会の規模や華やかさを常に流動的なものとする背景の一つだと論じていた［深尾　一九九八：二五〇］。この「渦」の比喩を借りるならば、かつて「評判」が高かったQ村の小馬燈という渦は社会変化の前で求心力を失いつつあり、弛緩傾向にあると言えるだろう。現在、S村の小馬燈は観光開発と政府の後押しにより、そして住民の支持の声により、大きな渦の中心となりつつあるのに対し、Q村では、子供の親や政府関係者の声の高まりを欠いているのである[25]。

高淳の地図上では、ある地点では新たな渦が生成・拡大し、また別の地点では渦が縮小・消滅している状況が同時に見られる。この地図を共時的に切り取るならば、H村やS村の無形文化遺産は興隆し、Q村の無形文化遺産は断絶しているように見える。しかし、渦の縮小と拡大は、中国の民間信仰の常である。少子高齢化・移民母村化という時間軸からは、Q村の小馬燈には復興する余地はないように見えるが、渦の歴史時間を採用するならば、「断絶」ではなく「中断」であったと判断する日が来るかもしれないというのが、筆者の見立てである。少なくとも、自らの村の小馬燈を誇りとするQ村の人々の声には熱がこもっていることに鑑みると、この村の小馬燈が消滅したと断ずるのは早すぎるだろう。

四　小結

本章では祭祀芸能「跳五猖」と「小馬燈」をめぐる、H村、S村、Q村の三か村の事例を検討してきた。最後に、無形文化遺産登録をめぐるそれぞれの村落の対応についてあらためて考察しておきたい。

Q村の小馬燈の衰退という事例は、無形文化遺産という新たな制度・言説が、その理念とするところの保護の上で効力をもたなかったケースであると言える。無形文化遺産における保護という仕組みづくりの上では、移民母村化をはじめとする村落社会の変化が大きな課題となるだろう。しかし、これは文化遺産制度を主語に据えた発想である。本章では、機運という術語により、様々な立場の人間の思惑や声が交差するなかで祭祀芸能が執り行われてきたという観点を提示した。この観点から言えば、無形文化遺産もまた、祭祀芸能という渦の生成と消滅の動態に影響を与える外的一要因であるに過ぎない。

中国の無形文化遺産の調査事例では、これまでに、政府主導による民俗の復興の事例［陳志勤 二〇一四：五六］や、民俗の性格に影響を与えたとする事例［白 二〇一三：一二八―一三〇］など、無形文化遺産登録を契機とした民俗の変更の事例が少なからず報告されてきている。しかし、本章で検討してきた事例に関しては、無形文化遺産登録は直接的な変化の契機だとは思えない。いずれの例でも、資源化は遺産登録以前にも起こっていたからである。

また、劉正愛［二〇一六］は遼寧省の満族自治県において、無形文化遺産化を契機として元来十数時間に及ぶ祖先祭祀の儀礼が十分間程度の見世物として展示されたという興味深い事例を報告している。この例ほど極端な形ではないが、一部構成要素の省略を含め、イベント向きにパフォーマンスを調整する実践は、H村の跳五猖、S村の小馬燈に関しても言える。しかし、S村は通常の出張パフォーマンスの際にも、場面に応じてパフォーマンスの構成を変化させており、H村の場合も、各種の文化イベントに招聘され、村の外部にパフォーマンスを披露することは、文革期における中断の以前にも行われていたことであった。とりわけ、H村の場合、かつては門外不出であるべきだという規範が存在していたなかで、地方政府からの依頼に対して折り合いをつけ、演じ分けにより対応してきたという歴史的経験を有していたのである。

本章では各調査地点における祭祀芸能が、時と場合に応じて極めて柔軟に実践されている側面に焦点をあててきた。また、現在の祭祀芸能を見つめる視座としても、文化遺産登録による因果関係を考えるのではなく、むしろ機運という、祭祀芸能それ自身のロジックを捉える必要があると強調してきた。だが、ここで改めて注意したいのは、機運にしろ柔軟性にしろ、祭祀芸能の性格それ自体が、上からの影響力と無関係に存在していた訳ではないということである。事実はむしろその逆であろう。

たとえば周星は、中国の歴史上、民間信仰が時の朝廷や地方官僚によりしばしば「整頓」や抑圧、破壊の対象とされてきたこと、そのため、民間では神々を朝廷の「正祀」の対象に加え、あるいは「加封」を得ようという努力が少なからず行われてきたと指摘している［周星 二〇一三：四］。この種の努力の試みかと解釈できる事例が、祠山大帝についても言える。祠山大帝の総廟が位置する安徽省広徳県の歴史資料を分析した皮慶生は、一〇四〇年から宋代末年に至るまで繰り返し「加封」を得る努力がなされていたと指摘している［皮 二〇〇八：七八―九六、三三八―三三九］。大きく時代は離れているものの、S村での文化遺産登録に向けた動き、そして、Q村における「我々の村の小馬燈は非物質文化遺産だ」という言葉にも、国家からの承認という意味あいがあったと捉えることができるだろう。

中国の歴史的文脈における国家と民間信仰の関係性のなかで、地域社会の祭祀芸能は様々な問題と折り合いをつけるなかで実行されてきた。おそらく、そのような長い経験の蓄積があるからこそ、機運をつかむような庶民の実践的態度が醸成されてきたのだと考えることができるだろう。中国の無形文化遺産のうちでも、民間信仰に根差し、かつ多くの人員を必要とする活動を考える場合、その独自の性格に注意する必要がある。その理解なくしては、無形文化遺産制度が一般庶民にとって有する意味を見落としてしまうことになるだろう。「文化遺産の人類学」が取り組むべき課題とは、文化遺産化という外的インパクトのみを強調することではなく、当該民俗をその歴史的・社会文化的文脈のなかで理解することである。

注

（1）中国の「非物質文化遺産」は、日本で言うところの無形文化財と無形民俗文化財を統合したものに相当するが［馮 二〇〇七：一三八］、本章では便宜上、これを「無形文化遺産」と表記する。

（2）今日の宗教人類学においては、信じる／信じないという言葉遣いを前提としている「信仰」という概念は、実践の直接的な観察に基づく事例の記述と分析により相対化された上で用いられることはもはや常識と化している。たとえば、実践に分析の焦点をあてることで、宗教的・呪術的・儀礼的行為と信仰との一対一対応を解消する「行為遂行性」の議論は教科書でも紹介されるに至っている［吉田ほか（編）二〇一〇］。しかしここでは、中国研究の文脈にのっとり、民間信仰という語を、道教・仏教・儒教の土壌であるとともに、この三教の境界線が不明瞭であるものとして用いる［e.g. 三尾 一九九九］。

（3）祠山大帝は、姓を張、名を渤といい、漢代の人だと伝えられている。張渤については、重要な資料として『三道捜神大全』や『祠山志』などが挙げられるが、二階堂は、これら伝承は信憑性を欠いており、また他にも異伝があると述べ、「総じて史書には張渤に関する信頼すべき記載は見あたらないと言ってよい」［二階堂 二〇〇七：一五七］と指摘している。だが、現地では祠山大帝を水の神であるとする認識が流通しており、南京市民俗博物館、高淳非遺展示館、高淳博物館における展示でもこの語りが再生産されている。「…高淳の人民は一一〇〇年間にわたり、常に洪水や干ばつといった災害と戦ってきた。そのため漢代の治水の英雄である祠山大帝の張渤は非常に尊敬されており、いく世代にもわたり祭祀が行われてきた…」（南京市民俗博物館の展示パネル「廟会：南京祠山廟会」より）。

（4）主要なものとして、日本では日野［一九五〇］や中村［一九七二］の研究が、アメリカでは Hansen［1990］の研究がある。中国では、祠山大帝に関する論文集もある［広徳県文化体育局・広徳県祠山文化研究会（編）二〇〇八］。

（5）先行研究では、高淳において祠山大帝信仰と五猖神（および跳五猖）の関係が密接に関係していると述べるのみであり、両者の間にどのような関係あるのかについては不明であり、また筆者の聞き取り調査でも両者の関係についての伝承は得られなかった。ただし、近年出版された『高淳歴史文化大成』では、明の朱元璋が祠山廟会に五猖神を与え、祠山大帝の巡遊時に道を切り開くものとしたという伝承が紹介されている［中国人民政治協商会議南京市高淳区委員会（編） 二〇一三：四〇五］。なお五猖神については中国各地のヴァリアントが報告されており［廣田 二〇一一：二一一―二四一］、また歴史的変遷を論じた研究もあるが［Guo 2003］、本章では述べない。

（6） アーサー・ウルフ［Wolf 1974］に代表されるように、人類学者は中国漢民族の信仰世界を構成するものとして、神（gods）、鬼（ghosts）、祖先（ancestors）の三つの範疇を想定してきた［cf. 渡邊欣雄 一九九一］。この分析枠組みは、大勢において筆者の調査地、高淳一帯においてもあてはまるものとひとまず言える。だが高淳では、このうちのカミの範疇は、中国共通語で用いられる「神」（*shen*）ではなく、総じて「菩薩（*pusa*）」と呼ばれる。カミ全般の総称として「菩薩（*pusa*）」という言葉がつかわれるこの用語法は、浙江省象山県にも見られる［銭 二〇〇七：一五―一六］。また太湖流域での現地調査からも「菩薩（*pusa*）」という用例が報告されている［太田 二〇〇七：二二〇：佐藤仁史 二〇〇七：二六八］。

（7） 高淳の「出菩薩」の詳細については、民族誌的調査に基づく報告が有益である［李勝 二〇一三：楊天斉・杜臻 二〇一三：楊徳睿 二〇一八］。なお、高淳では出菩薩は単に「会場（*huichang*）」と呼ばれる場合もある。

（8） 高淳では出菩薩には「頂刹（*dingcha*）」と「抬刹（*taicha*）」の二通りが見られる。つまり、二メートルほどの巨大な木板に数十の「小菩薩（*xiaopusa*）」が貼り付けられた「刹（*cha*）」を、「被る」か「担ぐ」かという違いである。前者の場合、「刹（*cha*）」は「魁頭」を指し、陶思炎［二〇〇九：三四］が報告していたように、「刹（*cha*）」の下部に付された仮面を被るのだが、後者の場合、「刹（*cha*）」には仮面は付されてなく、椅子状の台座に固定されたあと、御輿のように担がれる［写真2-1］。序章で紹介したように、高淳の地元民は高淳を東西二つの地域に分けるが、筆者のこれまでの調査では、「抬刹（*taicha*）」の形態は東の「山郷」すなわち椏渓鎮（そして安徽省梅渚鎮北部）に集中しており、この地域では「頂刹（*dingcha*）」を見たことはない。調査時には「抬刹（*taicha*）」は「頂刹（*dingcha*）」よりも古いスタイルだという言い方を耳にしたこともあるが、詳しいことはわからない。

（9） 跳五猖については紙幅の都合上省略する。パフォーマンスの動作については［範依民・葛軍 一九八八］を、五方位と演舞の関係についての象徴論的分析は［茆耕茹 一九九五］を参照。

（10）H村の廟「祠山殿」には「江蘇高淳椏漆跳五猖保護基地」の看板が掲げられている。正殿には神像および仮面を安置した廟があり、前殿が跳五猖の展示室になっている。廟の向かいには舞台（「戯台」）がある。これら施設を取り囲む塀には「H村文化活動センター」の看板がある。

（11）インフォーマントらによれば、この年には鎮江や南京などに赴きパフォーマンスを披露したが、これは高淳県文化館の要請によるものであった。

（12）『中国民族民間舞踏集成』の「跳五猖」の項には、記事の著者の他、その記事執筆のもととなる「資料提供」者の名が記されているが、筆者は、そのうちの一人である呂復廉氏に記事の内容について尋ねる機会を得た。同氏によれば、この宗族祭祀という記述は、宗族による祭祀ということではなく、H村の各小村落がみな「一家人（*yijiaren*）」、「一家庭（*yijiating*）」の者、つまり一族の者であるという意識が存在しているという意味で理解すべきであるとのことであった。この言葉の含意については第七章で詳述する。

（13）インフォーマントによれば、迷信だという言説に加え、出菩薩では多くの人を集め混乱をきたすこと、爆竹の乱発が火災を招くなどの理由から、禁じられたという。

（14）たとえば、南京市六合の「馬燈」［陳夢娟・張年安（編）二〇〇四：一八一―一八二］や、邳州市の「跑竹馬」［王世華（編）二〇一〇：三六―四〇］などがある。

（15）「燈（*deng*）」とは燈籠の意であり、かつてはこの細工のなかに蝋燭をいれた（火はともさない）。現在では蝋燭の代りに電飾（電灯など）を用いることもある。なお、S村の馬燈は、蝋燭や電飾を入れていない。

（16）ただし、諸葛亮（表2-1の【4】）のみ団扇を持つ。

（17）インフォーマントによれば、「剪刀角」という陣形は練習はしたが、「難しすぎてマスターできてなかった」ので、この年、本番では実施されていない。またその為、この陣の詳細はわからない。

（18）八仙卓の上に蝋燭をたて、二本の「歩歩高」の間に寄付金が挟み込まれ置かれるが、これは出菩薩、跳五猖の場合と同様である。この他、お菓子のはいった皿も置かれる。

（19）手のひらサイズで、旗の部分には簡体字で、「馬年大吉」、「開門招財」、「福慶有余」、「万事如意」、「五谷豊登」、

「天下太平」、「国泰平安」など新年をことぶく四文字（あるいは七文字）が書かれている。

（20）S村でのパフォーマンスは別日に実施されている。二〇一四年二月一日（正月初二）、老人会メンバーは昼過ぎから廟で食事をつくり、夕刻に小馬燈を踊る子供たち及びその親に食事が振る舞われ、その後、村の広場でパフォーマンスが行われた。その名目は、S村の「老板（*laoban*）」（高額寄付者）にパフォーマンスを贈る（「送馬燈」）ことであった。

（21）先行研究では一九七八年に復興したという指摘があるが［茆耕茹　一九九五：五一、二〇一〇：一一］、Q村村民の語りを総合すると、正しくは旧暦の一九七九年の冬に練習が行われ、一九八〇年の春節期間に復興した。

（22）高淳区の東壩鎮には、国家級の無形文化遺産「大馬燈」がある。これは、獅子舞の要領で馬の被り物を大人二人がかぶり行われるパフォーマンスであり、小馬燈とは構成も由来も異なるものである。なお、高淳あるいは安徽省梅渚鎮では、「大人が行う小馬燈」も存在しており、こちらも「大馬燈」と呼ばれている。

（23）この日の会話と後日の追加調査を総合すると、Q村の小馬燈には次のような特徴があったと言える。①小馬燈の時には肉やニンニクを食べてはいけない。これはQ村全体で守らなければいけない。演じ手は、毎朝、体を洗ってから行かなければならない。②子供は女が加わってはいけない。Q村の小馬燈は宗教色が強いからである（迷信的色彩があってこそ魅力がでるものだという意見もあった）。③子供たちは京劇役者のような化粧をする。④小馬燈の開始日（「出堂」）、および終了日には「馬燈山」（村から徒歩十分ほどの丘、馬廟の主神「牛童天子」の墓だとされる）にいく。終了時には梱包した全ての馬燈を燃やす（「煞燈」）。「馬燈菩薩」を天に返すということで、（S村のように）馬燈を再利用したりすることもないし、馬の首を落とすということもない。⑤子供の総数は二十八名であり、文字を描くときは、十二名の将軍と二名の「馬夫」が行う（十二名の将軍は干支の十二の動物、および一年十二ヶ月を意味する、という意見もあった）。Q村の小馬燈は、武将が劉備、関羽、張飛、趙雲、岳飛、王貴、牛皐、岳雲、金兀術、金蝉子、銀禅子、哈密蚩の十二名で、三角旗を持つ各人の婦人（「搭伴」）と、看板を持つ二名の馬夫、破れた団扇を持つ二名の清朝官僚（「小韃子」と呼ばれ、京劇の「小丑」に相当する）の計二十八名から構成される（なおこの点について、『高淳県志』には誤記がある［高淳県地方志編纂委員会（編）　二〇一〇：八八六］）。⑥陣形は七十二種類伝わっている。かつては一〇八種類あったが、徐々に失われてきた。⑦陣をつくるときには、「門」が必要である(「門」とは楽隊の後ろに広げられる幕のことで、二叉に開いており、むかって左が広場に小馬燈が出てくるための「出門」、右が広場から戻るための「進門」である)。⑧小馬燈を演じる子供はトラの頭(「老虎頭」)を模した靴を履き、足には赤い布を巻くが、毎回、家に帰るとその布は燃やさなければいけない。

(24) 子供をもたないQ村村民が他村からの子供を自分の子という名義で参加させるというやり方であり、その時には食事と宿泊を手配しなければならなかった。この他村からの子供は、呂姓の者であるかどうかは問わない。

(25) この「渦」の観点からは、Q村の小馬燈の衰退には、村人からは筆者に直接語られることがなかった要因が大きかったのではないかと推測できる。すなわち、二〇〇八年を境に、それまでのQ村の「馬燈会」の会長(呂おじさん)が引退していたという事実である。機運を形成するための中核人物を失ったことで、Q村の小馬燈は途絶えざるを得なかったのかもしれない。だが目下のところ、この分析は推測の域をでていない。この議論の根拠となるべき当時の会長と今日の会長の力量の差についての検証は、今後の課題としたい。

第3章

流しのコンバイン
――収穫期Q村における即興的分業

　Q村での参与観察の過程で筆者は現地の農作業についても学んだが、その当初、筆者を困惑させたものの一つに、「いまは収穫は機械でやる」というインフォーマントらのことばがあった。というのも、Q村にはコンバインを所有する者は一人としていなかったからである。

　この疑問はほどなくして氷解した。麦や稲の収穫期になると、コンバインの群れがどこからともなくやってきて稲刈りを手伝い始めることを知ったからである。コンバインの主はみな一様に外地から「流し」で来ていた人々であり、また確認できた限りでは、コンバインはいずれもが「久保田(クボタ)」、つまり日本の農業機械メーカーのそれであった。彼らはあらかじめ現地の人々と何らかの約束をして来ている訳ではない。頃合いを見計らってやってきては、たまたま農民に呼び止められ、そこでクボタ製コンバインによる収穫代行というサービス（久保田(クボタ)・

服務（サービス））を提供するのであった。

その後、この一風変わった現象に興味を惹かれ、その起源について探ってみたところ、実は、およそ十数年前に出現した流しのコンバインは、調査地の春の風景を変容させていたこともわかった。現在、Q村では二毛作が行われているが、かつて農作業の全てが人手で行われていたころ、秋に植えるのは小麦ではなく油菜であった。だが、収穫と脱穀の双方を一度に、短時間で、ただ眺めているだけでやってくれる流しのコンバインの登場により、調査村の人々は、油菜よりも脱穀の手間がかからなくなった小麦の栽培を選好するようになった。流しのコンバインは、春、あたり一面を黄色に輝かせていたという油菜畑を、黄金色にたなびく小麦の広がる景観へと変貌させてきたのである。

比較的短い歴史的スパンのなかで現れた現象だとはいえ、すでに現地では流しのコンバインの利用は定着したものとなっている。これは、農作業のうちでも特に重要な収穫という工程を、外部者の来訪に依存して行っているということであり、どうにも奇異に思われた。現地の農民らは、たまたま出会う「よそ者」らとどのような関係を取り結びながら、農作業を進めているのか。さらに焦点化していえば、このような分業形態が可能となっている社会的条件とは何なのか。これが、本章の問いである。

一　Q村における農業

序章で述べた通り、高淳の農村では若者の出稼ぎが常態化しており、若者は旧正月などの大型連休にのみ村に戻ってくるという傾向が見られる[1]。Q村においてもこれは同様で、農業を行うのは主として村に残っている六十代以上の「老人家（ろうじん）（*laorenjia*）」であり、また本論で農民というときも、基本的には彼ら高齢者のことを指す[2]。

このような村落居住人口の世代間ごとの偏りは、端的にいって、農業では十分な現金収入が得られないことに起因したものである。稲作地帯に位置するQ村では、村民も一日三度の食事では自分たちでつくったコメを食しているのだが[3]、一つの家計世帯レベルで見ると、多く見積もったとしても、農業による現金収入は出稼ぎ労働による収入の三分の一に満たない[4]。さらに、若くして出稼ぎに出た世代は農作業を経験的には理解できておらず、また稼ぎが悪いために農業を忌避している。そのため、現在のQ村では徐々にではあるが休耕田が増加しており[5]、また農地をつぶし蝦や蟹の養殖場を作る例も見られる[6]。休耕田が水産物の養殖場になっていくのは高淳全域で目にする光景であり、Q村もまた、そのような変化の潮流の過程のなかにあるといえる。

農業が衰退期を迎えつつあるとはいえ、Q村に常時居住している人々の生活は、現在でも農耕サイクルに規定されたものだといえる――人々はみな、農繁期は農業に忙しく、農閑期は麻雀で忙しい[7]。たとえば、Q村ではいくつかのたまり場があり、そこでは午後と夜に麻雀などの賭け事を楽しむために村民が集まるのだが（第四章）、農繁期の場合、農作を営んでいない者も殆ど集まってこない。農業は人々の社交活動にも色濃く影響を与えている。

Q村では各家庭成員に一人あたり約一・四畝（一畝＝十五分の一ヘクタール）の農地の使用権が分与されており[8]、家族労働により、主に小麦と稲の二毛作が行われている。手狭な農地ではトウモロコシ（家畜の餌）、油菜（自家消費用の油）も植えられているが[9]、出稼ぎに行かない農民にとっての現金収入源となるのは、小麦と稲である。たとえば、呂おじさんの場合、二〇一五年の収穫量は例年通りといったところで、小麦の利益は約四千元（約七万六千円）、コメの利益はおよそ一万四千元（約二十六万六千円）であった[10]。金額にして三倍以上の開きがあるため、コメの栽培がとくに重要視されている。そのことは、秋から夏にかけての小麦の時期は比較的多くの休耕田がみられるのに対し、夏から秋にかけての稲作の季節には休耕田は殆どみられないことにも表れている。

現地ではコメは雑交米(ハイブリット)、粳米(うるち)、糯米(もち)の三つに分類されているが、それぞれ生育にかかる手間や販売価格が異なり、個々の家庭でどれを植えるかを決める。コメ作りは販売目的であると同時に自分の家庭でも消費されるものであるため、日常的に食されかつ美味いとされている粳米の栽培がとくに選好されている。

コメ作りは通常、苗作り、耕起、水入れ、田植え、肥料・農薬散布、間断灌漑と進み、コメが実ると、稲刈り、脱穀、籾摺りが行われ、最後に、袋詰めと販売が行われる。Q村でもかつてはこの通りであったのだが、現在は粳米の直まき栽培が盛んであり、苗床は殆どつくられない[11]。一方で、まったく行われなくなっているのが、稲刈りと脱穀である。現在では、収穫はほぼ、コンバインによって行われているからである。

二　よそ者たちとの収穫

1　流しのコンバイン

村の滞在一年目に収穫の様子を見逃していた筆者は、滞在二年目に小麦が実りの時期を迎えた頃、今年こそは収穫を手伝おうと意気込んでいた。だが、その時は突然やってきた。

二〇一五年五月二十二日、住み込み先の家の者はみな出かけており、筆者は一人で留守番をしていた。正午ころ隣人がやってきて、「ご飯食べた？　まだ麦の収穫していないの？　（お前の）おじさんは戻ったか」と尋ねた。「食べたよ」、「まだ（戻ってないよ）」と答えると、彼女は慌ただしく自宅へと戻っていった。

午後三時、呂おじさんと呂おばさんが帰宅した。お土産で買ってきてもらった肉まんを食べながら、「収穫だ」と言われたよと伝える。呂おじさんは、わかったと答えた。それから、彼は小学生の孫娘を迎えに行

写真 3-1　コンバインで収穫した小麦を袋に詰める（2015 年 5 月 22 日筆者撮影）

き、四時過ぎに帰宅すると、いったんどこかへ行った。程なくして帰宅すると、「由高（ユーゴー）、小麦の収穫をするぞ」と筆者を呼んだ。

我が家に二台ある電気三輪車のうち一台を運転し、先を走る呂おじさんのあとについていくと、家の裏手側にある小さめの畑についたところで止まるよう言われた。あたり一面には黄金色の小麦が広がるが、そこでは、コンバインが藁屑を噴出させていた。

呂おじさんは、もともとその日に収穫をする予定はなかったはずである。ところが、午後になって出先から戻ってから隣人がコンバインを農地に呼び込んでいることを知り、我が家でも収穫を始めることを急遽決めている——孫を迎えにいってきた後、まだ畑にコンバインがいることを確認した瞬間が、収穫開始の決定のタイミングなのであった。

昼に声をかけてくれた隣人の畑ではちょうど

刈り取りが終わるところだった。呂おじさんがそのコンバインに向かい手を挙げると、畦道を走らせコンバインが近寄ってきた。胴体には「クボタPRO688Q」のクレジットがある。コンバインの運転手が「ここですか」と問い、呂おじさんが「そうだ」と答えると、コンバインはすぐに小麦畑に入り、収穫を始めた。遅れて、運転手の相棒が来た。呂おじさんは彼と価格交渉を始め、（通常一畝あたり七十元のところを）二畝を一三〇元（約二五〇〇円）でと決めると、ポケットから金をだし、支払った。

この「収穫屋」（請負収穫人）は、コンバインの運転手が一人と、そのアシスタントたる人物（補助者）の二人一組からなり、その多くが父子または夫婦である。高淳にやってくる収穫屋はみな一様に、遠方からやってきていた者たちで、その多くが、高淳から直線距離にしておよそ三七〇キロメートル離れたところに位置する江蘇省北部の都市、連雲港の出身者である。彼らはコメや麦の収穫の時期になると、トラックの荷台にコンバインを乗せて各地を「流し」ており、農家の収穫を手伝うことで稼ぎとしているのである[12]。

筆者が最初に出会ったコンバイン「PRO688Q」は、グレンタンク（貯蔵庫）付きのものである[13]。グレンタンクが小麦でいっぱいになると、いったん畦道の方まで来て小麦を吐きだす必要があり、筆者もかの収穫屋と呂おじさんの作業を手伝い、オーガ（吐きだし口）の下にプラスチック製の厚手の袋をセットし、小麦を詰める作業を行った［写真3-1］。袋の口を稲草か布紐で縛ると、あとは袋の山を自分たちの電気三輪車の荷台に載せて、持ち帰るだけである。収穫自体は楽だと、呂おじさんも言う。

「むかしは（手作業だったので）二畝だと収穫に二日、脱穀に四日かかった[14]。今は楽になった、もう終わっただろう？　簡単だ。機械で収穫するようになって六、七年だな、かれらは毎年来ている[15]。」「お前たち（日本）の機械は性能がいい。中国（メーカー）の（コンバイン）は（見たことが）無いな。」

この語りで特に注目に値するのは、「かれらは毎年来ている」と述べたときの「かれら」とは、収穫時に言葉を交わし電話番号を交換していた人物のことではないということである。その場では「次も宜しく頼む」と互いに応対していたものの、呂おじさんと収穫屋の双方は、両者とも、来年また収穫を頼む／頼まれることができるとは考えていない。初回の収穫以後、呂おじさんは複数名の収穫屋に収穫代行を依頼し、また彼らと携帯電話番号の交換をしたものの、結局、どの番号も携帯電話のなかに保存はしていなかった[16]。収穫の時期には、道路にわらわらと流しのコンバインがやってくるものなのであり、収穫屋と農民の双方が、その時の状況に応じて、都合のいい相手を選ぶからである。

喩えるならば、流しのコンバインは石焼き芋屋である[17]。石焼き芋屋が秋になるとやって来ると一般に思われているように、流しのコンバインも収穫の時期にやって来る（そして来るものだと農民らも思っている）。また、石焼き芋屋が注文を受けてから特定の顧客のもとに行くのではなく、その販売者自体が不特定多数の潜在的顧客に向けサービスの用意があることを伝えるのと同様に、コンバインの所有者（ないし使用者[18]）もまた、流しているうちに農民に「拾ってもらう」のを待っているのである。顧客の側に視点を移すと、コンバインを「拾えたとき」が収穫の始まりということになる。Q村の農民らは、収穫という一年の農作業のなかでももっとも重要であろう工程の開始日を、外部の人間である流しのコンバインがこの地域に来たタイミングに委ねているのである。

2　流しの収穫屋・運搬屋と村民の関係

次に、コメの収穫期の事例から、「流し」の人々と村民との関係について検討していきたい。前項で検討したとおり、春には小麦の刈り取りと脱穀を担う流しのコンバインが出現したが、秋には収穫したコメをより素早く乾燥させる必要から、もう一者、別のアクターも登場する。それが、「流しのトラック」である。
まずはコメの収穫の手順ごとに、流しのコンバインを拾って、収穫帮助を依頼するまでについて見ていきたい。

二〇一五年十月十二日、呂家の収穫が始まる。前日から「明日は収穫をするぞ」と声をかけられていたが、筆者は寝坊してしまい、九時にあわてて部屋から出た。呂おじさんは家にいた。呂おじさんに「おじさん」と挨拶すると、「由高(ユーゴー)、起きたか」といい[19]、朝ごはんをよそってくれた。「収穫は？」と聞くと、「まだ人のを（収穫屋は）やっているから、俺たちは二時くらいに行けばいい」との答えだった。

前日からQ村近郊に流しのコンバインが来ていることを聞いていた呂おじさんは、稲の実り具合を勘案し、もし好天に恵まれれば収穫をしようと決めてはいたが、その時点では具体的な行動計画は未決定のままであった。この日、農繁期の常で呂おじさんをはじめとするQ村農民らは早起きし、村そばの道を通りかかった流しのコンバインを手をあげ呼び止め、田んぼまで移動してきてもらっていた。そして、近接する田んぼを使用している農民三〜四世帯が、この一台のコンバインの順番待ちをすることとなる——これは収穫屋が時間効率の観点から、一度になるべく多くの土地での収穫帮助を望むからである。そしてこの時が、どの農民がいつどこの田んぼの収穫を行ってもらうのか、またいつ自分の田を収穫してもらうのかについてのおおよその見当をつけたタイミングなのであった。

しかし、必ずしもその見通し通りに事が進むとは限らない。収穫の依頼に際しては、個々の農民それぞれが収穫屋と価格交渉をすることになるからである。収穫代行の料金は、土地一畝あたりの価格をそれぞれの土地の広さで掛け合わせた額となる。それぞれの田んぼがどれだけの広さがあるのか。農民側も実寸よりも広く換算されてはかなわなし、収穫屋も少なく申告されてはかなわない。農民側の自己認識と収穫屋による計測結果がずれる場合には議論は長引き、ときにその交渉は決裂する。[20]だがその場合も問題はない。Q村の農地全体で考えれば、同日の同時刻に、十数台のコンバインが来ているからである。

以上のような農民と流しのコンバインとのやりとりは、小麦の収穫の場合とさほど変わらないものである。しかしその一方で、稲の収穫の場面では、先述のとおり収穫屋の他にもよそ者が登場する。籾の運搬を担う、流しのトラックである。

収穫屋とのその場かぎりの契約が成ると、コンバインによる刈り取りを待つ間、農民は収穫屋と畦道に腰をおろしたり、たばこを代わすなどして、お喋りに興じる。そして、籾を満載したコンバインが籾をいったん吐きだしにやってくると、皆で運搬屋のトラックの荷台に籾をのせるのを手伝う。

この「運搬屋」とは小型トラックの運転手であり、その役目は、籾を「コメを干す場所」(後述)まで運ぶことである。[21]彼らの多くはふだんは同車でゴミの回収業を行っており、収穫期の副業として運搬帮助をしているのであった。もし折よくトラックを拾えなかった場合は、親戚友人を頼るなどして籾の運搬のための車輛を用意することになるが、たいていの場合、コンバインを捕まえるのと同じ要領で、流しのトラックを拾うことができる。彼ら運搬屋もまた、複数組が収穫の頃合いを迎えた村の付近に集まってきているからである。

収穫屋は遠くからやってきた流しの人々であるのに対し、運搬屋はふだん村からさほど距離のない近郊エリアにて生活しているという違いはある。だがここで重要なのは、彼ら収穫屋と運搬屋とは、その時の収穫の場面でたまたま居合わせた者であるということ、そして、農民にとってみればどちらの者もよそ者であり、その邂逅もおしなべて偶然に左右された性質のものであるということである。

さて、流しの収穫屋および運搬屋と農民との関係は、通常、右記のやりとりがそのすべてであり、彼らの生活について知る機会はなかなかない。だがある日、収穫が遅くまで長引いたことから、彼らが呂家に夕食をとりにきたという日が一日だけあった。

十月十五日、その日の来客者は収穫屋の（やはり連雲港出身の）三十代の夫婦と、運搬屋の二十代の男性（河南省出身で、現在は溧陽〔高淳に隣接する行政区〕で仕事をしている）の、計三名であった。重労働が続く収穫期には、食卓にはいつもより多めの料理が並ぶのが常だが、この日は街で買ってきた家鴨の照り焼きなども並び、日中忙しくしていた割には、いちおう、客をもてなす準備が整っていた。

「お酒も呑んでね、ビールもあるよ」、「たくさん（料理を）召し上がれ」と、呂おばさんが勧める。食事をしながら、世間話を交わす（呂おじさんらの質問→収穫屋夫婦の回答）。「どこで寝るの？」→「車のなか」。「お風呂はどうするの？」→「車では簡単に水は（用意して）あるんだ（それで済ます）」。「ふだんどうやってご飯を食べてるの？」→「車で簡単に作ることもあるし、今日みたいに人にお世話になることもある」。「明日はどうするんだ？」→「あなたの田んぼの残りを収穫し終えたら、梅渚〔高淳の南〕に行く。親友がいて、十数畝あるから、その収穫をしてあげる。それから（南京市）六合（区）にいくつもりだ」。

ここからは、「流し」の生活の一端を垣間見ることができる。さらに、実際のところ彼ら収穫屋は決して無計画に流している訳ではなく、一定程度の行動計画をもっていること[22]、また、特に親しい知人の場合にはその収穫帮助の「予約」を受けていることがわかる。

ひとしきり話をした後、筆者に、呂おじさんが言う。「彼ら連雲港の者は聡明だ。投資をして金を稼いでいる」。これをうけ、収穫屋の妻が言う。「あなたも（コンバインを）買えばいいじゃないか」。呂おじさんは答える。「俺には元手もない」。

収穫屋によれば、彼らは年に七万元ほどの売り上げがあるというので、一見すると、Q村農民の倍以上の稼ぎである。だが、このような比較は経費のみならず、農業従事者の世代差を等閑視したものであり、これでは、収穫屋の出身地とQ村との間の経済状況の地域差を見落としてしまう。この日、客人三人が呂おじさん宅を辞去した後に呂おじさんが筆者に語ったことばのなかでは、収穫業への世辞はなく、むしろ辛い仕事に対する憐憫の情の方が前景化しているようであった。

「彼らも農民だ。収穫のとき以外は自分の田畑で耕作をしている。」
「ご飯も簡単に済ませている。」
「（外を廻っての仕事で）入浴もできない。みんな車で寝ている。辛い仕事だ。」

Q村でコンバインへの投資をする者がいないことには様々な要因があるだろう。ただ、ここでの呂おじさんの発言からは、少なくとも現時点ではコンバインへの投資が魅力的に映っていないことがわかる。流しの収穫屋を多く輩出している江蘇省北部と異なり、相対的に近しい位置に南京や無錫などの大都市を擁していたQ村では、一九八〇年代から出稼ぎが発達していた。この日の来客者と同世代にあたるQ村村民の場合、ふつう、より良い労働条件のもとで出稼ぎに従事し、かつ収入も安定している。Q村はあくまでも、流しのコンバインを利用する側なのである。

いま一つ、コンバインの購入という点に関して重要なのは、流しの収穫屋たちもみな、自分たちの農地の収穫のためだけにコンバインを購入している訳ではないということである。コンバインの購入とは、収穫幇助を自身の生計として成り立たせるための商売道具を購入することなのであり、その購入の段階から、見ず知らずの農家に対する収穫幇助が目論まれているからこそ、「投資」なのである。中国農業の文脈においては、コンバインは単なる農業機具なのではなく、他者との邂逅が前提とされたものなのである。

3　流しの転売屋

次に取りあげるのは、収穫からコメの乾燥と販売のプロセスである。先述したように、収穫には収穫屋や運搬屋といった流しの収穫業従事者が関わることになるが、コメの販売においても、「流しの転売屋」に依頼することができる。

コンバインで刈り取り・脱穀が行われた籾は、あるいは流しの小型トラックで、あるいは自分で用意した何らかの車輌で、「籾を干すだけのスペースがある場所」に移動させられる。現地では、籾の乾燥は（日本のようにライスセンターに行くのではなく）天日干しが行われているが、それはたとえば、廟の前の広間であったり、自宅前の庭であったり、やや広めの道路などで行われる。この年、Q村の近くには新しく大きな道路ができていたので、Q村村民の多くがその路肩に籾を運んだ［写真3-2］。運ばれてきた籾が道路に降ろされると、スコップで籾をひっくり返す作業が続けられる[23]。

写真 3-2　道路で籾を干す。この風景は高淳全域で見られる
（2015 年 10 月 16 日筆者撮影）

籾の買い取りを行ってくれるのは、穀物加工場[24]、ないし個人営業の「販子（ブローカー）」であり、いずれも、籾を重さあたりいくらで買い取ってくれる——前者の場合、籾を自ら運んでいかねばならないが、後者の場合、運ぶ手間が省けるので選好される[25]。「販子（ブローカー）」は、大きなトラックを運転して流してくる転売屋である。彼らは農民から籾を買うと、籾をより高値で買い取ってくれる別の行政区画まで行って転売することで、その利鞘を得ているのである。

農民に呼び止められた「販子（ブローカー）」はトラックを止めると、道路脇に広げてある籾を見にくる。彼らは計測器を用いて、あるいは籾を口に含んで、十分に乾燥しているかを見定める。そして籾の品質（黴の有無や雑草の混在等）を踏まえ、買い取り価格を提示する。Q村の皆は道路わきで休み休み籾をひっくり返す作業を繰り返しているが、「販子（ブローカー）」がやってくると手を止め、彼らと話し合い、現時点での買い取り価格を交渉する。

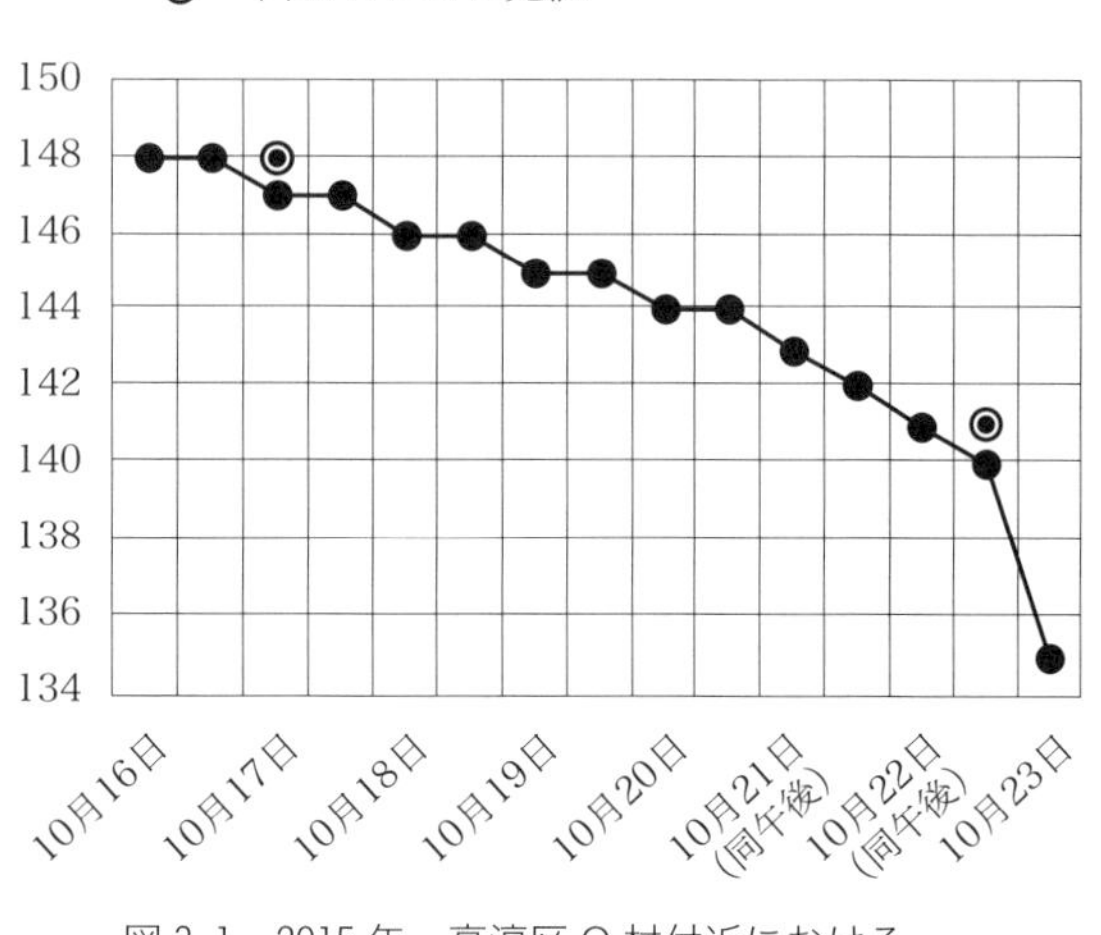

図3-1　2015年、高淳区Q村付近における
籾の買い取り相場額の推移

その様子をみていると、道路脇はさながら籾の卸売市場のようである。籾という商品が陳列された道路脇に、買い付け人である流しの「販子」がウィンドウ・ショッピングにやってくると、売り手である農民は自身の商品がいかに良いか（「うちのコメは美映えがいいだろう！」）を説明するからである。「販子」の言い値に満足すれば、袋詰めをし（写真3-2の袋の山を参照）、一袋ごとに重さを計量しながら、トラックに積み込んでいく。全てが積み終わると、その場で現金を受け取る。

「販子」の言い値は、人により一〇〇斤（五十キログラム）あたりで一～三元（約十九円～五十七円）程度、価格が前後することがあるが、適正価格と大きくずれた価格では交渉の余地はほぼ無い。というのも、「販子」も農民も地元の穀物集積場の買い取り価格を把握しているのだが、さらに農民間では誰それがいくらで籾を売ったと情報が共有されており、それが相場として皆に意識されているからである[26]——交渉上手な呂おじさんの場合でも、相場よりも一元高い値で販売できた程度である。ここで重要なのは、市場に流れるコメの量が増加するにつれ、穀物集積場の買い取り価格、及びそれと連動した「販子」の提示額は下がっていくということである。

たとえば、二〇一五年秋の場合、十月十六日には一〇〇斤あたり一四八元であったが、その後の七日間、一日ごとに一元の下落がみられた。さらに、収穫期も終盤を迎えた二十一日及び二十二日には、午前と午後とで買い取り価格が一元の開きをみせ始める［図3-1］。

既に述べた通り、コメは小麦よりもはるかに大きな現金収入を得る機会であり、農業で生計をたてている者にとっては一年の書き入れ時でもある。皆が少しでも早く＝高く籾を売りたいと考えるが、籾は乾燥させきらなければ買い取ってもらえない。籾の買い取り価格は、日に日に下がっていく。いきおい、道路にも籾が広がっていく。筆者が呂おじさんと籾を干していたのは片道二車線の大きな道路であったが、そこを利用していた皆が、一車線分にまで籾を広げていた。追い越しの際には車は籾を踏みつけ進んでいくし、その時は筆者もこれで大丈夫なのかと思っていたのだが、どうやらあまり良くはなかったようだ。

十月十七日、パトカーがやってきて、呂おじさんら、その時そこにいた者は「籾を道路にはみ出して干してはいけないよ」と警察の注意をうけた。だが、その翌日以降も皆は籾を広げたままにし、車線の一つは占拠され続けていた。

十月二十日十四時四十二分、今度は「路政」（道路管理）のパトカーに加え、「公路養護」と書かれたワゴン車もやってきた。作業員八名が箒を手に降りてくると、有無を言わさず、籾を一斉に路肩へと掃き始めた。この時、我が家の籾のそばに居た呂おじさんも「すぐに売るから（少し待ってくれ）」と交渉を試みるが、無駄であった。結局、この道路沿いの籾はどの家のものも全てきれいに掃き固められ、それぞれ山になった籾が夕方までに乾くことはなかった――夕方、「販子（ブローカー）」は呂家の籾を見て、乾いていないから買えない、と答えたのだった。その後、呂おじさんがこの籾を売ることができたのは二日後の夕方のことである[27]。その卓越した交渉手腕は十分に発揮されたものの、二日前の相場に比べ約一五〇元、損をしたこととなった。

道路上にひろげられた籾をめぐる攻防は、「各人自ら門前の雪を掃くも、他人の屋上の霜を管する莫かれ」ではじまる、費孝通の「差序格局」論を彷彿とさせる。彼によれば、西洋人と中国人とでは公／私のありかたが根本的に異なるのであり、中国では「公のものといえば、誰でも勝手に利用できるというようなニュアンスがある」のだった［費孝通　一九九一（一九四八）：二五］。各家庭の籾によって公道が好き勝手に占拠された状況は、今回は許されなかったが、農民も負けてはいない。この出来事の翌日には、籾の陣地がまた徐々に広げられていったからである。

だが、この行為を「中国農民の強かさ」などと言って片づけてしまうと、彼らが急いで籾を乾燥させねばならない理由を掴みそこねてしまうだろう。籾の販売に関してとくに興味深いのは、呂おじさん（及びほとんどのQ村村民）が販売用の籾を売り切った日の翌日（十月二十三日）には、Q村付近の道路沿いに「販子（ブローカー）」が出現することはほぼ無かったということである。呂おじさんの解釈はこうである。「ここらへんでは皆が籾を売ったから、もう（彼らに利益が出るほどに十分な、籾の）量がない」、「（籾を運んで転売するメリットが無くなるほどに）買い取り価格が下がったからだ」。このような状況の変化は、相場の変動にも表れている。同日、穀物集積場に籾を持っていく者は、前日の夕刻よりも一〇〇斤あたり五元も下落した価格での販売をしなければならなかったのである［図3-1］。

買い取り価格の変動と、それに追われた農民の収穫／乾燥／販売実践により、農村地帯からは、流しの収穫屋／運搬屋／転売屋がぱったりと姿を消す。計十一日間にわたった、収穫の季節の終わりである。

三　社会機制としての渦

1　コンバインのない村落

ここまで、収穫期という比較的短い期間にのみ見られる流しのコンバイン、及びそれに付随した流しの人々の農業労働について、そして、彼らと農民の関わり合いについて、経験的事例をもとに検討してきた。本章ではより俯瞰的な視座から、よそ者の存在を前提とした上で農業生活を成り立たせている社会的機制について考えてみたい。

Q村の事例を考えるうえで一つの参照点となると思われるのが、日本の農村の機械化の展開である。桑山敬己は一九八六年の岡山県農村でのフィールドワークをもとに、当地におけるコンバインなどの農業機具の普及の様子を分析している［Kuwayama 1992］。そこでは、農業が生活の基盤とはもはやなっておらず、また、機械の購入は決して経済的観点からは良い投資だとは言えないにも拘わらず、機械を買う、「機械貧乏」の状況があった。その理由の一つには、皆が週末に農業を行い、機械が必要な時期が同じである為、機械の共用ができないという状況もあったが、むしろ現地の人々が機械を買うのは、「人が買ったら自分も買わなきゃ」式の「準拠他者志向」（reference other orientation）という心理的傾向があるからだと桑山は指摘する［Kuwayama 1992: 129］。すなわち、「機械を買っていなければ人に笑われる」ので、「みんなと同じころ」に機械を買うのであり［Kuwayama 1992: 135, 137］、また、僅かな利益にしかならないにも拘わらず農業を続けているのは、もし祖先伝来の土地を売れば人に後ろ指を指されてしまうから、あるいは休耕田からは虫が多く出て他の人に迷惑をかけてしまうからである［Kuwayama 1992: 139-140］。このような地元農民の考えが、高い農業機械の所有率を生んだのだという。(28)

およそ三十年の開きがあるものの、この岡山農村の事例は高淳の機械化の状況を考える上で興味深い対照を見せている。筆者が着目したいのは、次の二点である。第一に、Q村ではコンバインを所有している者はいない点である。[29] 先行研究では、中国における農業の機械化を阻む要因として一般に、小規模な家族経営で農業がおこなわれていること、一人あたりの耕作面積が過小で経営効率が悪いことなどが指摘されてきた［e.g. 河原 一九九九：二〇三；丁ほか 二〇〇五：一〇四；稲村 二〇一五：二〇八］。だが、日本の「機械貧乏」の例は、農業機具の所有という問題が、必ずしも経営学的要因に還元されるものではないこと、単線的な発展論で理解すべきものではないことを気づかせてくれる。

岡山農村との対比でいま一つ着目できるのは、Q村では休耕田が増加の一途を辿っているということである。「祖先伝来の土地であるから」といった集団的圧力は、Q村においては聞かれない。蝦や蟹の養殖場のために土地を放棄する者もおり、また、若い世代は農作業を時に手伝いはするが、端的に言って、稼ぎの悪い農業には見向きもしていない（本章第一節）。この点からは、土地と人との関わりの差異のみならず[30]、村落レベルで見いだされるようないわゆる共同体的規制の強さにも大きな差異があることがわかる。中国漢族農村をめぐる「共同体論争」で指摘された論点の一つに、中国では農民がその所有地の収益および処分について村の干渉をうけないということがあったが（本書第一章）、これはQ村の場合も同様である。土地の処分に関する規制のみならず、世帯間の労働交換などの慣行もQ村には存在せず、少なくとも農作業については個々の農家の営為に委ねられている。村落は農業に不干渉である。これが、村を単位とした農業労働の分業や機械化の進展ではなく、村外部のアクターとの協同によるユニークな分業形態を生み出した背景の一つとなっているのであろう。

2 即興的分業

ここでの日中比較の意図は、むろん、往年の共同体論争のアプローチのように、先験的に定義された「共同体」概念を物差しとして、Q村が共同体と言えるか否かを問うことではない［cf. 清水 二〇一二］。むしろ、本論の関心は、Q村における収穫作業が村内部で完結せず、外部の人間との分業によって初めて成り立つものであること、そして、Q村村民が彼らといかなる関係性を取り結んでいたのかを浮き彫りにすることにある。

表3-1　収穫に関わる諸アクター

農民	流しのコンバイン	流しの運搬屋	流しの「販子（ブローカー）」
①	A	a	α
②	B	b	β
③	C	c	γ
⋮	⋮	⋮	⋮

三つの事例で検討してきたとおり、Q村農民と収穫屋・運搬屋・転売屋らとの関係性は、あくまで個々人間で取り結ばれた、その時その場限り、一回起的なものであることがまず指摘できる。Q村での収穫は、具体的日取りも不透明なまま始まる。個々の村民は、電話予約をすることもなく、流しのコンバインを適当に拾い、適当に運搬屋を雇い、その場限りの協力関係を取り結ぶ。籾の販売では、折よく出現した転売屋を利用しても良い。コメの収穫、乾燥、販売において見られたのは、制度的・組織的になされるような分業とは全く異なる形態の、不確定なアクターとの即興的な分業なのである。

いまひとつ重要な点は、「流し」の人々が、いつ、どれだけ来るのかは、農民側には正確にはわかっておらず、また、「流し」の人々も、どの農民が仕事をさせてくるのかは、わからない状態だということである。Q村の大部分の農民がそうであるように、コメの収穫から乾燥、販売までのプロセスすべてを「流し」の人々と協力する場合、その選択肢は理論上、膨大なものとなる。仮に、諸アクターに表3-1のように番号を振るならば、その協力関係（農民―流しのコンバイン―流しの運搬屋―流しの「販子（ブローカー）」）は、「①―A―a―α」のようになるかもしれないし、「②―A―c―γ」のようになるかもしれない。しかも、どの立場の人間にとっても、各アクターの総数は不明である。まさに仕事を行うというその直前まで、どのような人物に仕事を依頼する／されることになるのかは、誰にもわからないのである。

Q村では、流しのコンバインの到来を起点として、その時その場限り、一回起的に生成されていた即興的分業が見いだせた。このような分業のあり様は、一見すると生計をたてる上での不安的な要素にもみえるが、彼らはそれをごく自然なこととして、難なくこなしている。本章の考察で得た知見からは、このような即興的分業が可能になるような社会的条件を指摘することができるだろう。それは、収穫の季節が来れば、そこに商機を見いだした流しの人々が自然と集まってくるという、単純な事実である。

流しのコンバインたちが、収穫期のごく短期間にのみ一斉に集まってくる。そこには、不特定多数の農民、すなわち未収穫田を有する潜在的顧客の存在への期待がある。誰との仕事になるのかはわからなくとも、誰かとの仕事はできるだろう、多くの仕事の機会があるだろうという確信が、流しの人々を一群の人間の集合として、Q村付近に出現させている。それは、あたかもコンバインの「渦」である[31]。渦はその境界線も曖昧であり、中心の求心力に応じて拡大／縮小し、最後には消滅する。流しのコンバインも同様に、農作物の実りと共に生起し、収穫の季節の終わりと共に消失する、境界を持たない集合的現象なのである。そして、この渦のような集合的現象がなければ、農民らは、自家の農作物の収穫にとって都合のいい協力者を選ぶことはできない。収穫屋Aがダメならば B を、転売屋αやβがダメならばγを、という選択肢の幅広さこそ、即興的分業を下支えしているものなのである。

即興的分業は、個々人間の偶発的、一回起的な協同関係であるだけでなく、不特定多数の農民と、不特定多数の流しの人々との間においてはじめて生起するような集合的現象でもある。そして、そのような不確定な誰かとの分業は、ときに三七〇キロメートルの距離をも超えて行われているのである。

四　小結

二〇〇二年に放映された著名なドキュメンタリー作品『麦客』[32]は、中国最大の穀倉地帯である河南省を舞台として、鎌とわずかな生活用品を携えやってきては手作業で麦刈の代行をする伝統的季節労働者「老麦客（ろうまいか）」と、当時急増してきたという「鉄麦客（てつまいか）」、すなわちコンバインを駆使し麦刈を行う者の双方に焦点をあてその動きを追いかけた、いわばマルチサイトな映像作品である［NHK　二〇〇二］。本章で紹介した収穫屋の場合と異なり、『麦客』のなかの「鉄麦客」らはみな中国製の四輪駆動のコンバインを使っており、八〇〇キロメートル先の目的地までコンバインで移動していた。また、収穫先の農家も行政を介して契約関係を結んでいるため、鉄麦客たちは「流し」で遠征している訳ではない。それでも、収穫期に長距離を走らせ収穫代行を行うその情景は、本章で記述してきたQ村の収穫期と重なり合うものがある。

とりわけ、流しのコンバインを生み出す社会的論理が、局地的なものではなく、より広範な地理的範囲で、そしてより長い時間軸において見いだせるものであることを気づかせてくれるのが、「老麦客」が収穫幇助の契約を取り結んだ場面である。彼らは故郷の農村から都市部へと遠路遥々やってきて、辻々に腰を下ろす。そしてその瞬間、そこは一種の労働市場となったのであり、未収穫畑をもつ農民側に声をかけられると、その農民と価格交渉をし、彼のために収穫代行をするのだった。そこでも人々は、不確定な誰かとの間に、即興的分業をなしていた。また、そのような労働市場の形成それ自体が、不特定多数の人間の集合を意味するものなのである。

流しのコンバインが活躍するのは、即興性に富んだ、一回起的な協同を取り結ぶことに長けた人々の社会であり、収穫の季節に応じた一群の集合が出現・消滅を繰り返す社会なのである。

注

（1）中国研究においては、村落を理解する上で「移動」の観点は不可欠なものである［e.g.西澤 一九九六］。なお、近年の出稼ぎ移民の常態化を背景とした中国・漢人の故郷（家郷）との関係性については、楊徳睿［二〇一〇］の議論が参考になる。

（2）序章で触れたとおり、Q村に常時居住しているのは、高齢者とその孫世代にあたる小学校以下の児童、および子供の面倒を見るために（村を離れず／村に戻り）村の近くでアルバイトに従事する嫁世代の女性、そして村落に居住しながら仕事（主に建築業など）をしている中年男性である。なお、稲村達也は一九九七年の四川省での農村調査に基づき、「勤務時間以外に農業に従事して」いる農民が出現していると指摘しているが［稲村 二〇一五：二〇八］、Q村では農業を副業としたり、「日曜農業」［cf. Kuwayama 1992］をするような若者は存在しない。

（3）Q村村民は小麦は殆ど食さず、収穫後もそのほぼ全てを売却している。

（4）業種や年齢にもよるが、Q村出身者の多くが従事する「木工」（とび職）の場合、年間五万元から六万元を稼いでいる。

（5）現在の高齢者世代が農業を行わなくなった段階で農業人口は不在となるのだが、その際には新たな移民が出現するかもしれない。黄志輝によれば、今日、北京・上海・広東といった大都市の近郊農村地帯では、その地の農民による農耕は既にみられなくなっており、そこでは、「代耕農」、すなわち、出稼ぎで農地を離れた地元農民に代わり、地方政府の斡旋等でより辺鄙な農村地帯から現地にやってきて農耕に従事する、末端の出稼ぎ農民が出現しているのだという［黄 二〇一三］。調査時点では、高淳においては未だ見られぬ現象であったが、これは中国沿海部地域の趨勢であり、また、江蘇省の一部地域でも「代耕農」は既にいると筆者は耳にしたことがある。

(6) 筆者がQ村に住んで一年が経過した二〇一五年の春、農地二十畝あまりが、蝦の養殖場に変わった。ある村民が、自分の農地周囲の土地を他村民から借り受け、重機をいれて田んぼをつぶしたのである。なお、土地使用権（本章注8）のやりとりは、Q村村民間で行われる場合、一年につき一畝あたり五〇〇〜八〇〇元という比較的安値での譲渡がなされる。

(7) 横田浩一は、広東省潮州市の農村部では庶民のロトくじ／幹部の麻雀という対比が成立していると報告しているが［横田 二〇一六：一五三―一五六］、高淳では麻雀は老若男女や社会的地位を問わずに、農繁期の娯楽として、あるいは親しい親戚や友人のもてなしとして遊ばれている。

(8) 中国の現行の制度上、土地の所有権は国家にあるが、土地の使用権は農民戸籍をもつ各個人に分有されている［河原 一九九九：四七―四八］。三十年周期で行政単位としての農村への出入者（婚姻、出生、死去を含む）を整理し土地使用権を再分配することになっており、Q村の場合、一九九六年十二月三十一日付の証明書が交付されている。なお、分配される土地面積は村ごとに異なる。

(9) そのほか、大部分の家庭では家屋の傍に小規模な野菜園を持っており、そこでは自家消費用の野菜や果物が育てられている。こちらは農繁／閑期の別なく、各作物の生長に沿うかたちで、主要作物の生産のあいまに育てられている。

(10) この年、呂おじさんは、小麦の販売でおよそ一万元、稲の販売でおよそ二万元をそれぞれ得ているが、様々なコスト（種子や化学肥料、農薬の購入や、耕耘機所有者への田起こしの依頼、コンバインでの収穫の依頼など）を差し引いて、この額になる。呂おじさんの場合、村に不在の親族（嫁にでた娘や出稼ぎに出ている息子、妻の弟二人）や友人らから土地を借り、併せて十七畝の土地で稲作を行っていた。親族間であるためお金のやり取りはないが、コメの収穫後、食べるに必要な分を渡す。

(11) 面積の小さい田んぼでは移植栽培の田植えがなされる。その場合、販売価格は落ちるものの育てやすい、雑交（ハイブリット）米の栽培が選好される。

(12) 高淳に来る収穫屋の出身地として、この他にも泰州、塩城、淮安などが挙げられる。

(13) 中国市場向けコンバインで、インタビューによれば、購入価格は十四万八六〇〇元（約二八二万円）。この機種は、中国農業の実情にあわせ、小麦、コメ（インディカ米）、菜種それぞれの収穫にアタッチメントの交換で対応できるタイプのもので、二〇一〇年に投入された［日経　二〇一二］。このコンバインは、「籾受け補助者」が不要となることを目標に開発されたようだが［平井ほか　二〇一二：五四―五五］、Q村での収穫の様子を見るかぎり、この「補助者」の「省人化」は実現していない。補助役の者は、農民との価格交渉のほか、（農民が自己申告した土地面積が小さすぎると感じた場合）土地面積を計測したり、コンバインから吐き出される穀物の袋詰めをしたりと、様々な役割を担っているからである。なお、調査時にはより古いタイプのコンバイン「PRO588i-G」も見られたが、その収穫実践は「PRO688Q」の場合と同様である。

(14) 現在でも田んぼが小さすぎて機械が入れない場合は、人手で刈り取り・脱穀をする。

(15) インフォーマント複数名の語りを総合すると、高淳では二〇〇五年前後にコンバインに収穫を委託することが普及したが、流しのコンバイン自体は十数年前から出現していた。

(16) その理由は、彼らは「たまたま通りかかっただけ」なので、「次に電話して（収穫を）頼んでも無駄だ」、「（秋に）稲の収穫をする時も、向こうが必要としていたら話は進むが、こちらが必要としていてもうまくいかないものだ」からだという。後者の語りには中国の「関係（*guanxi*）」の議論や人格論に通じるような興味深い人間理解が含まれているが、本論ではこれ以上は踏み込まない。

(17) この比喩は、阿部朋恒氏からご教示頂いた（二〇一五年十二月十七日、私信）。

(18) 調査時にはコンバインを購入している独立個人経営者にしか会えなかったが、ある「オーナー」は、かつては人からコンバインをレンタルし各地を廻っており、お金が十分にできた段階でコンバインを購入したという。なお、中国の他地域では「農業機械センター」で請負収穫をしている例もあるようだが［稲村　二〇一五：二〇八］、このような例を筆者は高淳では確認していない。

(19) 中生勝美は山東省の農村での調査に基づき、親族呼称で相手を呼ぶことが一種の挨拶となっていると指摘しているが［中生　一九九一：二七〇］、これはQ村でも同様である。すなわち、外来者に対しては「おはよう」「こんにちは」などの中国語（普通語）も使われることもあるが、村民間の自然な挨拶表現としては、相手の名を呼ぶことが一般的であり、ふつう、目下の者から目上の者への場合は親族名称を、その逆の場合は名前を呼びかける。たとえば、母親とその子供がその子の母方祖母に会ったとき、母は子に「ほら、婆婆（おばあちゃん）と呼びなさい」と促すが、これは日本語における「ちゃんとご挨拶しなさい」といったニュアンスである。呼称（address term）と指称（reference term）の関係は、漢族社会における日常生活を考察する重要な論点となると考えられるが［cf. 小林 二〇一六］、詳しくは別稿を期したい。

(20) 小麦の収穫の折であったが、呂おじさんはある収穫屋の提示する価格に不満であったことから、その日の収穫を止めた。強気の交渉の背景には、その畑の小麦の色づき具合から、「ここの小麦はまだ持つ」という考えがあった。

(21) 一人で運搬帮助をする場合もあるが、コンバインが吐きだす籾を手早く運ぶために、二名の運搬屋が二台の小型トラックで交互に収穫帮助することもある。なお、調査時における運搬帮助に対する謝礼の相場は、一畝あたりの籾の量で三十元である。

(22) 彼らも故郷に戻れば、自らの田んぼで収穫をする。おそらくは穀物の実りの時期が相対的に早い南部に来て、徐々に故郷に向け北上するかたちで流していくのだと考えられるが、その具体例についてはわからない。今後の課題としたい。

(23) 専用の「耙子（まぐわ）」で籾を均一の薄さになるよう広げた後、スコップ（「翻耙」とも呼ばれ、穀物を干す作業でのみ使われる）を使用する。手前から奥に向け、道路にスコップをこすりつけながら押し出すと、稲の裏表を替えることなくスコップの背に稲が載る。それを裏返してやると、未乾燥の下側の稲（水分が多いため黒っぽい）が表側にくる。この作業はコンクリート道路が普及するにつれ楽になった。旧時、土の道路・土の庭であったころは乾燥にも時間が長くかかったという。

(24) Q村の近くには、籾摺りを行う大型機械のある個人経営の「糧食加工場」と、前身が人民公社時代の穀物回収場であり現在は私営となっている穀物集積場の二種類がある。

(25) 籾は通常、自家消費分以外は売ってしまうのだが、（友人・知人に）個人的関係で売却することもある。

（26）ここで提示した相場は筆者の観察に基づく。『中国糧食年鑑』では全国の平均買付価格が月別で公表されているのみであるが、そのうち、十月のうるち米の平均買い取り額（一〇〇斤あたり）はそれぞれ、二〇一二年が一四七・三四元、二〇一三年が一四八・〇六元、二〇一四年が一四八・五三元である［国家糧食局（編）二〇一三：五八〇、二〇一四：五一六、二〇一五：五二二］。なお、食糧に関し国家が規定する「最低買付価格」［cf. 農林水産省大臣官房国際部国際政策課（編）二〇一一：三七—四〇］は、二〇一五年の場合、うるち米が一斤あたり一・五五元だとされているのだが［国家糧食局　二〇一五］、この規定が具体的に調査地でどのように施行されるのかはわからない。今後の課題としたい。

（27）呂おじさんと「販子（ブローカー）」の交渉の結果、買い取り価格は一〇〇斤あたり一四一元となり［図3-1］、五〇一五斤を売り計七〇七〇元（約十三万四千円）を得た。なお、呂おじさんの傍で籾を干していたあるQ村村民は丁度よいタイミングで「販子（ブローカー）」がやって来なかったため、同日午後、自ら糧食加工場に持っていたが、その売値は一〇〇斤あたり一四〇元であった。

（28）コンバインを例にとれば、桑山のフィールドである農村・新池での所有率は約五十五パーセントであり、共同所有を含めると約七十三パーセントにまで上ったという［Kuwayama 1992: 128］。

（29）収穫請負に携わる者（オペレーター）は日本にも存在したが、それは自分の田の周辺の稲刈りを行うのみであったようである［有坪　二〇〇六：一二四］。

（30）中国農民の土地への愛着［e.g. Fei 1939: 182-183］と薄情さ［e.g. 楊徳睿　二〇一〇］という相矛盾するような態度については、本論では十分に論じることができない。日本の場合とは異なり、中国農村では一般に土地は兄弟間で均等相続されてきたのであり［e.g. Fei 1939: 194-196］、さらに、新中国成立以後の集団化の過程のなかで土地が個人の所有物ではなくなったことも考慮にいれる必要がある。

（31）本書第一章および第二章で紹介した深尾葉子［一九九八］による渦の比喩を想起されたい。

（32）第二十回ATP賞テレビグランプリ（二〇〇三年）、グランプリ受賞作品。

第4章

村のたまり場
――日常的交流にみる村民生活の韻律

前章では、Q村の農業に関しては「村の規制」といったものは見いだせないこと、そして、村民間で何らかの労働交換等が存在してはいないことを指摘した。このような「共同性の不在」は、筆者がQ村の農民生活について徐々に理解を深めるなかで度々出くわすものだった。たとえば、『民俗調査ハンドブック』［上野ほか（編）一九八七］などの調査項目に従って村の慣習を調べようとすると、あたかもQ村を単位とするような共同生活は想定できないような感覚に陥ることもしばしばであった。

しかし、Q村に暮らす人々は、各人が何の協調性もなくバラバラに生活している訳ではない。Q村は集村型の農村であり、この限られた地理的空間を生活圏として日常生活が営まれる場合、各人の生活は時に交叉する。その光景は、前章で見てきたような「即興性」に重なるものである。つまり、人と人とが事前に何ら打ち合わせもないままに集い、また、用が済むとそそくさと立ち去るといった光景は、Q村における日常生活の場面でも、頻繁に目にすることができるのである。

本章では、このようなQ村における日常生活の情景の素描を通し、次の二つの論点を提示することを試みる。第一に、Q村居住者間の交流はどのように行われているのかである。交流の形態およびその動機の検討から、Q村村民間に通底する一つの価値観があることを示す。第二に、Q村における諸村民の集合はどのように生起するのかである。何らかの組織や集団の形成を伴うような「共同性」(communality)は不在でありながらも、諸村民の集合が現れ／立ち消えるさまには、独自のロジックが存在していることを指摘する。

なお、Q村を生活圏とするような日常とは、村外に働きには出ていない者たち、多くの場合は中高年の村民らの生活が織りなす光景である。遠方に出稼ぎにいっている者たちは勿論のこと、常時Q村に居住している者たちの中にも、たとえば、工場でのアルバイトや建設業などの仕事に従事している者たちは、日中は村を離れている。「村に留まる者」は、主に農業や家事に従事している中高年層の者であり、また乳幼児の面倒を見る親あるいは祖父母世代の者である。この意味では、本章で素描する日常的な村民間交流の事例は、あくまでQ村常住者のうちの「村に留まる者」たちの間でのそれに限定されるものである。

一　日常的な人の往来

1　呂家の家屋について

序章冒頭で述べた通り、Q村での人々の往来と社交の場の一つとなっているのが、各々の家である。日常的に各家屋の門は開け放たれたままとなっており、村民らは一見するとふらりと好き勝手に家のなかに入ってくる。

本節では、呂家の例をもとにそのような交流模様について素描する。この交流の舞台の説明のため、まずは家屋について確認しよう。

呂家の家屋は、呂おじさん曰く「昔は村で一番大きな家の一つ」であったが、現在は村内にもより背の高い家屋も多数あるので、「一般的な規模」のものである〔図4-1、4-2〕。すなわち、木製の骨組みで作られた家屋「旧房子」と、息子ジュンの結婚を機に増築されたコンクリート製の家屋「新房子」、そして日干し煉瓦を漆喰で固めた「竈房（*zaofang*）」、つまり竈の設置された小屋（図4-1の記号A）から構成されている。

呂家の旧家屋は二階建てだが、二階部分は農具等を置く屋根裏部屋のスペースである。一方、新家屋は三階建てだが、三階部分の内装は未着工のままであり、呂おじさんによれば、「必要があれば、増築する」空間である。同様に、いくつかの部屋は特に使用されておらず（図4-1の記号D、及び図4-2の記号JとK）、雑然と物が置かれたままにされている。なお、筆者は調査期間中、新家屋のうちの一室（図4-2の記号I）を貸してもらっていた。

このように呂家の家屋は、Q村の他の多くの家屋と同様に、旧家屋と新家屋という二つの世代の家族成員の家屋が連結するかたちで建てられたものである[1]。上位世代たる呂おじさん・呂おばさんの居住スペースは旧家屋側（図4-1の記号C）で、下位世代である息子ジュンとその妻ズイの居住スペースは新家屋側（図4-1の記号GとH）であり、双方の家屋にそれぞれトイレと風呂場も設けられている。また、リビングに相当する中央の部屋「大庁（きゃくま）」（図4-1の記号BとE）もそれぞれの家屋に設けられているが、新家屋側の「大庁（きゃくま）」（E）はふだん使用されていない。

ただし、呂おじさんと息子のジュンは「分家」（*fenjia*）しておらず、同一の世帯（household）であると言え、食事も共にする。食事をつくるのは主に呂おじさんと呂おばさんであり、竈で炊かれた米と電子調理器を使って調理された料理は、平時においては、「竈房」（図4-1の記号A）で食される。

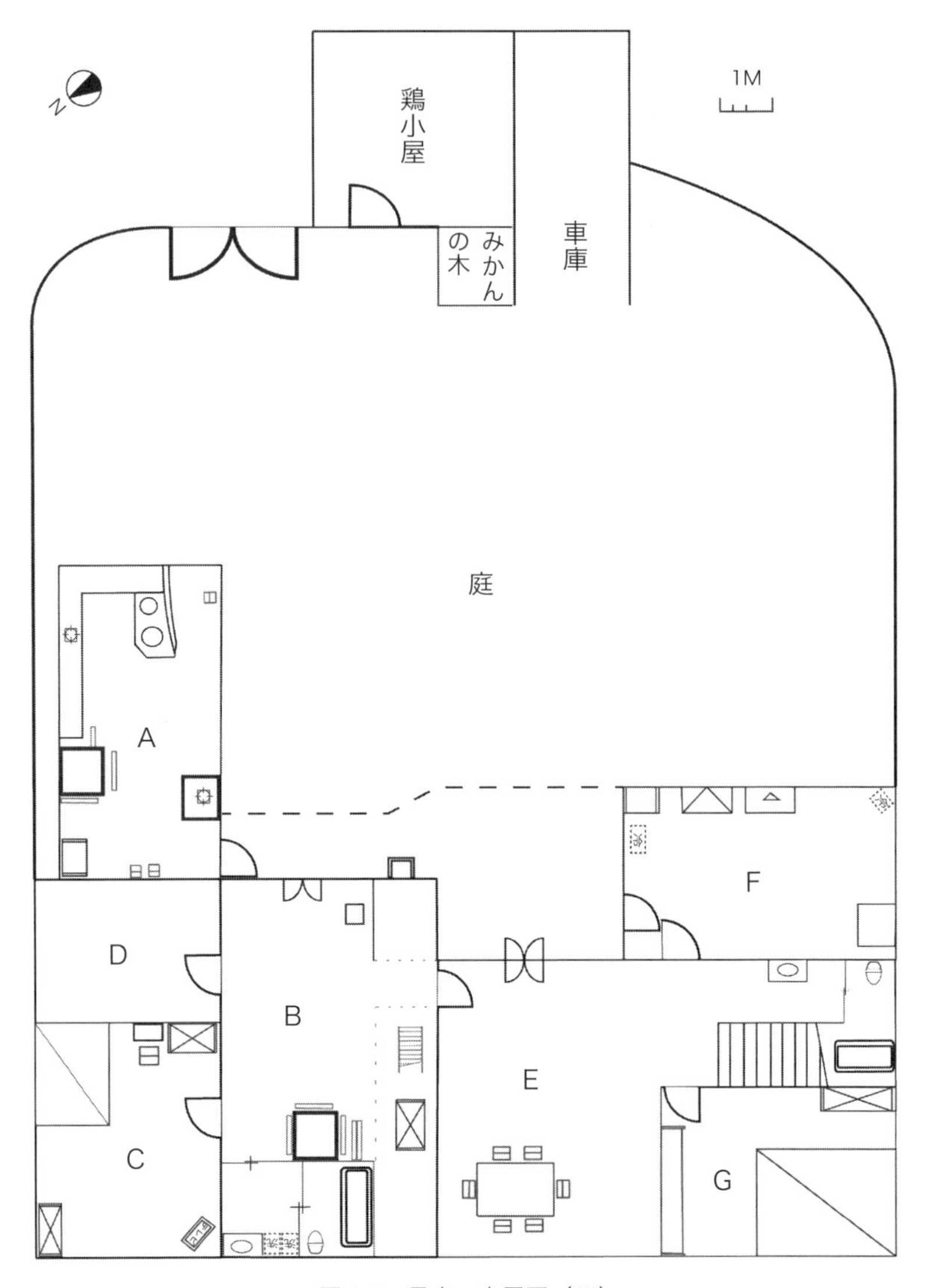

図 4-1　呂家の家屋図（1F）

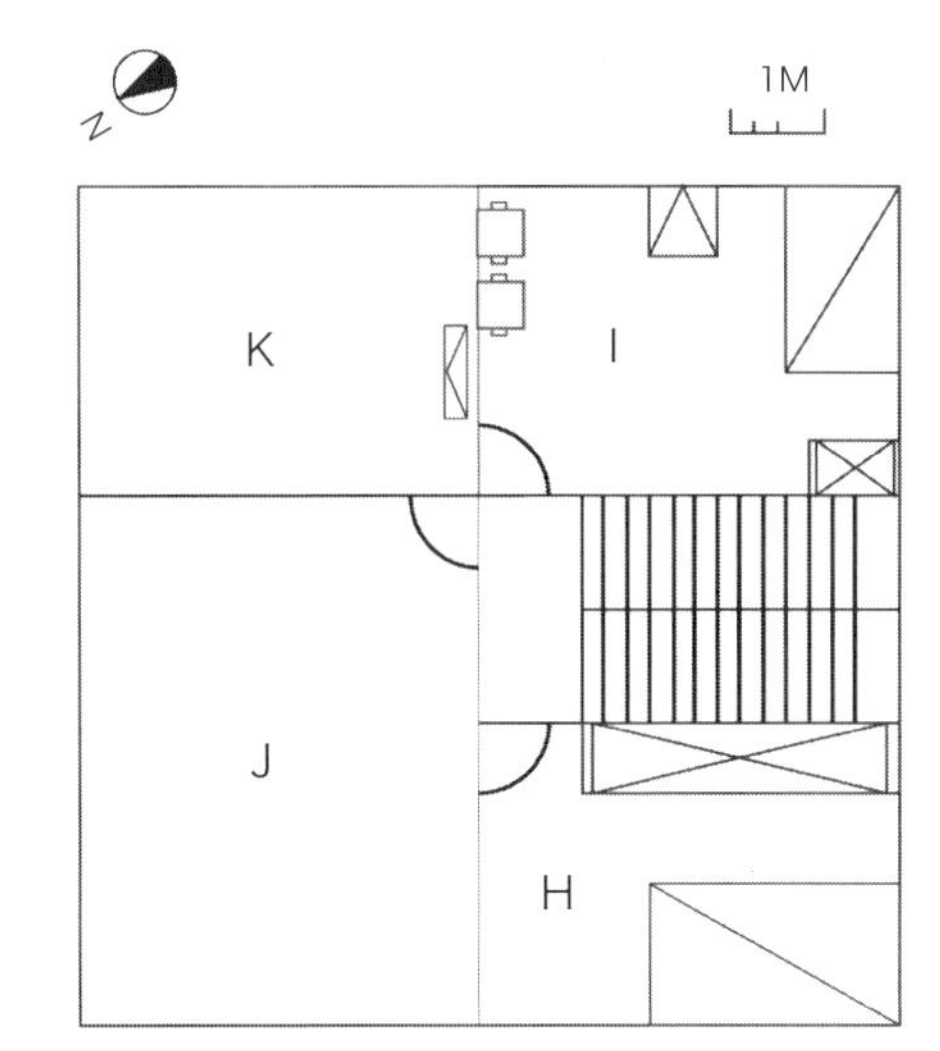

図 4-2　呂家の家屋図（2F）

2　家屋を舞台とする村民間の交流①――「竈房」

呂家の人々がふだん食事をとる「竈房」という小屋は、家族の団欒のための空間であると同時に、村民間での社交が行われる空間ともなっている。というのも、この場所に、村民はずかずかと入ってくるからである。一例を挙げよう。

　呂おじさんと筆者が朝食を食べ終わり雑談していると、隣家のL氏（男性）がふらりと「竈房」に入ってきた。L氏が「ご飯は食べた？」と声をかけ、呂おじさんは「食べた」と答えると、たばこを箱から一本取り出し、渡す。L氏は立ったまま世間話を始めたが、呂おじさんに「（イスに）坐りな」と促され、イスに腰かけ、たばこに火をともした。

　この後、呂おじさんと十分ほど会話を交わした後、L氏は立ち上がり、帰宅した。また、そのタイミングで、呂おじさん（及び筆者）も立ち上がり、畑仕事へと向かった。

この時、L氏は特別な用事もないが、呂おじさんを訪ねてきている。これと似たような情景をもう一例挙げておく。

呂夫妻と筆者の三人が昼食を食べている最中、近隣に住むJ氏（女性）が「竈房」に入ってきた。J氏は「あー、まだご飯食べているの」と立ち去ろうとするので、呂おばさんは「いいから坐りな！」とイスに腰かけるよう勧める。その後、呂夫妻は食事をしながらJ氏と世間話を交わす。

特別な日を除けば、筆者がQ村に滞在している期間のうち、このような往来を見ない日はなかったと言っても過言ではない。呂家の場合、最も頻繁に尋ねてきたのは呂夫妻の親族や隣近所に住む者十六名であるが[2]、これは常時Q村に居住する者だけに限った数字である。ふだんは他所へと出稼ぎにいっている親族・友人らも、Q村に戻ってきた時には同様に、呂家を訪ねてきていた。このような往来は、特別な用事はなくとも行われているものであり、日本語の「少し顔を見せる」という表現に該当するような行為だと言える。

さて、以上の短い素描だけでもいくつかの重要な論点が存在するのだが、最初に検討しておきたいのが、「イス」を勧めるというコミュニケーションのあり方である。

3 「イスを人に勧めることは、身内の者のように対処することである」

「端板凳給人家坐，就是端給自家坐」

(*duangeibandengeirenjiazuo, jiushiduangeizijiazuo*)

高淳で言われているというこの格言[3]は、二つの意味で翻訳が難しい。第一に、ここには「板凳」および「人家／自家」という、やや複雑な意味が込められたローカルタームが含まれている。第二に、これを直訳すると「他人が坐れるようにイスを出すことは、すなわち家族が坐れるようにイスを出すことである」となり、一読しても、見当がつかない表現となってしまうからである。以下、この二点について順に説明していこう。

まず「板凳（はんとう）」であるが、これを字義通りに述べるならば、背もたれのない木製の細長い床几、つまり中国の伝統的なイスのことである。このイスについては、かつて宣教師アーサー・スミスが記した著名な中国人論において興味深い記述を残しているので、紹介しておこう。

中国の家具は、西洋人には不格好で快適でないように思われる。我々の祖先が身をもたせかけてきた幅広の長椅子の代わりに、中国人は概して大変幅の狭い椅子で満足している。椅子の脚が緩んでいたり、付け方が悪かったりして、長椅子の片側に誰も腰かけていない時に、もう一方の端に不注意に坐った人がひっくり返ったとしても驚くには当たらない。中国人は、椅子を使う唯一のアジア人だ。だが、我々から見れば、中国人の椅子は不快なものの代表だ。［スミス　二〇一五（一八九四）：一四九（傍点筆者）］

この記載には明らかな誤解もあり、また多分にエスノセントリックな記述になってはいるものの、価値判断を含む主観的記述であるがゆえに、当時の一西洋人にとって「板凳」がどのように映っていたのかを伝える資料的価値を有する描写となっており、興味深い。特にここで述べられている、うっかりするとひっくり返ってしまうような「不快な」イスの形状についての描写から、それが、今日のQ村でも用いられているところの伝統的な長椅子であることが判断できる。その形状は、図4-3の通りである。

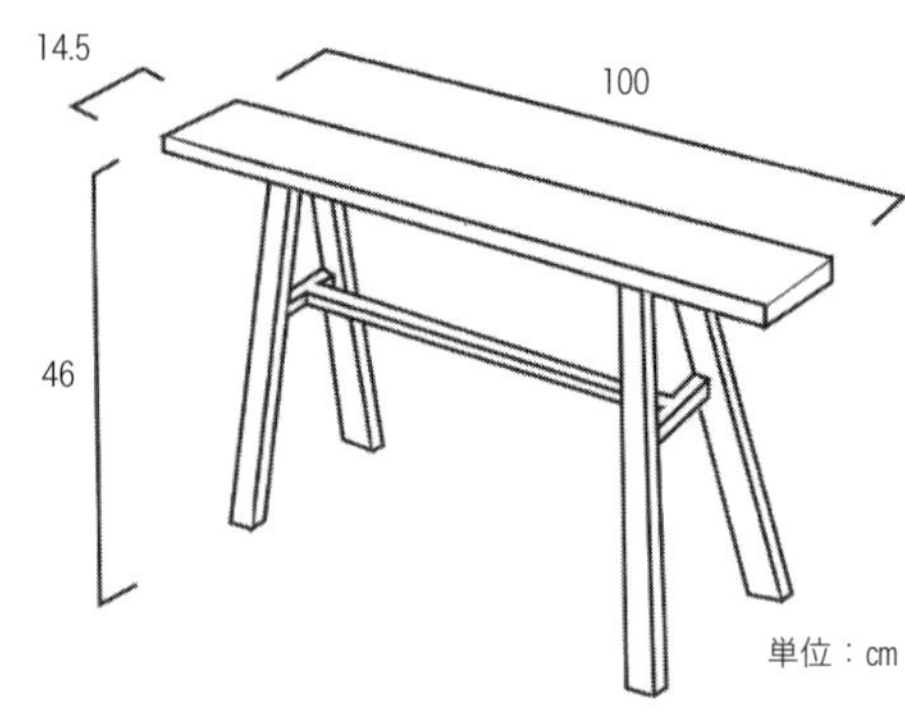

図 4-3　Q 村の板凳

ただし、上述の格言で述べられている「板凳」とは、この伝統的な長椅子のみを指す訳ではない。高淳では「板凳」という単語は、中国標準語の「椅子(いす)」(*yizi*)の総称としても使用されているからである。たとえば、日本で俗に「屋台のイス」などと呼ばれる、プラスチック製の背もたれの無いスタッキングチェアも広く流通しているが、このイスも単に「板凳」と呼ばれている［写真4-1］。また、Q村では高さ二十センチメートルほどの低い腰掛けも頻繁に用いられているが［写真4-2］、こちらは「小板凳(しょうはんとう)」と呼ばれている。

次に、「人家」と「自家」について検討すると、字義としては前者が「皆」、後者が「自分の家族」という意味合いである。だが、ここでは対句の形式をとっているので、他者／自己の対照を示す表現となっており、あえて日本語にするならば、「ひと」と「うち」の対照に相当するニュアンスを持った表現となっている。

以上を踏まえると、上述の格言の意味合いは、「ひと」にイスに坐るように勧めることとは、あたかもその人を「身内の者」のように対処することである、ということだと解釈することができる。すなわち、イスを勧めることは、他者への一つの歓待の作法だとされているのであり、それゆえに、先に検討した呂家での日常的な村民間の往来の素描においても、この格言が示すようなモラルが見られたのである。

そして、イスを勧めるという礼儀作法は、親しい親戚や友人の間で行われる日常的往来でのみ見られる訳ではない。たとえば、呂家への訪問者の中には——とくに呂おじさんを訪ねる場合が多いが(4)——何か用事があって訪

写真 4-1　呂家で備蓄されているイス。大掃除で庭に板凳や「屋台のイス」が並べられている（2015 年 2 月 18 日筆者撮影）

写真 4-2　呂家の小板凳（2014 年 5 月 6 日筆者撮影）

ねてくる者もいる。そして、何かちょっとした相談事や情報共有だけで訪れた場合であっても、客人がくると、呂おじさん・呂おばさんは決まって、「まあ少し坐っていきな」と声をかけるのである。

呂家の家屋がそうであるように、中国の家屋にはふつう玄関と呼べるスペースは存在せず、また室内に入る際に靴を脱ぐ習慣もない。そして上述したとおり、Q村では訪問者は入室の許可をとるような行為はせずに遠慮なく家屋のなかに入ってくる。これは無論、訪問者が家主と親しい関係にあるか、少なくとも顔見知りではあるという関係性の基盤の上になされうる行為であるが、それと同時に、訪問者／被訪問者の双方が、他家への訪問の作法を共有しているということでもある。Q村の村民らは朝起床してから夕方に至るまで、ふつう、自らの家の門を開け放っておいているが、実のところ、訪問者は家屋の門が空いていれば家の中には人がいると判断しているのであり、そこで気が向いたり何か用事があれば、門をくぐっても良いのである。また、家屋の門が閉まっていれば、訪問者は家の中に勝手に入ってくるわけではなく、外から大声で尋ね先の人物の名を呼び、応答がなければ立ち去る。農村部における人々の往来とは、それぞれの家が分厚い鉄製の門に閉ざされている都市部でのそれとは全く異なる形式で行われている。

このような状況を踏まえるならば、イスを勧めることの意義がよりよく理解できるだろう。すなわち、イスを勧める行為こそが、他者を「うち」へと招き入れること、その者を「身内のもの」と同様に対処していることを含意する振る舞いなのである。比喩的に言えば、「敷居」は庭や家屋の内／外の間にではなく、対個人間におけるコミュニケーションのなかに存在しているのである。

4　家屋を舞台とする村民間の交流②——「院子」

このような家屋を舞台とするQ村の対人関係上の「イスの作法」は、各家の「院子（*yuanzi*）」、すなわち外壁で囲まれた庭においても同様に見られる。庭もまた、イスを並べさえすれば人々が言葉を交わすための社交空間となるのである。ただし、そこで行われるコミュニケーションは、家屋内の場合と若干の差異がある。というのも、庭は屋内に比して開けた空間であり、誰かが家の庭の前を通りかかった時に、たまたま庭に人がいれば気まぐれに少し立ち寄ったりすることもあるし、家の者の方から通行人を呼び止める場合もあるからである。

ここで農民生活における庭について、簡単に説明をしておこう。まず、農家にとって庭は、様々な農産物を加工するための空間でもある。前章では、収穫後の籾や麦は道路や広場、そして各家の庭で干されると述べたが、庭で干されるものは実に多岐にわたる。呂家を例にとると、呂家は自家消費用の野菜畑をもっているが、油菜や大豆、トウモロコシ、白菜などの収穫物は、米や小麦の場合と同じく、庭で天日干しにする［写真4-3、4-4］。一方、野菜畑から採ってこられたばかりの野菜には、泥がついていたり枯れた部分があったりするが、これらを取り除く下ごしらえの作業は庭で行われる(5)。また、庭は同時に家庭生活のための空間でもあり、晴れた日には、衣類や布団などが庭に干される。さらに、呂家では鶏とアヒルも飼っており、庭が給餌のための場所として用いられる。庭はいわば、調理場であり、物干し場であり、同時に養鶏場ともなるのである。

日常生活の上での様々な事柄が庭で行われている。ここで重要なのは、庭がこのような多面的利用法にかなうという意味で、アフォーダンス（affordance）を有していると同時に、また、そのようなアフォーダンスを活用するすべを、農民が共通して理解し、実践しているということである。次にあげる事例は、庭を舞台とする仕事の風景であると同時に、村民間の社交の様子を示すものである。

　二〇一五年五月十七日（日曜日）の三時頃、午後から外に遊びに行っていたユエンがタケノコの詰まった大きなずた袋を携えて帰宅した。ユエンの大声に呼ばれて家の中から呂おばさんが出てくると、「誰の家で

写真 4-3　呂家の庭①　野菜のほか、靴やモップも干されている
（2014 年 3 月 14 日筆者撮影）

写真 4-4　呂家の庭②　白菜の上に衣類が干されている（2014 年 11 月 18 日筆者撮影）

貰った？」とユエンに尋ねる。それから、庭にタケノコを広げると、皮剥きを始める。ちょうど農作業から戻ってきたところだった筆者も一緒になり、イスに腰かけ、皮を剥いたタケノコをザルに移していく。

作業半ば、ちょうど電気三輪車にのったＪ氏が家の前を通りかかる。呂夫妻と筆者の三人が庭にいるのを認めたＪ氏は車を止め、庭に入ってくるとタケノコ剥きの輪に加わる。その後三十分ほど、村内の人間関係に関する噂話などお喋りをしながら作業を進めた。

Ｊ氏は呂家に頻繁に遊びに来る人物の一人であり、呂おばさんにとって最も近しい友人の一人である。この時、Ｊ氏は街での用事を済ませ帰宅途中であり、たまたま呂家の家屋前を通りかかった際にたけのこを囲む小さな人だかりができていたため、呂家に立ち寄っている。このように、各人の生活時間がふとした折に交叉することで、ごく僅かな時間のみ、庭は社交の場の様相を呈する。

ここで指摘しておきたいのは、このような村民の集まりは、立ち現れる時もあれば、立ち現れない時もある、偶発的なものであるということである。「タケノコの皮剥きを手伝うこと」のような、農作業や家事労働の相互扶助に関する規範がＱ村村民間にある訳ではないし、Ｊ氏も通りかかったとしても、別に呂家の庭に立ち寄らないことも十分にありえた。そもそも、呂夫妻の孫娘ユエンがタケノコを持って帰ってくるということは、直前まで誰一人として予想だにしていなかったのである。

ここまで、呂家の「竈房」と庭における村民間の交流の様子を素描してきた。その特徴の一つとして、イスの勧め合いというコミュニケーションがあることを確認し、またそこでみられる村民間交流は、多分に偶発的なものであり、訪問も辞去も気軽になされていることを確認した。次節では、このような往来の様子が、「村のたまり場」においても見られることを紹介する。

二　村のたまり場

1　Q村のたまり場としての売店

Q村における最大のたまり場だと言えるのが、村に一軒のみある売店である。村民から「小店（*xiaodian*）」と呼ばれるこの売店は、Q村の「大村」における家屋集合のいちばん南側、Q村と街とを取り結ぶ道路に面した一角に位置しており、Q村出身の店主F氏とその妻の二人が経営している。この建物は、六畳ほどのスペースからなる二つの小屋からなっており、一方が日用品を陳列販売するスペースで、もう一方が、テーブルとイス、及び子供向けコイン式電動ライドが置かれたスペースである［写真4-5］。また、売店の入り口前にはイスが置かれており、ここが村民の談笑の場となっている［写真4-6］。村民は、時に買い物のついでにそこに腰かけ、また時に買い物を目的とせずにやってきてイスに腰を下ろし、談笑に花を咲かせるのである。(6)

第一章でも述べたように、中国の農村に関しては、しばしば「村廟」すなわち村内に立地し、住民の寄付により運営されている民間信仰の廟が、社交生活の場として注目される傾向があった［e.g.平野　一九四三：Topley 1968; Hsiao 1960; Diamond 1969］。このような知見は今日でも繰り返し述べられており、たとえば高淳の民間信仰について論じた二階堂善弘も、椏溪鎮北部のとある村落の祠山大帝廟は「地元の人たちが集まるコミュニティの場となって」いたと述べている［二階堂　二〇一三：六〇］。しかし、Q村に存立する二つの廟では、特定の宗教的活動日を除けば、人が集まることは殆どない。Q村の日常生活とりわけ村民間交流にとって、村廟が「凝集の中心」であると断ずることはできない。(7)

では、なぜQ村では売店がたまり場となっているのだろうか。その要因の一つとして考えられるのが、この売

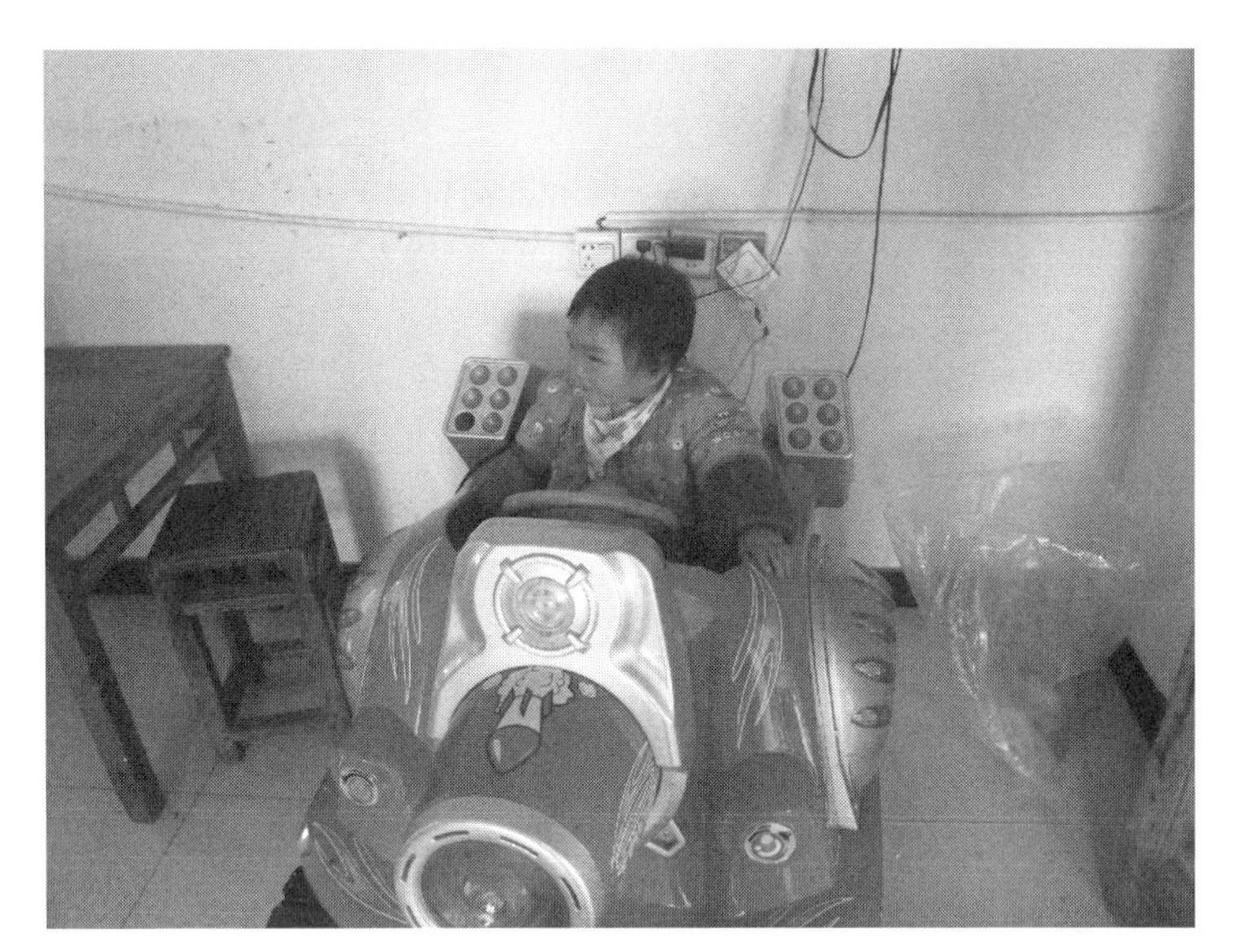

写真 4-5　売店に置かれた電動ライド（2014 年 3 月 16 日筆者撮影）

写真 4-6　Q 村の売店の外観（2014 年 10 月 7 日筆者撮影）

店が村民それぞれの生活にとっての交流点となっていることである。すなわち、Q村から街へと延びる道路沿いに位置しているという立地条件に加え、Q村で唯一の売店であるという理由のために、この売店が村で最も人の往来の激しい場所となっている。そして、村民各々が個々の生活を送る動線上の交点であるために、この売店は村民のたまり場に――つまり、誰がいるかは行ってみるまでわからなくとも、誰かはいるという場所に――なっているのである。

　このような要因に加えて、この売店がたまり場となっているもう一つの大きな理由として挙げられるのが、ここが、「打麻将（マージャン）（*damajiang*）」や「打牌（トランプ・ゲーム）（*dapai*）」などの賭け事が行われる場所となっているという事実である。売店のテーブルとイス（及びコイン式電動ライド）のみが置かれたスペースでは、男性・女性双方いりまじる形で博打が行われる。麻雀の場合、一卓あたりに四名が腰かけ、トランプ・ゲームの場合、一卓四名～五名が腰かける。[8] 場合によっては、二つのテーブルでそれぞれ別の賭けゲームが行われるが、各テーブルの周りには、そのゲームの様子を見物しているだけの者もいるので、多い時には十数人がそこにたむろしている。

　この売店の「賭博場」のメンバーは、比較的頻繁に来る者はいるとはいえ、固定的なものではない。博打に参加できるかどうかは、端的に言って「早いもの勝ち」である。

　ある日、呂おじさんは昼食後、「俺は出かけるぞ」（我出去了）と言って出かけた。筆者は自宅で呂おばさんと雑談していると、三十分ほどで呂おじさんが帰宅した。呂おばさんが「麻雀やってこなかったの？」というと、呂おじさんは「できなかった」と答えた。筆者が理由を尋ねると、売店に行ってみたが、「人がいた（既に麻雀テーブルに空きは無かった）」と答えた。

呂おじさんは「麻雀が上手な方」だと見なされており、よく売店での麻雀にも参加している村民の一人だが、このようにタイミングを逸してしまえば、麻雀に参加できないこともある。[9] テーブルの周りに坐るのは誰でも構わないが、坐れる人数には、限りがあるからである。

ここで重要なのは、博打に参加できるかどうかが「集まる時間」、タイミングに左右されているという点である。実のところ、売店がたまり場と化すのは、特定の時間帯のみである。前章でも触れたとおり、売店に博打をとりまく人だかりができるのは主に農閑期であるが、農閑期であっても、売店に常に人が集まっている訳ではない。この空間における人口動態を左右する時間の一つが、食事の時間である。実のところ、売店で博打が行われるのは、通常、昼食後の十二時頃から四時頃までと、夕食後の七時頃から九時頃までなのである。次項ではQ村の生活の時間について、少し詳しく検討しておこう。

2　たまり場と時間

Q村の家々にとって、午前中は忙しい時間である。朝の六時半から七時にかけては、村を離れる「車」[10] の群れが見られ、工場等のアルバイトに出かける者らが村を離れる。平日の場合、子供を幼稚園・小学校に送りに行く者たちもまたこの「車」の群れの一角を成す。村にいる者らは、朝食後には洗濯等の家事をしたり、野菜畑からその日に食べる分の野菜を採ってくるなどの仕事をするし、農繁期であれば田畑へと仕事に行く。農閑期であれば、各家間での日常的な往来をしたり、売店前での世間話のための集まりが見られることもあるが、午前中に博打をしようとする村民は皆無である。午前十時には家々の煙突から炊事の煙があがる。農閑期であれば午前十一時〜十一時半頃に、農繁期であれば午前十一時〜十二時頃に、各家庭で昼食がとられる。

また、村民が街に食材や日用品の買い物に行こうとする場合には、午前中に行かねばならない。その理由は、

Q村のある村民によれば、「陰陽思想があって、出かける場合は朝に行くことが良く、午後から行くのは良くないからだ」という。この観念がどれほど村民らに共有されているのかは定かではないが、実際に人々が買い物に行くのは決まって午前中のうちである。というのも、Q村から徒歩で十五分ほどの距離に位置する街で食材を扱っているのは、三十ほどの個人経営者らから構成される市場と、道路脇に食材を広げる個人経営者たちであるが、彼らは午後には姿を消すからである。特にルールがある訳ではないものの、午前中のうちに品物もおおかた売り終わり、また午後から買い物に来る者が少ないために、個人経営者らがみな一斉にいなくなる。ここでも、前章で紹介した「流しの人々」たちの渦の出現・消滅と同じく、需要と供給の関係についての「常識」が、人々の行動パターンを左右する一因となっているのである。

これと同様に、農閑期の売店においても、村民らは時間のリズムに応じて集まってくる。昼食を取り終えた村民はそれぞれのタイミングで売店を訪れるが、博打のテーブルに着いた者以外は、入れ代わり立ち代わりやってきては立ち去る。筆者もしばしばこの時間帯に売店を訪れたが、その時には筆者に近しい村民や店主F氏夫妻に話しかけられ、「由高(ヨーガオ)、坐りな」[11]とイスを勧められた。

このような売店の人だかりは、三時半〜四時頃になると徐々に無くなってくる。それは、この時間帯が各家庭での調理開始の時間であり、また、平日の場合、幼稚園児・小学生を迎えにいく時間であるからである。次に売店に人が集まってくるのは夕食——農閑期では五時〜五時半頃、農繁期では五時半〜六時半ころ——をとった後であり、日も暮れかかる頃から辺りが暗闇に包まれるまで、売店前のスペースには多くのイスが並べられ、子供らやその親世代、祖父母世代の者たちで賑わう。あたりもすっかり暗くなった頃、とくに農閑期の場合[12]、再び博打の人だかり出現し、早い時には午後九時頃まで、特定の祝日などの時には十二時近くまで、博打の熱気は続く。

以上のように、売店がたまり場の様相を呈するのは特定の時間帯のみである。さらに興味深いのは、それが実に規則正しいリズムに即した人々の動きからなるということである。この社会現象を示す顕著な例として、ここで筆者自身の経験を紹介したい。

たばこをきらした筆者は午後四時三十分頃に売店に行ったところ、売店のドアは鍵がかけられたままになっており、店主のF氏夫妻もいなかった。そこで立ち止まっていると、隣接する家屋から、F氏の妻が小走りで出てきた。そして、筆者に「買い物に来たのね」と声をかけ、売店を開けてくれた。

この時、売店には人は誰もおらず、また、F氏の妻も、自分の家で晩御飯の準備をしていた。この時間帯に筆者が売店へ来訪したことは、何らかの制度的・明示的な規範を逸脱した行為である訳ではないものの、村民の「常識」からは外れた行為だった。各人は個々の家庭生活を送っているものの、Q村レベルで通底するような生活時間の流れに即している。この流れから外れる来訪においては、イスは勧められることは無いのである。

3　村の「遊び」

ここまで、Q村における村民間の日常的な交流のありようを、各家屋を舞台とした往来の様子と、売店を舞台として行われる社交や博打のありかたについて素描してきた。村民らは、個人レベルで、つまり各自の気の向くままに気軽に各家庭や売店を訪れては立ち去るが、それにも拘わらず、その行動は農民生活の時間帯、つまりQ村レベルで共通する生活のリズムに即して行われているものであった。

このような村民らの行動を形容するに相応しいことばが、高淳語の表現の中にはある。それが、/baʔ ɕiaŋ/という言葉である。

この語は、呉語方言に関する辞書によれば［閔家驥等（編）一九八六：六〇―六一；傅朝陽（編）一九八七：一〇五―一〇六］、漢字表記は「白相」だとされ、その意味は中国標準語における「耍玩（*shuawan*）」や「玩（*wan*）」という動詞と同じだとされている――すなわち、「遊ぶ」である。標準中国語では「白（*bai*）」と「相（*xiang*）」という漢字自体には「遊ぶ」の意味はなく、この二つの文字の組み合わせがなぜ「玩（wan）」と同義になるのかその由来は不明だが、本論でも便宜上、/baʔ ɕiaŋ/ という語を「白相」と表記する。[13]

さて、Q村で用いられている「白相」あるいはその変化形である「白白相」(/baʔ baʔ ɕiaŋ/) という語の意味は、翻訳するならば間違いなく「遊ぶ」である。それは、Q村村民らが会話する際、とくに高淳語に不慣れな者（筆者やQ村に婚入してきたばかりの若い女性など）との間では、次にあげる表現（a）と（b）が、相互互換的に用いられていることからも確認できる。

高淳語（a）「吾白相去」（これから「白相」に行くよ）

中国標準語（b）「我玩去了」（これから「玩」に行くよ）

このように、Q村で用いられる「白相」の語義は、「玩（*wan*）」であり、「遊ぶ」である。だが、この理解だけでは、十分にこのことばを翻訳したことにはならない。より重要なのは、このことばを現地の文脈において理解することであり、この「白相」ということば、「遊びにいく」という表現が、農民生活の文脈においてどのような行為を名指しているのかということである。

Q村で使用される「白相」という語は、「仕事をする」という語[14]と対をなすことばであるのだが、「遊ぶこと」全般を指すものではない。「積極的／消極的遊び」［青柳 一九七七：一九―二二］でいえば積極的遊びを指すことはなく、また、個人的・競争的・協同的という「遊びの三角形」［青柳　一九七七：四一―四三］の軸でいえば、より協同的な性質のものである。たとえば、一人で／友人と釣りをしに行くこと（「釣魚去（*diaoyuqu*）」）はふつう「白相」とは言われないし、（筆者が調査中に村民によく揶揄された表現である）「パソコンで遊ぶ」（「玩電脳（*wandiannao*）」）という表現においては、「玩（*wan*）」を「白相」に替えることはできない。この言葉で形容されうる行為は、実のところ、本章で素描してきた村民間の交流――親しい者同士で行われている各家屋を舞台とする日常的な往来や庭先でのふとした交流、売店にたむろすること、さらには「打麻将（マージャン）」や「打牌（トランプ・ゲーム）」の実施と見物――の全てである。すなわち、「少し顔を見せる」ことであったり、雑談や噂話に花を咲かせること、賭け事をすること、そしてその様子を見物すること、これら全般が「遊ぶこと」として表現されるのである。

　一見すると、世間話と博打とは別のカテゴリーに属するような行為であるように映るかもしれないが、これまでの本章での記述からは、「白相」という語が名指す行為の共通性も指摘することができるだろう。第一に、これらの行為はいずれも、個々人の日常生活の節々に存在する、自分にとっての有閑のひと時において為される事柄である。第二に、これらいずれの行為も、特定／不特定の他者との間で為される、相互に顔の見える交流である。第三に、個々人それぞれの「暇をしている」タイミングが重なることで初めて、この気軽な交流は達成される。いつ誰が家を訪ねてきたり庭先を通りがかったりするのか、売店で誰と出くわすのかは誰にもわからない。村民の「白相」志向は、偶発的な「集まり」を楽しむものなのである。

　ただし、「白相」による村民の集いは、個々人のタイミングに左右された偶発的なものであるとはいえ、そこには一定の時間秩序も存在した。「白相」という行為の背後には、第三の共通性、すなわち、農民生活の時間帯があった。季節ごと、一日ごとの仕事や食事の時間帯が概ね通底したものとなっていることが、個々人それぞれの有閑の時間が重なり合うことの条件となっているのである。

三　村民生活の韻律

1　共同性に拠らない時間秩序

ここまで、Q村の日常生活における村民間の交流の様子について、いくつかの具体的な生活風景の場面の素描をもとに検討してきた。その主な論点は、村民間に共通してみられる「イスを勧める」という対人関係上のモラルであり、「集まる」ことへの志向性であり、また、村民間では生活リズムの共通性が見られるということであった。

このようなQ村の日常的な村民間交流を考える上で示唆に富むのが、プエール・ブルデューの『資本主義のハビトゥス』での議論である。同著においてブルデューは、一九六〇年代のアルジェリアの農民生活における時間の重要性について以下のように指摘している。この指摘は、時代も国も大きく異なるQ村の農民生活の息遣いと驚くほど重なるが、一方では重要な差異も存在する。

> 社会秩序は、なによりもまず、リズム、つまりテンポである。社会秩序に同調するとは、まずはリズムを遵守し、歩調にしたがい、拍子をはずしたりしないことだ。集団に所属するとは、他のすべての集団成員と同じ行動を、一年、一日の同じ時に行うことだ。生活の奇異なリズムや勝手な順序を採用することは、それだけでもう、集団から排除されることになるのである。他の者が休息しているときに自分だけ働く、他の者が畑で働いているときに家に居る、他の者が眠っているのに村のなかを散歩する、誰もいなくなった道を通る、他の者が市に行っているのに村でぶらぶらする、などなど、嫌疑をかけられる行動はたくさんある。実際、

毎日の時間的リズムの尊重は、同調の倫理の基本的要請にほかならない。そして、年間のリズムの遵守は、いっそう厳格に課される。その年の農業行事の重要な日取りは集団で決められ、農業行事には祭や儀式がともなうのである。日取りと時刻とを欠いた技術的、社会的活動はない。農業の予定表である暦には、それぞれの時期に、忠告、禁止事項、ことわざ、吉兆、が記されている。〔…〕時期の悪いときに行動することは、奇をてらうことを禁ずる要請に違反するということにとどまらない。それは、また、万物の世界秩序と融合している社会秩序への同調の要請に背くことでもあるのだ。［ブルデュー　一九九三：五四―五五（傍点筆者）］

ここでブルデューは、農民生活の時間と秩序との関係という重要な論点を提起している。Q村の日常においても、人々は「同じ行動」を、「一日の同じ時」に行っていた。各家に赴いて雑談をしたり、売店に赴いて博打の人だかりのなかに身を置くことは、食事の時間帯を外すかたちで行われていた。Q村の村民たちの日常生活には、確固とした時間秩序が存在している。

しかしながら、ブルデューが農民の生活世界を共同体論的発想によって記述している点は、本章で紹介してきたQ村の姿に当てはまるものではない。Q村の時間秩序は、村民間に「自分／他の者」のような分断をもたらしたり排除の論理をもつ類のものではあり得ないし、また、「Q村村民」のような「集団」を想定することも妥当ではない。ブルデューの言うような「嫌疑をかけられる行動」はQ村のなかではあまり見かけないが、人々はそのような行動をとることもあるし、そしてその行為が「集団的な嫌疑」に結び付くことはない。たとえば農作業では、同じ日、同じ時に畑に繰り出す者がいるときもあるが、いないときもある――各家庭ごとに自分が使用権をもつ田畑で仕事をしているだけだからである。(15)

また、Q村には「農業行事」、農業に関わる祭りや儀式は存在しないし、農作業の日取りは「集団で決められ」ている訳ではない。むしろ、そのような集団的決定がないにも拘わらず、前章の「流しのコンバイン」の事例でみてきたとおり、Q村の農業のリズムやタイミングがぴたりと一致していることこそが重要であろう。個々人が自分の仕事をしながらも、周囲の者たちと「同調」的な行動をとる。この現象が可能としているものが、「白相」と総称される村民間交流であり、その場での情報交換である。コンバインがやってきたという情報、誰がいつどのくらいの価格で籾を売ったのかという情報が共有されているのは、「集団」によるのではなく、あくまで、個々人間でなされた情報交換が広がっていくことの自然な帰結なのである。

あえて対比的に述べると、ブルデューの農民生活の時間論には、集団的・組織的な取り決め、「共同性」(communality)による秩序という発想がある。それに対し、Q村に通底する時間は、そのような「共同性」には依拠しないような秩序である。それは、規則や制度に拠るではなく、単に常識的で慣習的(practical)な行為の帰結として見えてくるような共通性なのであり、個々人が自分の都合で行為することの背後にあるようなリズムなのである。

2　韻律

ここまでの議論から、Q村の村民間交流には二つの時間が併存している様を指摘することができるだろう。すなわち、Q村レベルで通底する時間秩序と、個々人にとっての時間である。前者は何らかの規範のように明文化されるものではなく、より潜在的なものであるが、村民の慣習的行動の帰結として見いだすことができる秩序である。一方後者は、微視的な視点において観察可能な、顕在的かつ具体的な行動のタイミングのことである。この両者を分析的に区別することは、Q村の日常を理解し記述する上で決定的に重要である。Q村村民は一枚岩の「集団」でもなければ、「裸の個人」でもない。集団／個人の二分法に基づく表象では、村民らが自分の都合で行動するにも拘わらず、一定の秩序だった行為をなしている様を捉えることはできない。

右記の二つの時間は併存し、相互補完的関係にある。この点を概念化するために、ここで言語学の術語である「韻律」（prosody）を流用したい。韻律（プロソディー）とは、ことばを話す上でのイントネーションやリズムを指す用語である。[16] これらは文字に表現されえないものでありながらも［前川　一九九九：一一九―一二〇：エリクソン　二〇一三：一八四］、「日本人英語」を想起すればよくわかるように、「発音」が正しくともイントネーションやリズムが英語らしからぬものとなっていると発話意図の「通じやすさ」（intelligibility）は低くなり、時には会話が通じないという事態を招く［金丸　二〇一三：エリクソン　二〇一三］。韻律（プロソディー）は、特定の言語や方言に特徴的な話し方を形づくるものだと言える。

また韻律（プロソディー）は、「発話の意図や話者の心的態度」を伝える上で重要な役割をになうものだとされており[17]［前川　一九九八：四、四七］、話者の感情や文脈、聞き手との関係や聞き手への態度などによって変わるという意味で、文脈依存的なものでもある。それと同時に、日本語や中国語では丁寧に話す時には高い声を使い、韓国語では低い声が使われる傾向があるとされるように［鶴谷　二〇一六］、言語ごとに異なる傾向性を有してもいる。すなわち、韻律（プロソディー）は、各言語ごとに固有のものであると同時に、文脈依存的・個別的なものでもある。

人はみな、自分のことばの話し方のリズムを持っているが、その話し方は同時にその言語らしいリズムでもある。同様に、Q村の人々の行動のリズムも、その人らしいリズムであり、時と場合に応じて変化するものであるが、それと同時に、Q村の農民生活のリズムに即したものでもある。「Q村のリズム」は韻律（プロソディー）と同じく、明文化されたり規則に拠るものではないものの、確かに存在する共通性なのである。

Q村における日常的な交流は、「韻律」的な時間秩序に基づいたものである。それは、個々人が時と場合に応じて柔軟に調整する時間でありながらも、同時に、Q村の日常生活に通底する時間である。人々がイスに腰かけ世間話をしている光景、売店に入れ代わり立ち代わりやってきてはたむろする様には、「韻律」的な秩序が存在していたのである。

四　小結

本章では、村民間交流を日常生活に焦点をあてて検討し、「白相」志向の集まり方と、そのような集合／離散が行われる際の「韻律」的秩序の存在を指摘した。個別的・文脈依存的なものでありながら、同時に各個人に通底するリズムとしての「韻律」が、各家庭の家屋や庭、売店といった場所を「たまり場」とさせているのであった。

立ったままでいることや歩くこととは対照的に、イスに腰かけることは、その時その場所で若干の時を過ごすことである。「白相」によって顔を出し、イスを勧められることで、個々人の生活のリズムは重なり合い、それは立ち去るまで続く。そのようにして立ち現れては消える人間集合にはゆるやかなメンバーシップが存在する場合もあるが、それは排他的な境界を持つものでもない。このような柔軟な人々の集いと語らいが、Q村を活気づけるものとなっていた。

次章では、本章で見てきた「たまり場」においてなされる村民間の日常会話についてより具体的に検討し、人々の語りの特徴と、自／他を分かつ境界の性格について考察する。

注

（1）呂家の旧家屋はかつて「三間房（*sanjianfang*）」であり、現在の記号Eの位置にもう一部屋があったが、土地確保の都合上、新家屋建設時に取り壊された。

（2）呂おじさんの母と兄弟（長男と四男）、呂おばさんの母と弟の妻、近隣に住む呂夫妻と同年代の者（X氏夫妻とJ氏夫妻）、およびやや下の世代の者（L氏夫妻、T氏夫妻、G氏、D氏）であり、いずれも、Q村の「大村」エリアの常住者である。

（3）この格言自体はQ村で聞いたものではなく、高淳の民俗文化などの愛好者の組織である「高淳地方文化研究会」の方に教えてもらった言葉である。

（4）呂おじさんは、Q村に四つある「生産隊」（現「村民小組」）の代表（Q村では現在も「隊長（*duizhang*）」と呼ばれている）を務めている。また、かつて小馬燈の組織「馬燈会」の「会長（トップ）（*huizhang*）」を務めていたこともあり、儀礼の諸手続きに関してのご意見番として村民から頼られている。特に葬送儀礼や婚姻儀礼の折に、呂おじさんに相談をしに来る村民は少なくない。

（5）雨の日や直射日光のきつい日には、この作業は「竈房」の地面で行われることもある。

（6）扱う商品は、街の商店よりも少ない。お菓子や清涼飲料水、アイス、酒、たばこなどの嗜好品、トイレットペーパー等の日用雑貨品、カップ麺や菓子パンといった加工食品のほか、祭祀活動で用いられる「紙銭」（ghost money）などが販売されている。

（7）「小村」側の祠山廟と「大村」側の馬廟のいずれにも廟の管理人がおり、ふだんこれらの廟の門は早朝に鍵が開けられ、夕刻に閉じられる。

（8）トランプを使った博打としては主に「闘地主（*doudizhu*）」や「跑得快（*paodekuai*）」（「争上赢（*zhengshangying*）」とも）などが行われている。

（9）なお、売店のほか村内でも特定の家では、麻雀やトランプなどが同様に行われている。その場合、そこに集まる人物は特に親しい友人であり、参加者は「いつものメンバーのうちの誰か」となることが多い。

（10）最も多いのは「電瓶車」と呼ばれる電動付き三輪車であるが、電気自転車やスクーター、バイク、三輪車もある。

（11）ここでの筆者に対する呼称は、Q村方言に基づく「ユーゴー」（本書第三章）ではなく、普通語読みの「ヨーガオ」を提示した。これは、Q村村民から筆者に対する会話の多くが普通語でなされたからである。

(12) 農繁期でも農業従事者以外は博打のために集まることもあるが、その規模は小さい。

(13)「白相」の変化形の「白白相」とは、標準中国語の「動詞の重ね型」に相当する表現であり、「ちょっと～する」というニュアンスとなる。なお、方言辞典では、「白相」という言葉の同義語として「白相相」という表現があるとされているが［閔家驥等（編）一九八六：六〇―六一；傅朝陽（編）一九八七：一〇五―一〇六］、Q村では「白相相」という表現は使われていない。

(14) 日本語の「仕事」に該当するQ村での表現は「干活（*ganhuo*）」であり、農作業や家事全般を含む言葉となっている。特に現金収入を伴うような村外での仕事の場合は、「做生活（*zuoshenghuo*）」という表現がなされる。

(15) たとえば農繁期の農業従事者にとっての休暇日だと言えるのが雨の日だが、個々人の土地面積や作業の進展状況は異なるので、雨の日であっても雨合羽をきて農作業をする者もいる。

(16) ここでいうプロソディーとは音声学の領域で、とくに社会言語学や第二言語研究との関連で研究されてきたものを指し、詩学における韻律論、つまり韻律（meter）・詩脚（foot）・押韻（rhyme）といった詩の構造の研究とは（無関係ではないが）異なる。辞書的には、「発話レベルでのことばのリズム（rhythm）、強勢（stress）、イントネーション（intonation）の変異（variation）のこと」［アロット　二〇一四：二四九］と定義される。

(17) これは音声学では「パラ言語的情報」（paralinguistic information）と呼ばれ、たとえば、聞き手に情報を伝達しようとしているのか、聞き手から情報を得ようとしているのか、伝達内容にどの程度確信を抱いているのか、伝達内容にどのような評価を下しているのか、などの情報のことである［前川　一九九八：四］。たとえば、「そうですね」という日本語の発話は、文末のイントネーションや発話の長さ等によって、同意、確認、疑惑などの解釈を受ける［鶴谷　二〇一六：一六八］。

第5章　「このトマトは都会人が一番好きなものだ」
——日常会話における二分法的境界

/kuku tsɛn ɹɪ nɪn din sɪxu lɛ/

これは、筆者がQ村でのフィールドワークをする過程で出会った、高淳語で語られたフレーズの一つである。序章においても述べた通り、高淳語は呉語に属する方言であり、南京市民にとっても聞き取ることが難しいとされる言語である。だが、仮にこのフレーズを聞き取れたとしても、都市に暮らす多くの人はおそらく、その意味を理解できないだろう。

漢語表記：「這个（西紅柿），城里人最喜歓的」

日本語訳：「これ（トマト）は都会人が一番好きなものだ」

本章では、この一見すると訳のわからない奇妙なフレーズを手がかりとして、Q村の農村居住者の日常会話について検討する。

前章で述べた通り、村民間で交わされる何気ない言葉のやり取りが見られるのは、各家庭の家屋内や庭先、あるいは売店などである。そしてそのような日常会話のなかには、このフレーズのなかで用いられていたように、しばしば「城市（*chengshi*）」（都市）や「城市人（*chengshiren*）」（都会人）への言及がなされる。このような「都市」をどのように捉えたら良いだろうか。

これまでの農村研究においても、「都市―農村」関係を主題とする研究は多くなされており、人類学の伝統的な課題の一つだと言える。レッドフィールド（**R. Redfield**）は比較的早期から都市の出現以前には農民（**peasant**）は存在しえず、農耕民は都市の支配によって農民となったのであり、都市があることで初めて「村落の農村化」が起こったのだと指摘していた［藤田　一九九三：六八―六九］。第一章で述べた通り、中国農村研究においても都市の視点は重視されてきたと言え、スキナー（**W. Skinner**）の「市場圏」はもとより、費孝通［**Fei 1939**］の研究や福武直［一九七六（一九四六）］の「郷鎮共同体」概念のように、都市―農村関係論の研究蓄積は厚い。だが、これらの研究においては農村（そして農村―都市の宗教的・経済的関係性）についての研究が主題となっており、農民がいかに都市を捉えているのかという課題はあまり重視されてこなかった。既存の都市―農村関係の枠組みによっては、上述の奇妙のフレーズのなかの都市を理解することはできない。

本章では、農民の語りのなかの「都市」という視座から、もう一つの「都市―農村関係」について議論するとともに、そこに見いだせる言語実践の特色について考察する。

一 「トマト」語りの文脈と部分性

まずは、右記のフレーズがどのような語りの文脈のなかで出てきたものかについて確認しておこう。

二〇一四年七月七日、その日呂家では午後四時二十分頃に少し遅めの夕食を取り終えた。その後、近所に住む呂おばさんの友人の一人であるX氏がやってきて、トマトを呂おばさんにくれた。すると、呂おじさんが筆者に次のように述べた。

「トマト（を買うに）は三元が必要だ。これは都会人が一番好きなものだ。」「お前（筆者）も一つ食べな。」

筆者が呂家に滞在するようになってから、この日が初めて呂家でトマトを見た日である。呂家を含め、Q村の各家庭の食卓には通常数皿が並ぶが、そのうち一皿は「小菜（*xiaocai*）」と呼ばれる野菜の炒めものである。このような野菜は市場で買ってくる場合もあるが、たいていは自家の野菜畑に植えられたものが食卓に登る。

後日、筆者は呂おばさんに次のように尋ねた（二〇一四年八月十五日）。

筆者：「野菜園にはトマト植えていないの？」
呂おばさん：「植えたけど、風が強い日に倒れて、今年は収穫できないね。」
呂おじさん：（小声で）「トマトはおいしくない。」
呂おばさん：「おいしいよ、私は好き。あんた（筆者）は好きかい？」

さて、右記のような文脈において呂おじさんが筆者に語った「このトマトは都会人が一番好きなものだ」という言葉だが、ここで検討したいのはこの語りの内容の真偽ではなく、このような語りの表現法である。ただし、この語りを規定する要因として、筆者が日本人（外国人）であったことには留意をしておきたい。筆者は村の生活文化を学びに来た博士課程の学生であり、また村の事情には明るくない新参者であったのであり、呂おじさんは筆者に様々な文化を教えるという意図のもと、右記の発話を行っている。さらに、ことば遣い自体も、筆者と呂おじさんの間で交わされたコミュニケーションであるという限定の上で考察しなければいけない。

だが、その時・その場所でしか語られうることの無いフレーズであったことを前提としながらも、筆者は、このフレーズを生んだ生活世界のロジックには、一定の傾向性が見いだせると考えている。このような奇妙な会話を経て以降も、筆者のフィールドノートには類似した情報ばかりがあふれていることに気付いたからである。

まずは、先の「トマト」の語りと似たような発話についていくつかあげておこう。以下の三つの例は、いずれも呂おじさんが筆者に語った言葉である。

（A）街で卵を買うと五角（〇・五元）だが、外でわが家の（ような良質の）卵を買おうとすると（一つ）一・五元だ［写真5-1］。都市では手に入らない。新鮮だ。（二〇一四年五月三日）

（B）（「焼水壺」［写真5-2］で水を沸かしながら）都市でこれを使うのは許されてない。大気を悪くするから。（二〇一四年五月十四日）

（C）金持ちが農村で家を買うのが一番いい。空気もいいし、夜も静かだ。（二〇一四年五月十五日）

あるいは、ある日の食事の時、見たことがない食べ物が食卓に並んでいた時、筆者が「これは何？」と尋ねる

写真 5-1　呂家で飼われている鶏（2014 年 3 月 13 日筆者撮影）

写真 5-2　焼水壺。高淳で広く使用される（2014 年 3 月 14 日筆者撮影）

と、呂おばさんが次のように教えてくれた。

（D）「苔菜（*taicai*）」だ。都会人はこれが好きだね。一斤で八元するよ。私たちはこれが好きじゃないけど。（これは）買ってきたやつじゃなくて、自分で植えたやつだよ。（二〇一五年二月十九日）

ここに挙げたのは呂夫妻の語りのみであるが、これらの話法には、Q村村民にも通底する話法がある。彼らもまた頻繁に、都市／農村の二分法を、そして価格への言及を口にするのである。以下では呂おじさんの「トマト語り」を手がかりに、このような語りの特徴について考えていく。

二　「トマト」への三つの切り口──「一番」、「都市」、カネ

1　「最（*zui*）」という強調

先述の「トマト語り」についてまず注目したいのは、「一番好きだ」という言う時の「最（*zui*）」（/ din /）という単語である。この強調語は中国語話者のあいだでひろく用いられる表現の一つであるが、これを語りの文脈から切り離すと、外国語に翻訳するのは難しい。「最（*zui*）」の字義は文字通り「最も」なのだが、その意味は必ずしも「一番」や「至上」（the best）であるとは限らない。

たとえば、「日本人最壊」（日本人が一番悪い）という表現がある。これは筆者が売店に赴き村民らと会話しているなかでしばしば出てくる表現であり、たとえばQ村の歴史語りの文脈において一九三七年に日本軍がQ村を通過した際にうけた殺人・放火の被害に話が及ぶ時にこのように表現される。一方で、その会話の主と、別の場

所で話がより具体的になったときには、「老人の間には日本人の中にも良い奴もいたと語る人がいる」と話が及び、「どの国にも良い人と悪い人がいるものだ」と語られることもある。さらにまた別の場面で、文化遺産の話題が出た時、筆者が日本の博物館の文物保護政策について尋ねられたので答えると、「日本人最聡明的」（日本人は一番賢い）という言葉が返されたこともあった。

重要なのは、それぞれの会話において用いられる「最（*zui*）」は、必ずしも「複数のなかにおける一番という序列」を含意している訳ではなく、強調のニュアンスがあるだけで、日本語にするならば「とても」ぐらいの意味だということである。(1) 先のトマト語りにおける「一番」（最）という表現も、強調のための一つのレトリックとして使われていたのである。

では、この強調語は、どのような情報を強調したものであったか。次に、「都会人」の意味について考えてみよう。

2　都市との関わり

Q村での日常生活において人々が村外に出る機会は少なくない。医療、教育、就労、買い物、民間信仰など様々な場面において人は都市へと出向く。ごく一例を挙げるならば、鶏肉や米、野菜などの自家生産品以外で食料品が必要となれば、徒歩十五分の距離にある「街上（まち）（*jieshang*）」に出向き、市場や街頭の出店で買う。高級な装飾品を買う場合は、街から出るバスで一時間ほど揺られ高淳「県城」に行く。病気の時には、「街」で薬を買ったり町医者に点滴を打ってもらうかもしれないが、入院の必要があれば高淳県城に行き、さらに病状が思わしくなければ南京に行くこともある。朝夕二度、子供を幼稚園や小学校に送り迎えするために、「街」に行く。もし子供にいい教育をうけさせたければ、彼／彼女を県城に住まわす。高淳には大学がないので、子供は進学に際し高淳を離れるし、もし成績が良ければ、外国留学の費用を準備する。また村民の中には、毎年旧暦八月八日には高淳区内最大の仏教山である遊子山に行く者もいるし、旧暦一月十五日には高淳区はワゴン車を手配し、十数名が連れ立って別の鎮にある廟に参拝に行く者もいる(2)。村民が筆者に対して口々に「一度行ってみると良い」と勧め、また時に「俺は行ったことがある」と自慢されたのは、中国四大仏教名山の一つに数えられる、安徽省の九華山であった。

このようなQ村から都市へと移動する諸実践の例をマクロな観点から捉えるならば、いずれも、これまでの都市―農村関係論から説明が可能である。第一章で述べた通り、W・スキナーは中国の社会構成には二つのヒエラルヒーが見られると指摘していた。官僚制行政位階体系と市場中心地の位階体系である［Skinner 1964: 43］。Q村も「南京市―高淳区―椏渓鎮―X行政村」という行政位階上の末端単位に位置するだけでなく、村外へと赴く移動はその生活上の必要に応じて、「街」（standard market town）、「県」、「市」というように、市場中心地の位階の上部へと移動するものであり、さらにそのような消費の対象は教育・医療にまで拡張されており、さらには民間信仰でも、名声に応じた巡礼地のランク分けが存在するかのようである。もしかすると、今日ではスキナーの古典的な区分にはさらに上部の単位として海外（教育や出稼ぎ）を加えることができるかもしれない。

しかし、このようなマクロな観点からの把握だけでは、現地の人々の語りのなかでの都市を捉えることはできないだろう。むしろ人々の発話の中の「都市」が示唆することとは、観念的なレベルにおいて言うならば、一歩たりとも村を離れなかったその日においても、農民の生活は都市との関係のなかにあるということではないだろうか。この点を説明するために、改めて上述の（A）、（B）、（C）、（D）の四つの語りを見てみよう。

3　二分法のなかの「都市」

上述の四つの語りには共通したレトリックが用いられている。それが、農村と都市の二分法であった。（A）および（C）では、都市部との対照において農村部が肯定的に語られていた。前者では良い卵／ふつうの卵の対比が農村／都市（街や都会）に重ね合わせられ、後者では、空気の状態や騒音面での良し／悪しが、農村／都市の対比で語られている。一方、（B）においては大気汚染への意識の高／低という論点において都市／農村が対比され、農村（民）は否定的に語られている。都市／農村の語りは、肯定的・否定的文脈の双方において用いられている。

一方、（D）の語りは「トマト」の語りと同じ構図を持つものであり、特定の食物を食べる機会の多／少が、（私たち）農村（民）／都市（民）という対比で語られている。このような日常生活のなかの何気ない話題において、人々は自己を農村に位置づけるとともに、都市とは異なる農村として定位している。すなわち、このような日常会話のなかでの「都市」とは、「参照概念」（referential concept）として用いられているのである。

一般的な「都市―農村」関係論ではこのような農民と「都市」との関係性を扱うことはできない。たとえば、スキナーによる二つの位階体系という視点は、位階（hierarchy）という概念に「上位」と「下位」という含意が込められているために不適切なものとなる。Q村村民の語りのなかでの「都市―農村」の二項間関係には上―下関係は含意されてはおらず、また価値判断としても良し／悪しは時に反転したものとなっていたからである。

また、言語実践のなかにおける参照概念として「都市」が機能すると捉えることで、筆者がQ村滞在中に出会ったその他の様々な語りにも、同様のロジックを見いだすことができる。たとえば、「都市では金がかかる」や「この料理は外で食べたら最低でも二十元は必要だ」などといった言葉の背後には、「都市」や「外」を参照項として対置される「我々農村」が垣間見える。さらに、次のような会話にも、参照項としての「都市」が存在する。

「あいつは無錫で出稼ぎして、一ヶ月で九千元稼いだ。すごく良い。」
「日本の給料はいくら?」

これらの発話のなかの給料とは、仕事内容に関しては具体性に乏しく一見すると理解し難いものではあるが、「無錫」や「日本」が参照概念として語られる点を理解するならば、Q村の日常会話としてはごく自然なものとなっている。このような会話を通じて、彼らは「外」の世界についての理解を深めると同時に、自己が住まう世界についての理解を深めることができているからである。

4　二分法のなかの過去と現在

実のところ、二分法のレトリックは、地理空間上の二項の対比のみならず、時間軸上の対比にも用いられる。ここ(here)とむこう(there)の対比のほかにも、「現在(*xianzai*)」(now)と「以前(*yiqian*)」(past)という対比が、Q村での日常会話には頻出するのである。次にあげるのは、呂おじさんが筆者に語った言葉である。

(E)昔は給料が一日三・五角だった。「七分工」〔通常量の七割の仕事〕なら二・一角だ。肉は一斤(五〇〇グラム)で七・三角。本当に肉は食べられなかった。今は毎日肉を食べている。昔は雑草を食べた。な、農村がどれだけ苦しかったか、わかるだろう?(二〇一四年六月十日)

(F)今は六十歳以上ならひと月二〇〇元の年金がもらえる。昔は六十元で、それから一〇〇元になり、今はもっと高くて二〇〇元になったんだ。(二〇一四年八月十八日)

このような語りの中では、「現在」と対置される参照項として「昔」（「以前（*yiqian*）」）が用いられている。人々は、同時代世界の「農村」と同時にかつて自らが経験した歴史時間の上に生きている。その経糸と緯糸それぞれにおいて二分法的な語りを用いて、自己の現在を座標軸に位置づけているのであり、また逆に、いま・ここを起点として対照的に映る「外」や「過去」を見つめているのである。

ここまでの議論から改めて「トマト」語りについて述べるならば、そこで語られたのは、「トマト」を比較基準として二分法的レトリックに基づいて語られた「都市（の人）」／「農村（の人）」の食習慣の差異である。また、本章の関心から注目すべきは、呂おじさん自身の観察の真偽（農村では都市に比してトマトが食べられることが少ないのかどうか）ではなく、ここで用いられた「都市」が自分たちの生活世界の外部を指す参照概念となっているという点である。その都市は行政上や市場システムの上位に位置する実体というよりは、おそらくは、Q村からの出稼ぎ先として選好されている南京や無錫、蘇州、北京、広東などといった諸都市部についての情報に基づき構成された鏡像である。

ただし、そのような外部の参照項は、単なる虚像として構築されている訳ではない。カネへの言及が、自己が位置する「いま・ここ」（now and here）を把握するための補助線となっているように思えるからである。

5 カネへの言及

右記の（A）～（F）の語りでは、しばしばカネへの言及がなされていた。勿論、（B）や（C）のように二分法のレトリックを使用した語りでもカネへの言及が無いこともあるし、会話のなかでカネへの言及をする際、必ずしも二分法が用いられるという訳でもない。重要なのは、カネへの言及が頻出するというのは、呂夫妻という個人の傾向性の問題ではなく、Q村において――ひいては中国各地で――ごく当たり前のものとなっているということである。

次に挙げる例は、Q村の売店でのやりとりである。


ある日の午後（二〇一四年三月十四日、午後二時四十五分）、筆者は村の売店に赴いたが、その日も数名がイスに坐ってお喋りをしていた。そこである女性が通りかかった。ちょうど、自分の娘のために街でベビーカーを買ってきたところであった。売店にいてそれを見た同年代の女性（同年齢の子供がいる）が、「どこで買った？　いくらだった？」と問う。その答えは「六十元」だった。


この例のように、ごく気軽な会話のなかで、そして周囲に様々な人がいるなかでもカネの話題はあけっぴろげになされている。かねてから指摘されていたように、「中国では一般に金銭についての詮索や噂話はタブーではない」［深尾・安富　二〇〇三：三五八］のである[3]。

ただし、このような観察をここで述べることの意図は、一部で流通するような「中国人の拝金主義」といった俗説を唱えたいからではない。重要となるのは、中国社会の生活文脈を踏まえながら、言語実践に広くみられるカネへの言及という傾向性の持つ意味合いについて考察することである。

「トマト」の語りにおけるカネへの言及は、まだQ村の物事をろくに知らぬ筆者に対して、呂おじさんが教えてくれたトマトの属性とも言うべきものであり、生活経験のなかで培ってきた相場観である。とくにそれは、ベビーカーの販売価格や都市部での稼ぎ、あるいは日本での生活など、未知の情報に接する際に多くなされるような問いかけでもあり、カネは、物事の理解の上で一つの補助線のような役割を担っている。カネという統一基準は、我／彼、いま／むかし、こちら／あちらといった差異を説明するための使い勝手の良い指標・尺度として用いられていたのである。

三　言語実践における二分法的境界

1　尺度としてのカネとその背景

本章ではここまで、呂おじさんが筆者に語ったトマトについての奇妙なフレーズを手がかりに、農民の語りのなかの「都市—農村関係」から、特徴的な言語実践としての二分法によるレトリック、そして頻繁なカネへの言及へと議論を展開してきた。そして、「トマト」のフレーズを解釈するために、参照概念として語られる「都市」と、参照項を把握するための一つの尺度としてカネが用いられているという二つの観点を提示した。

さて、ここでカネへの言及という言語実践を、現地の生活文脈からとらえ直してみたい。カネという尺度の使用は、単にレトリックであるのみならず、生活の上での必要性もあると思われるからである。たとえば、あるQ村の村民は次のように筆者に語っていた。

「もし定埠語の話せない者が行ったら、彼らは絶対、高く売る。」

ここで言う「定埠語」とはQ村一帯で話されている高淳方言のことであり、また「彼ら」とは、市場で食材を売る者のことを指した言葉である。すなわち、地元民でないと売り手に判断されれば、買い手は相場よりも高い値段で買うはめになるかもしれない、と述べられていたのである。これが全ての市場での売り買いに該当する指摘であるかどうかは定かではないが、このような認識が存在していることは間違いない。市場での商品の売買には値引き交渉がつきものであり、販売価格は固定されていないからである。

これと同様の状況は先行研究でも指摘されていた。中生勝美によれば、一九四九年以前の華北農村の市場では、品物の売り買いの際には、買い手が売り手の服の袖の中に手を入れ、指の形で値段交渉をしており、その場では値段を口にしてはいけなかったという［中生　一九九三：九八―九九］。すなわち、買い手と売り手それぞれの識別眼や販売・値引き交渉の力量によっても、商品の値段はそれぞれ異なるものだったのである。一つの推測としては、市場のような異質者が多く集う場所における言葉とモノのやりとりの必要性が、カネへの言及という言語実践を育んできた可能性が考えられる。(4)

相場を適切に把握しておくことは、日々の家計に直結するために重要である。これは当たり前のことではあるが、スーパーで陳列されている商品のようにそれぞれに値札がついていることの無いような世界において、重要性はさらに増す。たとえば、第三章で検討した「よそ者」である転売屋（販子（ブローカー））とQ村村民との間で行われる籾の取り引きのように、日々相場が変動していくような状況では、誰それがいくらで販売できたか、転売屋の提示額は昨日と今日でどれだけ異なるかといった情報を共有しておくことは、その年の稼ぎに直結する。また、このような場面における売り値の相場と目される価格の存在それ自体が、村民間でのカネへの言及が繰り返しなされていることを示すものでもある。

2　二分法に基づく境界と揺れ

「トマト」語りには、かれらの言語実践のもう一つの特徴として、二分法のレトリックが見いだせた。それは「都市／農村」への言及を一つの典型となすものであったが、このような二分法のレトリックは、現地の生活文脈のなかではどのように用いられているだろうか。

項目間の類似と相違を明らかにする「比較」［桑山 二〇〇六：三二七］とは異なり、二分法がもたらすものは対比であり、二つの項目の間には鮮明な境界線が引かれることになる。それは都市／農村や現在／過去といった対立だけでなく、人間の分類においても同様に使用される。たとえば「高淳人」／「安徽人」というような言い方がなされる時、そこには蔑視のニュアンスが込められており、実際に、高淳で「安徽人」が働く時には地元の人間よりも賃金も低くなるという状況もある。中国においては地理範疇がエスニシティ化する傾向があるという現象はかねてから指摘されているが［e.g. Honig 1992］、Q村や高淳でもこの指摘は概ね当てはまる。

しかし、このような対比の語りは、人々のあいだに固定的な境界線をもたらすものとなっている訳ではない。このことは、「中国人と日本人」の対比を例にとるとわかりやすいだろう（cf. 序章二節3項）。この対比は筆者がフィールドワークをするなかで最も多く出くわしたものの一つであるが、このような範疇間の境界は、場面ごとに顕在化し、また潜在化するからである。たとえば、呂おじさんと筆者と第三者が顔を合わせるような場面では、呂おじさんは筆者に向かい「日本人が一番悪い」と言って周囲の笑いを誘うこともあるが、これは——南京一帯そして高淳において「日本人」範疇が歴史的文脈のために否定的なカテゴリーとなっているにも拘わらず——その場では冗談として成立する。個々人間の「接続」の次元と、二分法がもたらす対立的範疇の存在は矛盾しない。

このことは、第三章で検討した「流し」の収穫屋らが呂家を訪れ夕食を囲む場面でも確認できる。高淳やQ村においても、江南一帯で広く流通するとされている蘇州北部／蘇州南部の二分法と後者による前者への蔑視が見られるものの、共に食卓を囲む時、そのような対立軸は顕在化していない。むしろ、「蘇州北部」の収穫屋を前に、呂おじさんは前者／後者の優劣を反転させるかたちで、「彼ら連雲港の者は聡明だ」と述べていたのである。さらに二分法的レトリックは境界をもたらすとは言え、それは範疇を固定化し分断する効用を持つものではない。さらにそのような境界は、個々の語りの強調点の違いに即して揺れ動くものであり、固定的な範疇に対応するものではない。呂おじさんが食後の場面では「彼らも農民だ」と共感を述べた時には、蘇州北部／蘇州南部の境界線は後景化し、農村／都市の対比が含意されていたからである。

二分法的レトリックは良し悪し、白黒をはっきりとさせるが、それは必ずしも二者択一的である訳ではなく、また語りの場面に応じてその是非は反転する。「白猫であれ黒猫であれ、鼠を捕るのが良い猫である」とは、鄧小平が改革開放政策を推進する際に述べた有名な諺であるが、Q村の日常会話においても、白猫と黒猫の併存は矛盾しないのである。

四　小結

本章では、フィールドワーク中に出くわした一風変わった「トマト」の語りを起点とし、日常会話においてなされる言語実践の特徴について検討してきた。

一つ目の問題が「都市」であった。人々の語りにおいて、都市は行政的位階体系・市場圏の位階体系のなかの「上位概念」であるだけでなく、一つの「参照概念」となっていることを指摘した。またこの参照項の理解においてはカネが一つの補助線の役割を担っていることを示唆した。

第二に、「カネへの言及」という言語実践である。これは中国社会の特徴の一つとしてしばしば指摘されてきたものであったが、Q村の生活の文脈においてこれを考察するならば、その言語実践の背景には現実的な必要性があった。すなわち、市場などでの売買は定価に拠らないため、相場の把握は価格交渉を首尾よく進める上で不可欠のものとなっていたのである。

最後に、二分法を使用したレトリックについて検討した。二分法はふつう対比・対立を含意するものであるものの、Q村での言語実践にそのような性格は見られない。二分法によって区画される自／他の境界線は、何についての話題でありどこに強調点があるか、誰との話題であるかという会話の場面ごとに揺れ動き、また諸範疇を固定化する形で輪郭化するものではなかった。

このような境界線の揺らぎは、語りや対面状況のみならず、家族・親族の領域においても確認できるものである。つづく第六章および第七章では、費孝通の述べる差序格局の概念を念頭に、このような境界の場面性について検討していこう。

注

（1）日本語の口頭表現で用いられる「最高！」という言葉を想起すればわかるように、「最も」良いのかどうかが問題なのではない。

（2）これは高淳で「晒霉」と呼ばれている活動であり、現地では各地から約十二万人が集まるほどであると紹介されている［江蘇遊子山国家森林公園管委会（編）二〇一四：一〇］。

（3）費孝通の古典的民族誌［Fei 1939］においても、モノの値段についての情報があふれていた。費孝通によれば、開弦弓村の農民は一年に必要なコメの総量を非常に緻密に把握しており、たとえば、一人の高齢女性と二人の成人、一人の児童という家族の場合は三十三ブッシェルの米である［Fei 1939: 125-126］。また市場で売り買いされる物資についても、飴は五元で塩は十二元である、といったように記載されている［Fei 1939: 137］。費孝通は晩年、自身の調査経験を振り返り、当時は人類学的調査を目的に開弦弓村を訪れた訳ではなかったが、「いつの間にか」、多くの経済生活に関する民族誌資料を収集することになったと述べていたが［費孝通　二〇一〇：三四―三五］、一九三六年に当時二十六歳であった費孝通はおそらく、村民らと何気なく会話をし、開弦弓村での生活について教わっていく際に、自然と様々な物資の価格の話題がでてきたものと思われる。

（4）この観点は、堀内正樹の「非境界的世界」論においても提示されているが［堀内　二〇一四：八二］、資料の制約上、これ以上踏み込むことができない。今後の課題としたい。

第6章

粽をつくる、粽を贈る

——端午節における儀礼食の贈与と「関係」

食文化研究では通常、食物を「儀礼食」と「日常食」の二種類に区分するが［朝倉　一九九五：五五］、この分類法に従うならば、Q村の粽（ちまき）は前者に属すると言える。また、中国では一般に端午節（旧暦五月五日）に粽が食べられるが、何彬はこれら特定の節句において食べられる食物を「節句食」と呼んでいる［何　二〇〇四：九―一〇］。また中国民俗学においても、粽は「応節食品（*yingjieshipin*）」（季節・祭日に合わせて食される食品）と位置づけられている［鐘敬文（編）　二〇〇八：三四九］。端午節の伝説とその解釈に関する研究はすでに膨大なものとなっており、粽の儀礼食としての来歴についても多くの文献に記載がみられる。

粽は日常的な生活場面においては通常見かけるものではなく、特定の日に食べられる「特徴のある」食べ物である。このような認識から、粽に焦点をあてるかたちでの研究が積み重ねられてきた。その一つが伝播論的な研究であり、たとえば、粽の中国から日本への伝播と日本各地の粽の種類について論じた研究や［中山　一九六四］、あるいは粽の習俗の分布状況についての研究がなされてきた［本間・石原　一九九五、一九九六、一九九七a、一九九七b］。さらに、照葉樹林地帯に位置する社会においてのみ「もち」に対する共通した嗜好が存在するとした照葉樹林文化圏論では、粽は赤飯とならびその分布状況が着目された。すなわち、粽が照葉樹林文化圏の存立状況を示す一つの指標とみなされたのである［佐々木高明　一九八七：六六―六七、一九九四：一九八―二〇〇］。このような伝播論的アプローチのほかにも、近年、中国の少数民族地帯においても、「漢族文化」を代表する粽の受容の過程に着目した人類学的研究が展開されてきている［楊紅梅　二〇一一：楊紅梅・楊経華　二〇一二］。

上述のような研究成果が多様な時間幅と地域における粽の姿を明らかにしてきたことは論を俟たない。だが、このような「粽研究」とも言うべき領域において、民族誌的な研究はそれほど多くはない。とくに、飲食にまつわる実践が社会関係を構築するという視点［cf. 櫻田ほか（編）二〇一七］にたつような研究は殆どなされてこなかったと言えるだろう。本章では、農村の社会生活の文脈における粽の姿、とくに「応節食品」あるいは「儀礼食」（ritual food）としてのそれを、Q村の事例をもとに検討する。これはいわば、従来までの多くの「粽研究」が粽それ自体に着目してきたこととは対照的に、粽から見える生活の状況を描き出そうという試みであると言える。

本章では以下、粽というモノを一つの媒介物として織りなされる様々な社会関係の交叉を、そのつながりが維持され、また途絶える局面に焦点化しつつ明らかにする。特に本章が注目するのが、粽という「儀礼食」をめぐる、女性の領分における社会関係のありようであり、農村社会の文脈において粽が有する意味合いである。

結論を先取りするならば、粽が、集団化（collectivization）時代における断絶や、現代の社会変化のさなかにあってもQ村において作られ続けてきたのは、「節句の雰囲気を親しき人と共に享受する」ところに核心的価値がおかれているからである。

一　高淳の「食文化」のなかの粽

まずは、高淳全域に関する食文化の状況について確認しておこう。序章でも触れたとおり、高淳は二〇〇〇年頃から蟹の一大産地として南京全域においてその名声を高めてきた。十月から十一月にかけては蟹の最盛期であり、高淳外部からの観光客も多い[1]。また高淳で多くの観光客が集まるのが、高淳県城の一角に位置する、明清時代の古い街並みを残した商店街「高淳老街」であるが、ここには、関帝廟や新四軍の旧司令部（呉氏宗祠跡）などといった観光スポットのほか、様々な地元の食品や土産物を扱った店舗があつまっている。そこで特産物として売られているのが、蟹や「蟹黄湯包」（蟹の黄身をつかった饅頭）、アヒルの脚の干物、そして各種の漬物（「腌菜」、「咸菜」）等である[2]。

このような意味において、粽は蟹やその他の「高淳の特産物」とは異なり、とくに「特色がある」食品として意識されている訳ではない。高淳に特有の粽の製作方法がある訳でもなく、また、端午節以外の特定の場面で粽を食するような習慣がある訳でもないからである。だが、逆にいえば、全中国的に見られるような食物だからこそ、かえって「高淳文化研究」の領域においては詳細な記録が残っていないとも言える。

ここで、高淳の端午節についての概況を確認しておこう。端午節の由来については様々な説が提唱されているものの、中国では通常、端午節は屈原を記念した日であるとして、ドラゴンボートレース（dragon boat festival）や粽を食べる習慣が説明される［王仁湘　二〇〇一：一一〇；cf. 張燕　二〇一二：一九九］。だが、高淳では、端午節は屈原を記念した日だとする認識の他に、さらに、春秋時代の伍子胥を記念した日だとする語りも存在してい

写真6-1　高淳固城鎮の伍子胥の塑像
（2013年10月3日筆者撮影）

る。一例として、二〇一五年の端午節の際、高淳の人で構成されたWeChat（中国を代表するSNSサービス）のグループ内で投稿された説明を見てみよう。

> もうすぐ端午節ですが、中には「端午節快楽！」（端午節おめでとう）と挨拶をする方がいます。ですが、これは間違っています！　皆さん、端午節は、お互いに祝辞を述べることができない日です。「端午安康」（端午節を健やかにお過ごしください）というべきです。端午節とは祭祀を行うための記念日だからです。この日、伍子胥は銭塘江に身を投げ、曹娥は父を救うために曹娥江に身を投げ、大文豪の屈原は目に涙して入水自殺をしたのです。（二〇一五年六月二十日に記載[3]）

この記事中で列挙されているのは伍子胥、曹娥、屈原であるが、もともと、旧暦五月五日の端午節については中国各地でその伝説は異なる。民俗学者の宋穎が指摘するように、屈原以外にも、後漢の曹娥や越王の勾践を記念する地域があり、また、「伍子胥の伝説は浙江一体で広く流通しており、今日においても、蘇州地区では端午節において記念すべき人物だとされている」［宋穎　二〇〇七：二三二］。高淳は蘇州と同じく呉語方言地帯であり、

写真 6-2　高淳東壩鎮でのドラゴンボートレース（2014 年 6 月 10 日筆者撮影）

その他の習俗にも類似性は見られるのだが、とくに高淳では伍子胥が胥河（高淳を東西に走る運河）を開拓したという伝承が存在している。(4) この伝説もあり、伍子胥は高淳では歴史上の人物のなかでも特に著名な人物となっており、博物館で解説パネルが設けられる他、塑像も建設されている［写真6-1］。

一方、端午節にあわせて行われる民俗行事の一つに、ドラゴンボートレース（「賽龍舟」）があるが、その活動は高淳の内部でも差異がある。(5) 高淳県志では、ドラゴンボートレースは高淳の東の地方は旧暦五月五日に、西の地方では旧暦六月六日に行われるとしているが［高淳県地方志編纂委員会（編）二〇一〇：一〇一五］、この他にも、東壩鎮東部（下壩地区）では毎年旧暦五月十三日に実施されている［写真6-2］。

この活動は、龍王を祀るためであるとか、関羽を祀るものであるとも言われているが、さらに、伍子胥の誕生日が旧暦五月十三日であるためだという語りもあり、一つの固定的言説が定まっている訳では

表6-1　高淳およびQ村の節句食

記念日	高淳の節句食	Q村の節句食
春節	「歓団」[9]、「米糕」（米のカステラ）、「団子」（白玉団子）	——
(旧) 4月8日	「烏飯」（黒色に染めたおこわ）	「烏飯」
端午	粽、雄黄酒（現存せず）、「十様紅」	粽
(旧) 6月6日	「包子」（饅頭）	——
中秋	月餅	月餅
重陽	「菱糕」（カステラの一種）	——
冬至	「団子」、「南瓜糯米飯」（かぼちゃ入りのもち米の飯）	「南瓜糯米飯」
(旧) 12月8日	「腊八粥」（七草粥に相当）	「腊八粥」

ない。あるインフォーマントによれば、かつては椏溪鎮南部（定埠地域）でも六月六日に胥河でドラゴンボートレースは行われていたとされる。いずれにせよ、高淳でのドラゴンボートレースは、端午節に限定されたものだとはいえないことは確かである[6]。

さて、中国では様々な「節日」（祭日）ごとに特定の食物が食されるが、どの日に何が食べられるのかについても、地域ごとに偏差がある。粽を食べるのがいつなのかを一年の文脈のなかで確認するため、表6-1では、地方文献［高淳地方志編纂委員会（編） 二〇一〇：一〇一一；陳后翔 二〇一四］に基づき、高淳の節句食について示すとともに、調査村Q村の現在の習俗について示した[7]。

高淳県志では、端午節には「朝に粽を食べ、昼には雄黄酒を飲み、またヒユや豚角煮、田鰻、塩漬けのアヒルの卵、河蝦などの「十様紅」［十種料理］を食べるが、現在、雄黄酒を飲むという習慣はすでに存在しない」と記載されている［高淳県地方志編纂委員会（編） 二〇一〇：一〇一五］[8]。この記載とは異なり、現在のQ村において確認できるのは、粽を食べるという習慣のみである。

では、なぜ端午節に粽を食べるのか。その理由として中国で一般に語られるところの屈原を祀るためだという説明は、近年の研究で示されているように俗説であり［張燕 二〇一二：一九九］、粽を食す習俗の起源自体は屈原とは何ら関係がない［王仁湘 二〇〇一：一一四］。端午節の本源を探るかたちでの議論としては、たとえば中山は邪気払いのために粽は供えられたのだと指摘している［中山一九六四：一二〇―一二一］。またたとえば、周星は、粽を包む葉（葦や竹、蓮の葉）とは補気と健脾（けんぴ）、食欲増進や消化補助の効能をもつ良薬であり、粽を食べるという習俗には「薬食同源」の原理が反映していると指摘している［周星　二〇一六：一二二］。

このような粽の象徴論的研究は有益な知見を提示してはいるものの、一方で、現代中国の生活文脈における粽の性格については十分に理解することはできないだろう。粽作りに関していえば、全中国的に「一番人々の心に残る伝説であり、庶民層に定着している粽の由来」である屈原を記念するという説明［何　二〇〇四：一八―一九］も、あるいは高淳では流通している伍子胥を記念するものだという説明も、筆者はQ村滞在時に聞く機会はなかった。むしろ、筆者が遭遇したのは、より個人的な、村の生活文脈に根ざすような粽であった。

次節では、呂家の粽の作り方、贈り方、食べ方の事例を通じて、粽が農村社会で持っている社会生活上の意味合いについて検討する。

二　村の暮らしと粽のやりとり

1　粽をつくる

二〇一五年、端午節の三日前（六月十七日）、端午節の準備のため、呂おばさんは午前中から粽づくりを始めていた。十一時頃に始まった昼食後の団欒のひと時、粽の製作工程を学ぼうと考えた筆者は、呂おばさんに「僕も作っていい？」と尋ねた。だが、呂おばさんは「不可以（ダメだ）！」と答えた。

この頃には、呂家での住み込みを始めてからすでに約十五ヶ月がたっていたが、これまで筆者が手伝ってきた家事や畑仕事の時、餃子や「米糕」（米粉のカステラ）、豚の腸詰を作った時には、このような禁止を受けたことはなく、戸惑いと同時に新鮮さも感じた。もしかするとジェンダー規範のようなものが存在していたのかと考え、さらに続けて、「何か規則があるの？」と尋ねると、呂おばさんは「決まりじゃないよ」、「これは我慢強く作らなきゃいけないから、ふつう男はできないんだよ」と答えた。結局、十二時頃に呂おばさんが粽づくりを始めた時、筆者も粽を作らせてもらったのだが、ほどなくして、この時の呂おばさんの言葉の含意を知ることになる。

この日、呂おばさんは家の「大庁（きゃくま）」で一人で粽をつくっていた。小さめのイスに坐り、大きめのイスをテーブルがわりにして、一つあたり、四～五分で粽を作り上げていく。粽を包む葉は、「箬葉（クマザサ）」（Indocalamus Leaf）であり、村の溜池に生えているものをとってきたものである。都市部で作られ販売されている粽のように「味精（あじのもと）（*weijing*）」を加えることはないが、もち米にはピーナッツをまぜた。この日作られたのは、粽の中心に自家製の塩漬け肉を加えたものと、何もいれないものの二種類で、その作り方の手順は、写真6-3の通りである。

呂おばさんが粽をつくる様子をビデオカメラで録画しながら、筆者も見よう見まねで作ってみるが、出来映えは呂おばさんが作るものとは比較にならないほど不格好なものしかできなかった。呂おばさんは言う。「畑仕事は簡単でしょ、少しやればできるようになる。でもこれ（粽づくり）はそうはいかないでしょう」。先ほどの「男はできない」という言葉の意味を筆者も体感したように思われた。だが、実はこの言葉の背後には、もう一つ、別の物語も存在した。

筆者が呂おばさんとお喋りをしながら粽づくりと格闘している最中、呂おばさんは、「私は四角形の粽は作れないんだ。作り方を覚えることがなかったから」、「あれは綺麗なんだよ」と述べた。そして、これに続

①二枚重ねた葉の先端を内側に丸め、円錐状にする。その形を保つように親指で押さえながら、中に米を詰める。

②葉の逆端を、米を詰めた部分に蓋をするように手前に折り返す。

③さらにその葉を円錐の側面に沿わせながら、右側に持ってくる。

④持ってきた葉と垂直になるように、新しくもう一枚、葉を差し込む。

⑤新たに葉を差し込んだ部分が底になるように、ちまきを立て、親指を抜く。

⑥親指を抜いた部分からさらに米を詰め込む。

⑦新たに追加した葉を、米の詰め込み部分に蓋をするように手前に折り曲げる。

⑧残りの部分は形に沿うようにして巻きつけていく。

⑨最後にひもで縛る。

写真 6-3　粽の作成手順（2015 年 6 月 17 日筆者撮影）

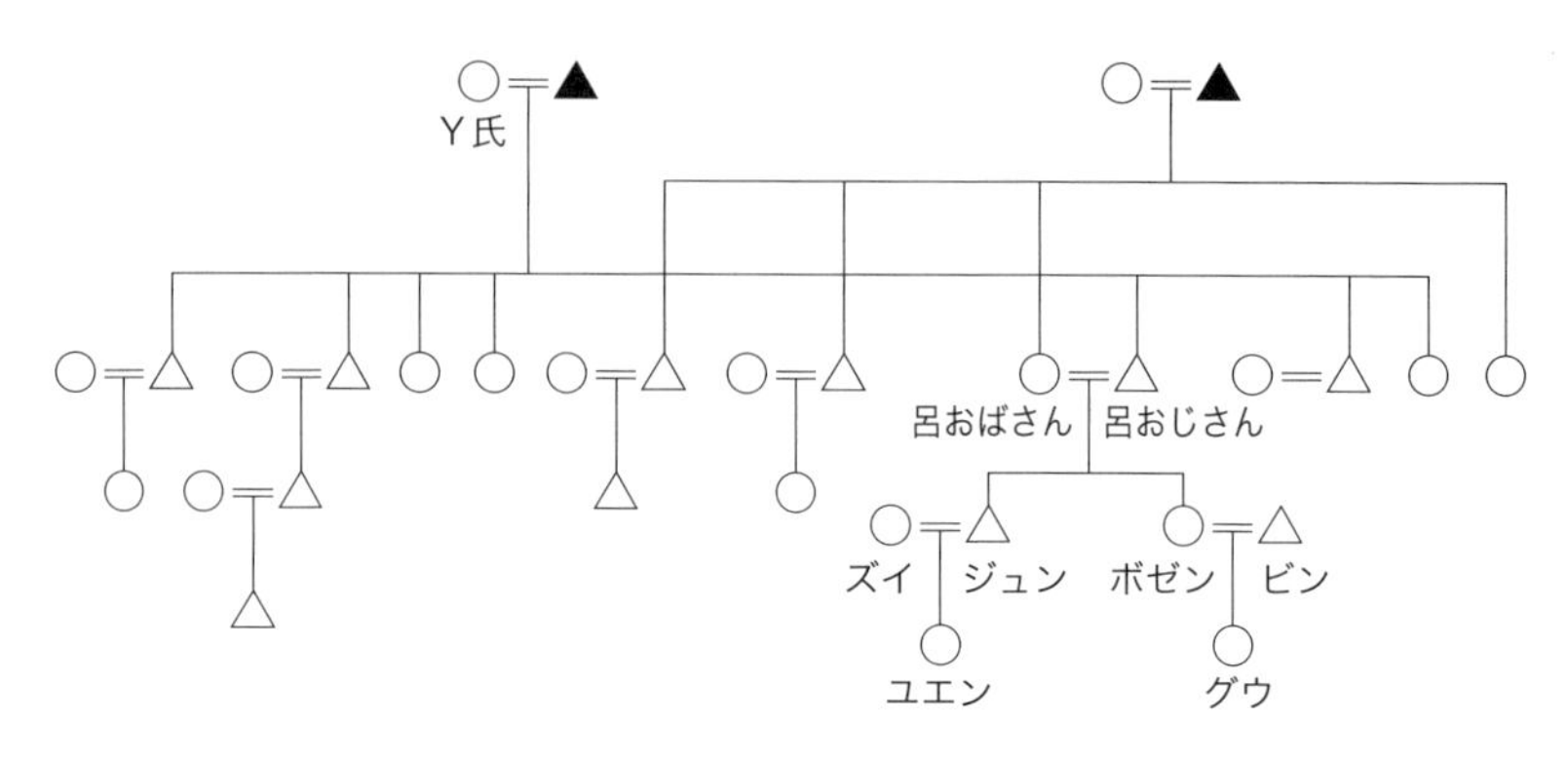

図6-1　2015年当時の呂家の親族図（＊女性成員の子孫については省略してある）

けて語られた話は、それまでの滞在中には聞いたことの無い話だった。

「分家（*fenjia*）の後、「婆婆(しゅうとめ)」は私に粽を作ってくれなかった。あの時は（手作業で）田植えをしていたでしょ、農作業で本当に忙しかったのに、あの時に（姑は）作ってくれなかったんだ。」、「くれないというのは、あんたたちは食べれないでしょ、ってこと。あの人（姑）はこうやって考えるんだ。あの人は仕事を嫌がって、働きものではなかったんだ。私のお母さんとは大違い、そうでしょ？」

ここで呂おばさんが筆者に初めて語ったのは、呂おばさんと呂おじさんの母Y氏との関係性についての昔話であり、いわば嫁―姑関係の軋轢の物語である。

呂おじさんと呂おばさんは一九七八年に結婚した後も、呂おじさんの父の家に四兄弟が同居していたが［図6-1］、一九八四年、呂おばさんが三十歳で、娘が六歳、息子が四歳だった折に、「分家（*fenjia*）」[10]することになった。当時、呂おばさんは自分では粽を作ることができず、また教わったことも無かった。そのため、Y氏が作ってくれなければ、四人家族が粽を食べられないという事態になる。呂おばさんの理解では、粽をつくることもでき、また農作業等をおこなっていなかったY氏は、意図的に意地悪をしたのであった。当時、呂おばさんの母も仕事をしており、また粽をつくることはできなかったので、呂おばさんは誰に習うでもなく、自分で作り方を覚えた。「それから、一日で二十個の粽を作って、それで作れるようになったんだよ」。

二〇一五年当時、Y氏は体調を崩しており、次男である呂おじさんと、同じくQ村に住んでいる三男、四男宅を十日ごとに移動していた。これは輪番制の養老の義務であり[11]、このため、呂おばさんもY氏が宿泊に来ている期間にはY氏にご飯を用意し、またよく気遣ってもいた。表面上、規範的な親族関係に基づく人付き合いを潤滑に取り結んではいたが、心に止めておいた言葉に、筆者はその日まで明確に気づけずにいた。また後日には、呂おばさんははっきりとY氏に対する不満を筆者に語ったこともあった。まだ「分家」する以前、呂おばさんは娘の出産後には、夫の農業を手伝う他、自分で魚をとるための網を作り街に売り歩きにいっていた。それは、農作業で得た金もすべて家のものとなり、Y氏が「少しもお金をくれなかった」からだという。春節の時すらろくにお金を与えてはくれなかったので、「分家しなければ、一銭もない」という状況だったという。

これは呂おばさんが語った物語であり、もしかするとヨメの視点からみたごく個人的なものかもしれない。ただここで注目したいのは、このライフストーリーの中で関係の軋轢を象徴する端的な根拠として挙げられたのが、粽をめぐる関係性であったということである。粽づくりは難易度が高く、容易には用意できない。Y氏が粽をあげない（「作ってあげない」）という選択をしたことは、「自分の家族」と「息子と嫁」（姑と呂おばさん）との間にはっきりとした線引きをする行為なのだった。また同時に、粽は、自らの技術も未熟で、かつて粽づくりをきちんと学ぶ機会もなかったこと、そして、若い頃に姑との関係で苦労した記憶を喚起するモノでもあったのである。

2　粽の贈与と相互扶助

粽の製作には手間がかかり、作るための技術の難度も高い。それゆえ、Q村でも全ての家庭で粽を自ら作るとは限らない。それでも、多くの人は端午節の頃には、粽にありつけることができているようだ。それは、誰かが粽を贈ってくれるからである。

たとえば、呂おばさんの場合だと、二〇一四年までは数多くの粽をつくり、親戚や友人に渡していた。それは、呂おばさんの言葉を借りれば、「大舅と小舅の家に三、四個、私の妹の家に十個、私のお母さんに三、四個、ご近所さんに三、四個、あわせて二十数個あげた」という状況であった。またこれとは別に、「工場の人たち」にも粽を渡していた。Q村のそばには一つの「工場」[12]があり、その（端午節にも実家には帰らない）彼ら出稼ぎ労働者にも「三十個あげたし、タマゴ（鶏蛋[13]）もあげたんだよ」。これに自分の家族の分を合わせると、七十個以上もの粽を呂おばさんは作っていたのである。

このような大量の粽は、呂おばさん一人だけで作っていたわけではなかった。二〇一四年の端午節の三日前（五月三十日）、呂おじさん宅にはQ村村内で最も仲の良い友人の一人であるSおばさんと呂おじさんの兄の妻がやってきて、朝の七時から午前中いっぱいをかけて、粽づくりを行っていた。そして端午節前日（六月一日）、昼食も終わった後、赤いビニール袋にいれた粽が、人々の手に渡されたのである。なおこの時、呂おじさんの手により、呂おじさんのイトコの一人と母Y氏にも渡されていた。だが一方で、粽作りを手伝いに来た二人には、粽は渡されていない。呂おばさん曰く、「（あの人たちは）『関係』がいい人たちで、必要なときに来て手伝ってもらうんだ」。もし相手が「帮忙（てつだい）（*bangmang*）」が必要な時には、同様に自分も手伝いに行くのだという。

これは、費孝通の調査地として著名な蘇州の開弦弓村の状況と似ている。一九九六年に開弦弓村を調査した常向群［二〇〇九］によれば、開弦弓村では端午節の時のほか、たとえば家を建てたり、清明節の墓参りの時など、粽は頻繁に登場するものだという。「このような場面では大量の粽が必要になるので、自然と、手伝いのための人手が必要となる」〔常向群　二〇〇九：八〇〕。また常向群によれば、各家庭は、自分の家の者や親戚、近所の人、同じ村の同じ「組」（農民小組）の者、あるいは友人などから構成されるような「相対的に固定的な互助グループ」を有しているが、このような労働面での互助グループは、贈与を伴う関係性の上に成立している。たとえば、村民が他人を手厚くものなすのは、それは彼らにとっての関係強化のための一種の投資であり、労働面でのサポートの手配も、そのような贈与的なつきあいのなかでの投資の自然な結果なのだという〔常向群　二〇〇九：一八〇―一八二〕。Q村では粽をつくる機会は開弦弓村と比べると頻繁なものだとは言えないものの、粽作りにはやはり「一定の技術および人手が必要」〔常向群　二〇〇九：八〇〕であり、それゆえ、常向群がいうような「相互扶助」の光景がQ村でも見られる。

さて、以上の呂おばさんによる二〇一四年の粽の贈与の事例を見ると、粽には、二種類の関係性がみてとれる。一つは、粽をつくるための人間関係であり、もう一つは、粽という食物を贈る関係性である。前者は、気軽に手伝いを頼むことのできるような関係性である。それは、最も近しい友人であり、また自分の夫の父系親族であった。ここには、相互扶助的な信頼関係があると言え、呂おばさんのいう「『関係』が良い人」とは常向群の言う「相対的に固定された互助グループ」だと理解できる。一方、後者においては、「親しさ」の度合いに応じて粽というモノが移動するのだが、ここでの「関係」には、やや注意が必要である。粽はY氏には渡されているが、夫方親族には渡してないことから、父系的規範に則った規則ではない。一方、主に妻方の親族に粽を渡していることから、妻自身の血縁者に渡しているといえるが、「相互扶助」を頼めるような同村内の最も親しい友人には渡していない。だが他方では、近所の者や「工場の人たち」には与えていた。手伝いをお願いできる親しさと、粽を贈り合う親しさの間には、線引きがなされている。

ここで、中国語の「関係好（*guanxihao*）」つまり「関係がいい」という言葉の奥行きを考えなければいけない。親族の中でも贈る人と贈らない人がおり、ある友人には贈り、ある友人には——労働を頼むことができる最良の友人にも——贈っていない。その線引きの決定要因となっているのが、おそらくは「可怜（かわいそう）（*kelian*）」という言葉であり、それを最もよく示すのが、「工場の人たち」への贈与である。実のところ、呂おじさんと「工場」の管理者とは良好な「関係」があり、呂おじさんは、自分が飼っている鶏とアヒルの餌とするために、「工場」の食堂ででた残飯を貰っていた。そのような関係性の基盤に加え、工場で働く出稼ぎの者たちは端午節に故郷に帰ることはできないという背景を考慮して、呂おばさんは、「工場」の管理者に三十個もの粽を贈っていたのであった。同様に、Y氏もまた高齢であり、また呂おじさんのイトコも、妻が死去し、また息子も孫も他所におり端午節当日には一人で過ごさなければいけないという事情が存在していた。すなわち、自ら粽を作ることはできない者らの具体的な顔を想定して、粽は贈られていたのである。

一方で、個々人それぞれを思い浮かべて贈られていた二〇一四年の端午節に対し、二〇一五年には自分の兄弟姉妹への贈与は無くなり、自分の母に対して、十個程度の粽を送っていたのみであった。呂おばさんは、先述した粽作りの過程では次のようにも述べていた。

「今年は皆にはあげないことにしたんだ、疲れちゃうから。作るのは大変だし。」

「『小舅家』〔呂おばさんの下の弟の家〕には、皮〔粽を包む葉〕をあげた。自分たちで作るか、誰か人にお願いして、ってね。」

実は、呂おばさんは二〇一五年の春節の頃に体調を崩し、一度入院もしていた。そのため、二〇一五年の端午節ではあまり多くを作らず、自分一人で、自分の家族に必要な分だけをつくることにしていたのである。

以上のような「粽を贈る関係」の変化に見えるのは、費孝通［一九九一（一九四八）］のいう「差序格局」と同様に、呂おばさんを起点として広がる同心円的な関係性である。最も近しい人間には、自分の家族がおり、そして、その次に自分の母がいた。その一層外側にいるのが、自身の兄弟姉妹だったのである。

このような粽の贈与の選択の柔軟性は、端午節における規範的贈与と比べると一層際立つだろう。端午節においては、Q村では規範があり、既婚男性は妻の生家に贈り物をしなければならず、またその際には、妻の父母のみならず、妻の父の兄弟にも贈り物をしなければいけない。呂おじさんは言う。


「お前のお姉さん〔呂おじさんの娘〕は〔今回の端午節では〕俺にたばこをくれた。」

「あいつは、（旧暦）五月五日（端午節）、八月十五日（中秋節）、一月一日（春節）に贈り物をしなきゃいけないから、一年では三千元は必要だ。な、けっこうな金がかかるんだ。」


呂おじさんの娘ボゼンは、自分たち夫婦の家の代表として、あるいは「夫の代理」としてたばこなどの贈り物をしていた。このような記念日の贈り物のやりとりは「礼儀だ」と語られているが、同時に欠かせない行為だと見なされており、親族関係に対応した社会規範となっている[14]。呂おじさん自身も、妻の母に対して贈り物と挨拶をしなければいけないという理念を順守していた訳である。豚肉やアヒル、そしてたばこや「牛乳」などの贈り物[15]は、父系的親族関係に沿って移動する。それに対し、粽の移動は、個人を起点として広がる同心円的な関係の遠近と、具体的な顔の見える関係性とが折り重なるかたちで発生し、かつその範囲も伸縮しうるものだったのである。

3　粽を食べ、「遊ぶ」

端午節の際、家の門や窓に「ヨモギを挿す」［写真6-4、6-5］ことを除けば、Q村で何か特別な儀礼が行われる訳ではない。村民も端午節は伍子胥の誕生日だと語ることはあるが、粽と関連付けて語られている訳ではなく、端午節には粽を用意するものだという慣習に則って用意されているだけである。まさにワトソン［Watson 1988］の指摘のごとく、Q村の端午節では、儀礼的な観念（orthodoxy）よりも、その正確な履行（orthopraxy）が重視されていると言える。

端午節当日には、先述の『高淳県志』の記載同様、Q村の人々は朝ごはんに粽を食べる。竃で蒸した粽には、箸を突き刺して、砂糖をまぶす。これが朝ごはん代わりとなる(16)［写真6-6］。呂おじさんは、筆者に「卵も粽も、二個たべなさい。二個ずつ食べるのが一番いいんだ」と声をかける。呂おばさんによれば、かつては「端午節の時、私たちは粽と卵と緑豆糕〔緑豆を使ったお菓子〕を食べていた」。現在も煮卵は食べるが、今では多くの人が「あまり好きじゃないから」緑豆糕は食べなくなったという。また、中国で全国的に見られる「雄黄酒」を飲むという習慣［万建中・周耀明　二〇〇四：一二二―一二三］もQ村では見られない(17)。

呂家の場合、端午の昼は、呂おばさんの母も暮らしている、呂おばさんの上の弟の家にてご飯をたべた。テーブルの上には多くの料理が並び、また餃子も並んだ。二〇一五年の共食（commensality）の範囲は、呂夫妻とズイとユエン、および、呂おばさんの上の弟とその娘、呂おばさんの下の弟とその妻と息子、呂おばさんの母、および筆者であった(18)。なおこの時、粽は食べられることはない。夕食も同様に共食をするが、その時も粽は食べない。

このように、粽は端午節の食事においては朝ご飯の時のみ食べられており、他の世帯と食事を共にする際には出されるものではないし、またその場に持ち寄ったりするものでもない。粽は各世帯内で食べられている。ただ

写真 6-4　門に挿したヨモギ（2015 年 6 月 20 日筆者撮影）

写真 6-5　窓に挿したヨモギ（2015 年 6 月 20 日筆者撮影）

写真 6-6　端午節の朝食（2015 年 6 月 20 日筆者撮影）

写真 6-7　端午節前日に粽を食べる（2015 年 6 月 19 日筆者撮影）

し、一点留意しておく必要があるのは、端午節当日にのみ、粽を食べるわけではないということである。実のところ、端午節の一日~二日前に、粽は食べられるのである。

二〇一五年の端午節前日、その日の気温はやや高く、呂家では夕食は屋外の庭で食べようということになった。テーブルとイスが並べられ、料理が運びだされる［写真6-7］。呂おばさんが自室にいた筆者に「ご飯だよ」と声をかけたので、筆者も庭に行き席についた。

そこで呂おばさんは筆者に粽を渡し、次のように声をかけてくれた。

「你吃！ 玩玩哦！」（直訳は、「食べてごらん！ ちょっと遊んでね！」の意）

このように、Q村では粽を食べるタイミングの規定はやや緩やかなものである。また人によっては、端午節にさえ粽を食べない。例えば二〇一五年の端午節の朝食で、粽はたくさん家にあったにも拘らず、呂家の嫁のズイは街で購入してきた「油条（あげパン）（*youtiao*）」を食べ、粽は食べなかった。このように、端午節において粽を食べるという習慣には、食べなければいけないという規則がある訳でもない。

では、なぜ粽は作られ続けているのか。呂おばさんは体調を理由に、粽の製作の数を減らし、それでも自らの家で食べるために、粽をつくることは止めず、また自分の母にも粽を渡していた。この問いを解く手がかりとなるのが、粽を食べなさいと呂おばさんが筆者に勧めるときに述べていた、日本語にはうまく馴染まない「玩玩哦！」（遊んでね）という言葉であるように思われる。

第四章で述べた通り、Q村では、「玩玩」（遊ぶ）という言葉が、「白相 / baʔ ɕiaŋ/」という方言で表現される。この言葉で形容されるのは、同じ村のなかの友人や親戚の家を訪ね少しの間世間話をしたり、あるいは、トランプや麻雀をやっている人だかりのもとへ行き、それを見物したりといった行為である。すなわち、この言葉が実際に使われる際には、親しき人と共にいること、あるいは集うことそれ自体が形容されている。

ふだんご飯を食べるとき、あるいは朝にお粥を食べるときに「白相 /baʔ ciaŋ/」とは言わない。この言葉が使われうるのは、たとえばお茶や「瓜子（*guazi*）」（スイカの種）を食べながら人とともに時間を共有したような時である。このような含みを踏まえるならば、粽を手渡すこととは、端午節という特別な時間を親しき人たるあなた（被贈与者）とともに迎えるのだという表明となっていることが理解できる。端午節とは、他の国定休日と同様に、ふだんは出稼ぎのために村を離れた村民たちも帰省し、村内が活気に満ちる、親密な関係性を再確認する喜ばしい日である。粽の製作と贈与には、中国語でいうところの「応節気（*yingjieqi*）」、つまり端午節の雰囲気を共に享受しようという、親しき人と共に時間を過ごそうという素朴な動機があると言えるだろう。

日本の民俗学において、民間の節句とは、一年の三〇〇日以上の単調な暮らしとは対照的な、子供が指折り待ち、また親は前々から何かと用意をして、隣近所や親族らと和やかにその一日を送ろうとしたものだったとされてきた［湯川　二〇〇三：一七―一八］。Q村の端午節もまた、この日にあわせて用意された非日常的な粽を食べる喜びとともに、一年の大部分を留守にしている親族らとともに和やかな雰囲気を共有するという楽しみがあった。またそれゆえに、「工場の人たち」のように「可哀そう」な人にはできる限り粽を贈り、喜ばしき端午節の活気を共有しようとしていたのである。粽は、そのような感情や思いを表現するような「節句食」であったのであり、屈原や伍子胥を記念するために用意されていた訳ではないのである。

なお、十七世紀の江南社会について研究した銭杭と承載は、呉語方言地帯では端午節は「人々がそれぞれ宴会を催す」ことから「白相節」とも言われていたと示唆に富む指摘をしている［銭杭・承載　一九九六：二六六］。今日のQ村ではこの表現はなされていないとはいえ、Q村の人々もまた、端午節を「白相 /baʔ ciaŋ/」していた。

そして、そのために使用されるのが、粽という贈り物だったのである。

三 「関係」と粽

1 同時代の端午節

『文化批判としての人類学』[Marcus and Fischer 1999] 以来、人類学では、ある地域を固定的・静態的に捉えるべきではなく、その地域を越えた社会単位とのインタラクションを認識することの重要性が広く共有されてきた。ここまで記述してきたQ村の端午節も、同時代世界のなかにあり、孤立した世界ではない。ここでは、国家政策、歴史的経緯、および時代と味覚の変化といった外部世界からの影響を視野に、粽の持続性について再検討してみよう。

まずは、国家政策と端午節の関係である。周星によれば、中国で端午節が伝統的な記念日だと重視されるようになったのは、韓国が二〇〇五年に「江陵端午祭」を世界遺産として申請し登録に成功したことに刺激をうけたためであるという[19][周星 二〇一六：一〇二]。実際に、中国国内における端午節に関する言説には「愛国主義」的な様相を呈したものもみられるが[20]、このような端午節の政治化が起こっている大きな理由の一つが、政府が押し進める「伝統」を通した「社会主義国家の統合」という目論見である。

中国の伝統的記念日には中華民族の民族精神と民族的情感が込められており、また、中華民族の文化的血脈と思想の真髄を有している。これは国家統一、民族団結、そして社会調和を維持するための重要な精神的紐帯であるとともに、社会主義的先進文化を建立する上での貴重な資源である。[光明日報 二〇一二]

このような国家政策の一例だと言えるのが、二〇〇八年に始まる端午節である旧暦五月五日の法定休日化である。二〇〇七年十二月にこの決定は公布されたが［人民日報　二〇〇七］、実はこの決定以前に、一部の学者間では「民族文化」としての伝統記念日の社会政策上の役割についての議論が交わされていた。たとえば、中国で著名な民俗学者の高丙中は、次のように強調する。「清明節、端午節、中秋節、重陽節を休日とすることは、一方ではこれらの漠然とした日をより消費を促進する日にすることができ、他方では中華民族の重要な価値観を生活のなかで自然と伝承していくためのより良い機会とするという利点がある」［高丙中　二〇〇六：九］。さらに、「民族のアイデンティティとなる文化を築き上げ、豊富なものとし、発展させることは、国家機構と公的な知識人が責任をもち果たすべき使命であり、伝統記念日の民俗の復興と発展を押し進めることは、まさにこのような我々の使命の一部をなすものである」［高丙中　二〇〇六：一一］。この他にも、端午節を含む「四大記念日はその活動形態は千差万別であり、民衆もそれぞれの地域のやり方で行っているものの、その民俗活動の主な内容においては統一性を保持しているのであり、このことが、中華民族の伝統的記念日の上において高度な民族的アイデンティティを保持することを可能ならしめているのである」［王崟屾　二〇一〇：一七〇］などといった、政治性を帯びた学術的言説がなされていた［e.g.高丙中　二〇〇七、二〇〇九］。このように、端午節が国定休日となったことの背後には、国家と学者らによる伝統文化の称揚と正当性の付与という言説運動が存在していたのである。

ここではこのような政治的言説と民間レベルでの端午節に対する態度の関係については確認をすることはできない。ただし、このようなマクロレベルでの言説が、Q村の生活世界にも影響を及ぼしていたことは疑いがないことである。法定休日化により「端午節に帰省する」ことが可能になったことは、Q村の端午節をより活気づかせることに寄与するものであったからである。

また、新中国成立から文革期へとつづく一連の歴史的経緯も、Q村の端午節に大きな影響を与えたものである。

とりわけ、この時期に「封建的迷信」への批判がなされたことは、今日のQ村にも大きな影響をもたらしている。かつては、端午節当日の十二時（即ち、「五月五日正午時」）には、「動物たちの鳴き声がぴたりと止まる」という民間伝承――これは高淳一帯に存在している伝承である［濮陽康京 二〇一五：一九六］――が存在していたという。しかし調査中、これを呂おじさんが筆者に教えてくれた時には、「これはウソだけど」と前置きをいれており、また「これは旧社会の時の迷信だ」とも断言していた。

また「集団化の時代」、食糧不足が深刻であり、呂おじさんは餓えのために「雑草を食べていた」という。この間、当然のごとく、粽づくりも断絶していた。粽の復活の時期や経緯については筆者の聞き取り調査によっても詳細はわからなかった。しかし、呂おばさんによれば、「大躍進」後の一九六二年～六三年頃には、徐々に粽を食べる習慣は回復してきたという。さらに、生活が徐々に安定をとり戻していた一九八四年には、「分家（*fenjia*）」後の粽を用意できないという出来事は、かえって社会関係上の矛盾として記憶されている（本章二節1項）。粽を用意することは、強力な持続性を持つものであった。

最後に、「マクドナルド化」に代表される、食のグローバリゼーションとその影響について検討しておきたい。高淳にはマクドナルドはないとはいえ、ケンタッキー（Kentucky）は人気を博しており、また二〇一五年には、高淳県城にピザハット（Pizzahut）やスターバックス（Starbucks）も出店した。これらは、新たな社交の場の出現と味覚の世代差を端的に示すものであり、これらの西洋型の外食チェーン店においては、閻雲翔［Yan 1997］の言う「子供たちの天国」と同様の誕生日会が催されている。また、「東アジア式の集まり」［Watson(ed.) 1997］も見られ、これらの店では、若い世代の人々が店内で長時間にわたりトランプで遊んでいる光景を見ることもできる。

筆者が滞在していた間にかぎっても、Q村には一つの小さな流行が起こった。たとえば、子供たちに「ピザってどんな食べ物なの?」と聞かれたり、あるいは、親が県城に何かの用事で行くと聞けた子供が、「私も行く！ケンタッキーを食べたい！」と騒ぐというような光景が見られるようになった。「俺たちの世代はああゆうもの(ケンタッキーなど)は食べない」と呂おじさんが言うように、味覚の変化を一概に論じることはできないのは当然のことながら、高淳レベルでの食をとりまく環境の変化が農村生活にも影響を及ぼし、食をめぐる価値観に、従来までのハレとケの評価軸に加え、西洋/中国という新たな評価軸を設けていることは間違いない。呂家の嫁のズイのように粽を好まない者がいることは(本章二節3項)、世代交代とともに味覚の好みの変遷を示唆するのかもしれない。

ただし、事例で示してきたように、粽を食べることは単に味覚の問題ではない。ここで再度、粽の「儀礼食」としての性格について考えてみたい。

2 粽の親密性

儀礼と食の研究について整理したミンツとデュボイスは、「儀礼のなかの食物(ritual meals)はその参加者間の関係を再確認/変換させる(reaffirm or transform)」ことがあり、それは、「もし儀礼の参加者の間においてその食物の意味についての共通理解がない場合でも、起こる場合がある」と指摘している[Mintz and Du Bois 2002: 107-109]。Q村の端午節では儀礼がある訳ではないが、Q村でも粽についての意味(たとえば屈原や伍子胥についての伝説)が意識されずとも、それは相互扶助関係の再確認の機会となり(本章二節2項)、また、「分家」における嫁―姑関係、父/子の関係性を変容させていた(本章二節1項)。

またミンツとデュボイスは、「食に関する儀礼には、時に象徴的な意味が見られないこともある」と指摘している[Mintz and Du Bois 2002: 107-109]。このことは、ウエディング・ケーキの象徴性について考えてみればよくわかるだろう。砂糖がまだ希少品であった時代においては、ウエディング・ケーキはもしかすると繁栄や幸福といった意味を表象＝代表（representation）するものであったかもしれない。同様に、今日のQ村においても、粽の象徴的魅力は、若い世代にとっては、舶来品としてのハンバーガーに劣るかもしれない。だが、粽の持続を考える上で重要なのは、味覚でも象徴的価値でもなく、粽に固有の社会的価値である。粽も、象徴的な意味あいは曖昧な「節句食」である。そして、それにも拘わらず、特定の日において、食べられるものであり、贈られるものである。

端午節には儀礼食、つまり粽を用意するものだという慣習とその正確な履行（orthopraxy）の持つ儀礼的意味をさらに理解するためには、日本のバレンタインを想定してみると良いかもしれない。山田晴通によれば、日本のバレンタインの特色とは、（a）贈答品としてはチョコレートに焦点が当たり、（b）女性から男性への一方通行的贈答がなされ、（c）（女性から）愛情（好意）の表明ができる（唯一の）機会と認識されることである［山田二〇〇七：四八］。またバレンタインにおいては、通常、チョコを贈るという儀礼的手続き、及びその意味付け（好意や感謝）が重要なのであり、甘いお菓子を食べること自体はさほど重要な事ではない。「バレンタインデーのチョコレートの価値は、贈答のプロセスの中で形成され、そのプロセスから切り離されては存在しない」［小笠原　一九九八：一一二］。

これと同様に、粽もまた、端午節にあわせて作り、それを分けること、そしてそこに込められた親密性という意味付けこそが、どのように食べるのかよりも重要なものであった。本章でみてきた事例のように、粽を食べること自体は重視されていなかったが、粽を用意できていないことが人間関係の軋轢となったことは、この点を端的に示すものである。

また、粽というモノの移動を、利害関係構築のための手段だと見なす目的論的な視座――たとえば、「投資」

［常向群　二〇〇九］と見たり、地位の上の者からの庇護を受けるための手段としての贈与物［Yan 1996］と見ること――は、粽をめぐる関係性にそぐうものではない。粽の贈与にみる人間関係には、親密さの表現と同時に憐憫の情があり、そこでは、ともに端午節を楽しもう（「白相」）という点が重視されていたからである。

四　小結

本章では粽づくりをきっかけに語られた物語を手がかりに、民俗の淵源を探るアプローチや象徴論的アプローチではなく、農村の社会生活の文脈のなかにおける粽の意味について検討してきた。本章が民族誌学として試みたのは、粽の具体的な製作工程という民俗資料を記録することであり、また、実際の複雑な関係性が紡がれ、途切れる様を、「関係（*guanxi*）」という用語に還元することなく紐解くことであった。

儀礼食としての粽はいつ食べるのかも食べなければいけないのかについてもルースな規定しかないものであったが、端午節という特定の日取りのために必ず準備しなければいけない。それは、粽の価値が贈与の過程で形成されたものであると同時に、この贈与行為が社会関係を更新し再確認する一つの契機となるからであり、また、その価値が粽の贈り手と受け手の間において共有されているからである。

注

（1）　二〇〇一年から、毎年九月下旬から十月上旬までのあいだ、現地では「高淳カニ・フェスティバル」が行われてきた［高淳県地方志編纂委員会（編）　二〇一〇：三五八］。ここ数年、高淳における水産業の興隆とともに、農地が蝦や蟹の養殖場へと転用されるという状況がうまれている（本書第三章）。

（2）地方文献において高淳の特産物として取り上げられるものは、「山萝卜」、「梅干菜」、「腌酸菜」、「萝卜干」、「糖粥藕」、「茧子」、「軟香糕」、「桂花糖芋頭」、「茶香子」、「在塘菱」等である［高淳県地方志編纂委員会（編）一九八八：七四二―七四三；魏雲龍　二〇一四；蘇洪泉　二〇一四；白水　二〇一六］。

（3）端午節当日に投稿されたが、文面は端午節の前に書かれたものであり、おそらくは「コピペ」されることで、ネット上で流通していた文章かと思われる。

（4）固城湖から流れた胥河の水は西は蘇州の太湖まで接続するとされ［cf. 図0-1］、高淳では疋月河が中国で最も古い人工運河であるという語りが存在する。

（5）現地では「劃龍舟」や「賽棹」などと呼称されている。

（6）また、中国の他の地域で報告されてきたように、「挂菖蒲」［徐杰舜（編）一九九八：三九九―四〇一］、つまり菖蒲を飾るという習俗や、「插艾子」［徐杰舜（編）一九九八：四〇一―四〇二］、つまりヨモギを飾るといった習俗も、端午節の高淳で見聞きすることができる。

（7）雄黄酒とは、蒸留酒の白酒と「雄黄」（天然の硫化ヒ素の一種）などを混ぜた酒。

（8）これとは別の説明もある。高淳の知識人による出版物によれば、「旧時、高淳では端午節において風習として『五黄』を食した。すなわち、田鰻（「黄鱔」）、イシモチ（「黄魚」）、キュウリ（黄瓜）、アヒルの卵の黄身（「鴨蛋黄」）、そして雄黄酒である」［白水　二〇一六：一九六］。

（9）「元宝」とも呼ばれる。もち米を炒めた後、水飴を煮て加え円形とした団子。

（10）日本語の「ブンケ」は本家―分家関係と家督相続を含意するが、中国の「分家（*fenjia*）」により分かたれる家（*jia*）は息子の数に均分され、またすべて父の父系出自を等しく引き継ぐ［植野　二〇〇〇：一〇一―一〇三；瀬川　二〇〇四：一一〇―一一六］。

（11）長男が養老の義務を負っていないのは、彼が特に暮らし向きが苦しいためであり、兄弟間でそのように取り決めがなされていたからである。

（12）Q村のそばでは幹線道路の建設と胥河の拡張工事が進められており、この仕事に従事する中国各地からの出稼ぎ労働者は、宿泊施設と食堂、各種重機を揃えた「工場」で生活をしていた。

(13) これは「茶鶏蛋」のこと。炊飯器あるいは大きな鍋で、ゆで卵をゆでる際に、醤油だけでなく、お茶の葉を加えて煮込み、味付きたまごとしたもの。

(14) ただし実際には、呂おじさんの娘ボゼンは端午節の前日に、市場で豚肉を買ってきて、それを七つの袋に分けて持ってきていた。すなわち彼女は、父とその兄弟のみならず、「母の兄弟」および「父母の母」にも贈り物をしていた。

(15) 贈り物としての特に定められたものがある訳ではないが、一つの典型として、これらの贈り物があげられる。高淳でここ数年流行してきたと言えるのが「牛乳」だが、これは甘く味付けされた乳製品の箱詰めを指す。なお、賞味期限も半年から一年。

(16) Q村の人々は朝食は簡単にすます。たとえば、お粥(前日夜のご飯の残りを使う時もある)と、大根の漬物やザーサイ、ニンニクの漬物などを食べる。

(17) あるインフォーマントによれば、かつては皆呑んでいたし、酒を呑むことができない子供にも、箸に酒をつけてなめされていた。また、酒を使って子供の額に「王」の字を書いたが、これは「虎のように体が強くなるように」という意味があったからだという。

(18) 呂おばさんの母を中心とする「一家人(*yijiaren*)」(第七章にて詳述)の範囲である。

(19) より具体的な言説の変遷については、「端午節遺産申請事件」について論じた宋穎[二〇〇七:一〇六―一一一]の議論を参照のこと。なお、中国国内では端午節は二〇〇六年に「第一批国家非物質文化遺産名録」に登録され、二〇〇九年にはユネスコの「人類無形文化遺産代表作リスト」に登録されている。

(20) 政府系メディアの一つ「光明網」は「私たちの祭日・端午節」というサイトを開設している[光明網 (年次不詳)]。

第7章

「家」と食卓

――日常／非日常的共食にみる「家」の伸縮と「備え」

中国漢族社会はしばしば強固な家族の紐帯に特徴づけられると言われてきた。たとえば『三民主義』のなかで孫文は、外国人は中国人を「バラバラの砂」（「散砂（*sansha*）」）のようだと批評すると前置きした上で、それに対し「中国にはひじょうに強固な家族と宗族団体がある」と述べていた［孫　一九五七］。このような発想は二十世紀初頭に始まる漢族農村研究においても確認でき、第二次世界大戦以前に現地調査に着手しはじめた欧米や日本、そして中国の研究者らのいずれもが、家族・親族関係の役割を重視した観点を採用していた［瀬川　二〇一六：一五―二〇］。

しかしこれとは逆に、中国の家族の結合は強固なものではないという議論もなされてきた。その立場の代表的人物だと言えるのが、「共同体否定論者」とされている戒能通孝［一九四三］である。戒能は、土地所有権を規律する家族・同族の慣習法の権威が「非常に弱い」ものであり、それを根拠に、華北の農民は「家族的若くは同族的血縁体から離脱して、一つの分散的個人に転化する程度が極めて高い」と論じる［戒能　一九四三：一二三］。さらに、「分家」が構造上宿命づけられているものだという知見を根拠に、家族生活のありかたは「切断し得ない一個の血縁的紐帯から解放」された、「組合的な、何時でも任意に脱退可能なる、緩い同居的生活」となっており、「家族は一つの下宿宿、アパートに過ぎない」と考えるべきだとまで述べていた［戒能　一九四三：一三九］。

第一章で述べた通り、現在の中国研究においては「共同体否定論」が学的通説になっているものの、この戒能の「アパートに過ぎない」という主張自体は極論だとして一般に退けられている(1)。とはいえ、家産の均等分割の原則を貫く漢族社会において、家族は「家産の持続と蓄積を困難にさせる構造的な脆弱性を備えている」［佐々木衞　一九九三：一八五］という知見は広く共有されたものとなっており、この点は時に「イエの脆弱さ」［園田二〇〇一：一八五］などのように言及されてきた。

繰り返しになるが、本論の関心は中国の家族が「共同体と言えるか否か」ということではないし、また家族・親族結合の「強さ」や「弱さ」を断じることでもない。むしろ、現地の文脈において生きられる家族という人間集合を理解しようという目的の上で着目したいのは、このような両極端な見解は対立するものではなく、両立しうる可能性があるということである。というのも、第一章で見てきたような漢族社会に見られる「集団性」と「個人性」の弁証法的関係という問いは、家族・親族の領域においても議論されてきたからである。

この点に関してかつて王崧興が述べていた言葉、すなわち、中国社会の構造的特徴は「関係あり、組織なし」と表現できるという指摘は、今日でも重要性を失ってはいない。

中国社会の特色としてしばしば挙げられるものに、家族主義がある。確かに中国社会の主要民族である漢人は、血縁のつながりが強い。しかし、そこには強い「つながり」はあっても、組織された集団は必ずしも形成されていない。「家族」集団は、血縁による「つながり」をベースとして、さまざまな状況に応じてその都度必要とする範囲内で結合することにより形成される。だから、ある「家族」集団の結成に動員されなかった「つながり」は、その時には機能を示していないが、決して否定されたわけではなく、他の機会に役立つものとして残されただけである。［王崧興　一九八七：三七（傍点筆者）］

「家族（*jiazu*）」は時と場合に応じて、組織された集団としての姿を示したり、示さなかったりする。この王崧興の指摘を念頭に、本章ではQ村の「家（*jia*）」の成員がいかなる場面で一つの集合として立ち現れるのかを考察する。とりわけ、現地において生きられる家族[2]、実践のなかでの家族を捉えるために本章で焦点をあてるのが、食事の風景、そして共食の問題である。後述するように、共食をめぐる力学は、親族関係の陰影の一端を照らし出すものだからである。

一　共食の範囲

1　Q村における日常の食事

広く知られているように、中国語の挨拶言葉の一つに「ご飯はもう食べた？」（喫飯了嗎）という表現がある。この表現は中国人が食事を重んじることの顕著な例としてしばしば言及されるものであるが［e.g. 園田　二〇〇一：四二―四四］、Q村でも同様にこの挨拶は交わされているし[3]、また食事も重んじられている。この挨拶言葉について注目したいのは、共に食事をとっていない者同士の間で、食事をとっているだろうという時間帯において交わされるということである。

Q村では、みなが自宅でご飯を食べる。仲の良い隣人や兄弟が家に遊びに来ていても、食事を共にすることは——祭日等を除けば——皆無である。第四章にて述べたように、村民間交流は食事時を外すかたちで行われており、どこかよそに遊びに行っていたとしても、時間が来れば、自宅へと戻る。このような時間秩序と関連するのが、共食を避けることに対する規範的な価値観である。

ある時、筆者が呂おじさんと共に田んぼに向かう途中、作業をしていた売店の店主F氏と遭遇し、雑談を交わした。F氏と冗談交じりの会話をしていたが、そこで「今度うちに遊びに来い」と食事に招かれた。筆者はそれを本気にしており、帰宅後に「いつF氏の家に行けばいいの?」と呂おじさんに尋ねたが、「あれはお世辞だ」と注意をされてしまった。呂おじさんは続けて、次のように筆者に釘を刺した。


「ふつう、農村では友人か親戚じゃなきゃご飯は食べないんだ。」


この言葉の通り、村民らの日常生活において共食の機会は基本的に皆無である。このような食事をめぐる厳格さは、日常的な交流の場面で、様々なモノが気前よくあげられていることとの対照において、特に印象的である。男性同士が顔を突き合せれば、(喫煙者であれば)挨拶代わりに必ずたばこを差し出すし、各家に親族や友人が尋ねてきた折には、家にお菓子や「瓜子(*guazi*)」などがあれば必ずといっていいほど、食べることを勧める。このような気前の良い態度は親しみの表現ともなっており、時に対人関係においては強制力を持つ。

二〇一四年十月八日、筆者は呂おばさんに庭にある蜜柑の木から「いくつかとっていきな」と言われる。

「まだ緑色だけど?」と尋ねると、「もう少ししたら、黄色くなるさ」と言い、さらに声をひそめて、「(自分の分を)とっておかないと、皆が持って行っちゃうんだよ、アハハ。うちの桃ももっていかれちゃったんだもん」と言った。

呂おばさんの言うように、友人や親族の来訪を前にすると、蜜柑のおすそ分けは不可避なのであった。あるいは、第四章で紹介した呂家の庭でのタケノコの皮剥きの際には、呂おばさんとJ氏とのあいだで次のような押し問答があった。

タケノコの皮剥きが全て終わると呂おばさんはタケノコをいくつか見繕い、袋にいれてJ氏に差し出す。J氏は「不要(いらない)!」と遠慮し、「いいから持っていきな!」という呂おばさんとの間で二、三度押し問答をしたのち、受け取る。

このような押し問答は半ば定式化されたものであり、「いらない!」と遠慮する強い語調とは裏腹に、贈与はほぼ必ず行われる。気軽なモノの贈与は、対人関係においては正常かつ良好な付き合いの表現として、規範的な行為となっているのである。

おそらくはこのような気前のよい贈与という振る舞いが規範化されているために、それとの対照において、食事時の往来が注意深く避けられる傾向にあるのだと思われる。食事を食べないままで人の家に遊びにいけば、「ちょっと食べて行けば」という声かけをなされてしまうからであり、それを避けることが、「親しき中にも礼儀あり」といった態度となっているのだと考えられる。実際、第四章第一節で示したケースのように、食事をとった上で呂家の食事時に遊びに来てしまった人も、呂おばさんにその日の献立のなかの何かを勧められることは多々あったが、そこでは辞去して終わりとなる。

Q村の日常生活では、世帯ごとでの食事が徹底されている。共に食卓を囲むことには、村内の人間関係の機微が埋め込まれているのである。

2　日常的共食単位としての「一家人」

では、ふだんの食事は、誰と食べられるのか。それはおおよそ家族（family）であり、「分家（*fenjia*）」をしていれば核家族、「分家（*fenjia*）」していなければ拡大家族だと言えそうだが、実のところ、このような西洋由来の家族概念は、Q村にみられる実際の共食単位にぴたりと当てはまるものではない。たとえば呂家の場合だと、序章でも触れた通り、すでに婚出している娘ボゼンと孫娘のグウ——即ち非父系的な「外孫女（まごむすめ）」——も、日常的共食単位となっていたからである。ボゼンのそのような生活は筆者の呂家滞在開始から九ヶ月ほどで終了し、その後は婚家側に戻ったものの、それ以降も頻繁に呂家を訪れては食事をともにし、何日間も婚家には戻らずに連泊するという生活をしていた(4)。重要なのは、これがごく自然な振る舞いであるということである。娘も、「一家人（/iiʔkaŋiŋ/）」だからである。

ここで、「一つの『家』の者」を意味する現地語「一家人（/iiʔkaŋiŋ/）」について説明をしておこう。中国語の「家（*jia*）」ということばが、時に核家族から宗族にまで使用される概念であり、指示対象の範囲が不明瞭であることは、これまでの研究でも指摘されてきた［e.g. 王崧興　一九八六：一五二；植野　二〇〇〇：九八；瀬川　二〇〇四：一一七―一一八］。Q村でいわれる「家（/ka/）」についても、これは同様である。

また、Q村の口語表現でより多く使用される「一家人（/iiʔkaŋiŋ/）」ということばが指す成員範囲も、会話の文脈によって、核家族から拡大家族、さらには親類、宗族までと極めて幅広い。ただし注意しなければいけないのは、このような入れ子状の成員の拡大は、父系ラインに沿ってのみ広がっているのではない、ということである。そこには、費孝通が差序格局概念で示した同心円的な関係性の広がりが見られるのである。

呂家において日常食を共食しうる単位は、呂夫妻を起点として同心円的に広がる「一家人（/iiʔkanjiŋ/）」であり、息子夫婦のみならず、娘夫婦も含まれている。核家族や拡大家族といった[5]語ではうまく説明できないこの共食単位は、近年ゴンサロ・サントスが提起している用語を使えば、「竈家族（ストーヴ・ファミリー）」だと形容できる［Santos 2009］。これまで「宗族」の著しい発達が指摘されてきた広東省の農村部を調査したサントスは、現地において「竈（かまど）」（stove）がすぐれて家族のメタファーとなっていることに着目することで、共食単位となっている家族を概念化した。その理論的意図は、フリードマン［Freedman 1958, 1966］に代表される「宗族」の視点でもなく、またウルフ［Wolf 1972］に代表される婚出した娘の役割を強調する「子宮家族」（uterine family）の視点でもなく、双方の理論で還元されえない家族の側面、双方のあいだ（*in-betweenness*）にあるような家族の姿を捉えることだという［Santos 2009: 122］。

日常的な共食場面において「竈家族（ストーヴ・ファミリー）」として顕現する「一家人（/iiʔkanjiŋ/）」は、まさに父系原理と「子宮家族」のあいだに位置するが故に、固定的な集団とはならない。非日常的な共食の場面には、「竈家族（ストーヴ・ファミリー）」の成員を分かつ境界が出現しうるからである。

3　共食単位の揺れ

二〇一四年四月十五日の午前中、筆者は呂おばさんに「今日はお昼はお姉さん（ボゼン）と食べてね、私たちは『上梁』に行くから」と言われた。そこで筆者が「僕も『上梁』を見てみたい」と言うと、それでは一緒に行くかということになった。その後、呂夫妻とユエンは出発の準備を進めたが、ボゼンとその娘のグウは呂宅に残った。筆者が「みんなで行かないの?」と聞くと、呂おばさんは「〔ボゼンは〕行かないよ。面倒だからね」と答えた。

「上梁（*shangliang*）」とは高淳全域で見られる新築の家屋の完成を祝う棟上げ式であり、儀礼[6]の後、「親戚が集まってご飯を食べる」という行事である。この日、呂おばさんは他村に住む呂おばさんの姉の息子（W氏）の「上梁」に呼ばれており[7]［写真7-1］、呂おじさん及び孫娘のユエンを連れて参列する予定であった。呂夫妻は祝いのお金のほか贈り物を準備していた［写真7-2］。結局、Q村から参列したのは筆者を除き六名であった［図7-1］。

ボゼンは、総勢七十名ほどが集まったこの日の儀礼的会食に参加していない。その理由は、「上梁」への参加には世帯単位での金銭の持参が必須となるからであり、招き—招かれる行為には、そのような出資を依頼しても良い親族関係の遠／近の認識が存在しているからである。W氏を起点とする「一家人（/iiʔkaŋiŋ/）」の広がりにとって、既に婚出していたボゼンは一つの独立した世帯単位だと見なされ[8]、より遠縁の親類に位置する。ボゼンの参加は、親族関係の遠／近の序列という点で「面倒」なものとなってしまうがゆえに、この日の儀礼的会食に参加すべきではなかったのである。

このように、共食の場面には差序格局的な遠／近の力学が作用している。とくに非日常的な会食の場面においては、その時々の主人を起点としたかたちで、それぞれ異なる境界線が立ち現れるのである。

写真 7-1　W 氏の新居（2014 年 4 月 15 日筆者撮影）

写真 7-2　W 氏への呂家からの贈り物（2014 年 4 月 15 日筆者撮影）

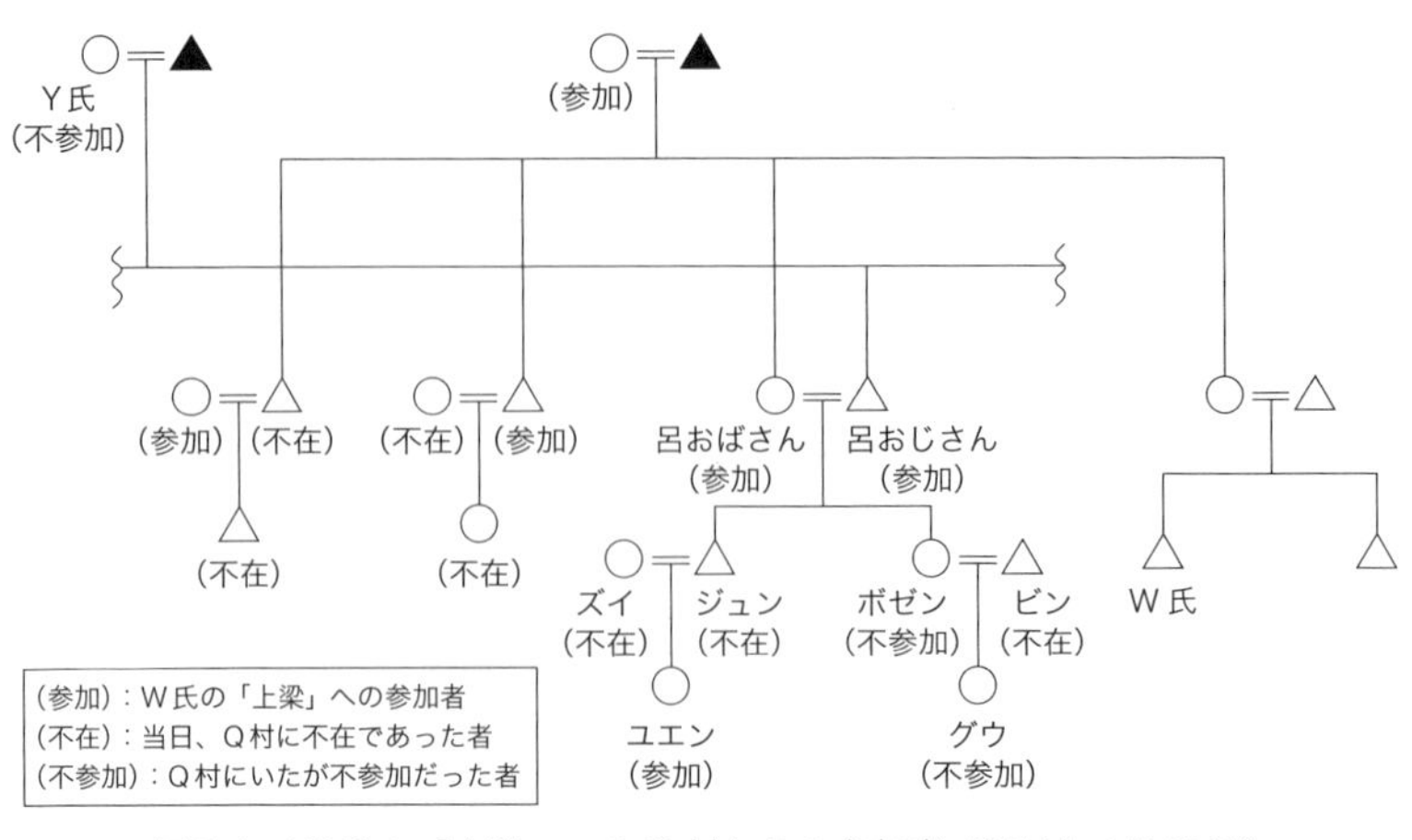

図7-1　W氏の「上梁」へのQ村からの参加者（2014年4月15日）

二　複層的な「一家人」――春節の年始廻りの事例

1　Q村の「一家人」における非血縁的親族

ここまで、「一家人（/iiʔkaŋjiŋ/）」の範囲が揺れ動くさまを、日常的／非日常的な共食単位に着目してみてきた。その特色について繰り返せば、自己を起点とするような親族関係の広がりであり、それは父系出自の原理と母方親族の重視という二元性のために、その都度境界線が変わりうるという性格をもつ集合範疇であると言える。

ただし、Q村で「一家人（/iiʔkaŋjiŋ/）」であると呼称される関係性には、これらの血縁関係の他、さらに二つの擬制的親族関係がある。一つが、「干爸爸（*ganbaba*）」あるいは「干爹（*gandie*）」と呼ばれる、擬制的な父との間で取り結ばれる父子関係である。村民らによると、これはとりわけ旧時においてみられた慣習であり、子供に実父とは別の「父」を設けることで、子供は霊的保護を得ることができ、健康に生育するとされていた。

たとえば、呂おじさんは幼少期、実父も存命中であったが、Q村村民のある男性を「干爹（*gandie*）」として仰ぎ、時折、その人物の家で食事もとっていたという。だが、呂おじさんの三兄弟や三姉妹はその人物とは擬制的親族関係はもっていない。呂おじさんだけが、擬制的な息子として「干爹（*gandie*）」の一家との関係性を持っていたのである。その男性は二〇一四年に死去したが、その葬儀には、呂おじさんを起点とする家族、すなわち呂夫妻、息子のジュン、娘のボゼンが「一家人（/iiʔkaŋiŋ/）」として参列した。一方、呂おじさんの三兄弟を起点とする家族は「一家人（/iiʔkaŋiŋ/）」として参列することはなかった。

さて、Q村に見られるもう一つの擬制的親族関係は、「乳の母」というべき人物との擬制的母子関係である。その子供を指す場合は、「彼は『抱（*bao*）』された人だ」（他是抱了的）という表現がなされる。この「抱（*bao*）」とは、「子供を抱く」という意味合いであるとともに、「育てる、もらい子をする」とも訳すべきことばであるが、養子に迎えることではない。村民らの表現によると、とくに死亡率が高かった旧時、子供が乳飲み子の頃に生母が死去した時に、乳を与えるためにその子供を授乳できる女性に預けた慣習である。その際には実父側から「乳の母」側に対し金銭のやり取りもあったという。

たとえば、呂おじさんには三兄弟の他に、「兄弟（*xiongdi*）」と呼ぶ人物B氏がいるが、彼は、呂おじさんの母Y氏の乳飲み子として育てられた人物である。B氏は「大きくなってから父（実父）に引き取られ」、現在は他村で生活をしているが、B氏は呂おじさんの三番目の男兄弟として位置づけられており、たとえば、後述する春節の際の年始廻りにおいても、Y氏の息子として、Y氏のもとを訪ねると共に、呂おじさんら兄弟の家にも挨拶に来なければならない。

以上のように、Q村で「一家人（/iiʔkaŋiŋ/）」と呼ばれる成員の範囲は二つの種類の擬制的親族を含みこんだものとなっており、その「親族関係」は生殖や血縁に基づく関係性のみに基づくものではない。ここで留意しておくべきことは、Q村において上述のように観念され言及される「一家人（/iiʔkaŋiŋ/）」の成員間の紐帯とは、王崧興が指摘していたように、潜在的な「つながり」として待機しているものであり、常に集団や組織の様相を呈する訳ではない、ということである。親族関係上の遠近においては近しくとも、現実には常住地が離れている等の理由のために、年に数回程度のみしか顔を合わせる機会がないような人物も存在しうる。呂家の場合だと、「干爹（*gandie*）」一家やB氏一家との交流の機会は殆ど無い。

「一家人（/iʔʔkaŋiŋ/）」に包括される潜在的紐帯は、必ずしも日常的な交流の頻度や親密さと一致しない。しかしそうであるがゆえに、特定の祭日等における共食の招きあいがその紐帯を再確認するべき重要な機会となっていると言うことができる。そして、一年のサイクルの中で最も明瞭にそれが顕現するのが、春節の年始廻りである。

2　春節の年始廻りにおける親族規範

二〇一五年二月十八日の「除夕」（旧暦十二月三十日）、Q村の各家庭では早朝から大掃除や食事の用意が行われる。この日の晩御飯の時間は早く、どの家庭でも午後四時ころには皆が家に戻るので、村内の人の往来はぱたりと途絶える。呂家でも、夕食は午後四時十分から五十五分のあいだに、呂夫妻と息子夫妻と娘のユエン、そして筆者の六名でとられた。テーブルには縁起のよい数字である「八」に合わせた「八品の料理」[9]が並べられる。この日ばかりは普段の宴会では全く酒を飲まない呂夫妻も赤ワインを飲み、子供には清涼飲料水[10]が用意される。

呂おじさん曰く、この大みそかの夕食は、「ふつう『一家人』だけで食べるものだ」。この時間帯には、他の親戚の家などへ行ってはいけないという。また、「いまは爆竹〔打ち上げ式花火〕もやらない」とも言い[11]、世帯成員の全員で食事をすることが強調される。しかしその食事の後は、「家族の団欒」といったものではなく、めいめいが好きな所へと遊びに行く――呂おじさん夫妻は友人宅へ麻雀に行き、ユエンは他の子供たちと手持ち花火で

写真 7-3　「拝年」の贈り物（2015 年 2 月 19 日筆者撮影）

写真 7-4　春節の茶菓子（2015 年 2 月 19 日筆者撮影）

なくなるのは午前三時頃であった。

遊ぶといった具合である。夜も十一時頃になると、村の各家庭や売店を訪れている人も三々五々帰宅していき、日付が変わる零時ちょうどには各家から一斉に爆竹が打ち上げられ、轟音が鳴り響く。家の外から花火の音がしなくなるのは午前三時頃であった。

このような「守歳（*shousui*）」の習慣のために多くの村民が日付を跨ぐまで起きてはいるものの、翌日、旧暦一月一日の朝は早い。「拝年（*bainian*）」[12]、つまり新年の挨拶廻りが行われるからである。

年始廻りでは、人々は贈り物を持参した上で友人・親戚宅を訪問し［写真7-3］、また自分の親や子供にはお年玉をあげる。各家庭ではたばことお茶とお茶請けのお菓子を用意しておき［写真7-4］、友人や親戚の訪問を迎え、また返礼の品を渡す。この時の贈り物を用意する／受け取る単位は、世帯となる――たとえば呂家の場合、呂夫妻と息子夫婦は同じ「家 /*ka*/」の者として、呂夫妻が贈り物を購入し準備している。一方、娘のボゼンは、夫ビンの「家 /*ka*/」の者として、父母である呂夫妻のほか、祖母二名と父方／母方兄弟、母方兄弟それぞれに贈り物を用意している。

年始廻りには明瞭な親族規範が見られる。各家庭への訪問は、基本的に世代および輩行に沿うかたちで行われるからである。インフォーマントの言葉を借りれば、その順序は、「まず父母、次に父の兄弟、次に母方オジ、それから妻の生家だ」という具合である[13]。ただし、この親族関係名称で言及されているのは男（夫）からみたそれであり、優先されるのは父系ラインの関係性である。たとえば、ボゼンが呂家を訪問するのは、旧暦一月二日となる――夫ビンからみて、妻の生家たる呂夫妻の家は、父系的親族への訪問が済んだ後になされるべきことだからである[14]。

さて、呂家の年始廻りの場合、呂おばさんが家に残り訪問客の接待を担当し、呂おじさんと息子のジュンがそれぞれ親族の家に赴く。親族も多く、すべての訪問が一段落するのは概ね旧暦一月五日頃となる。とくに忙しい

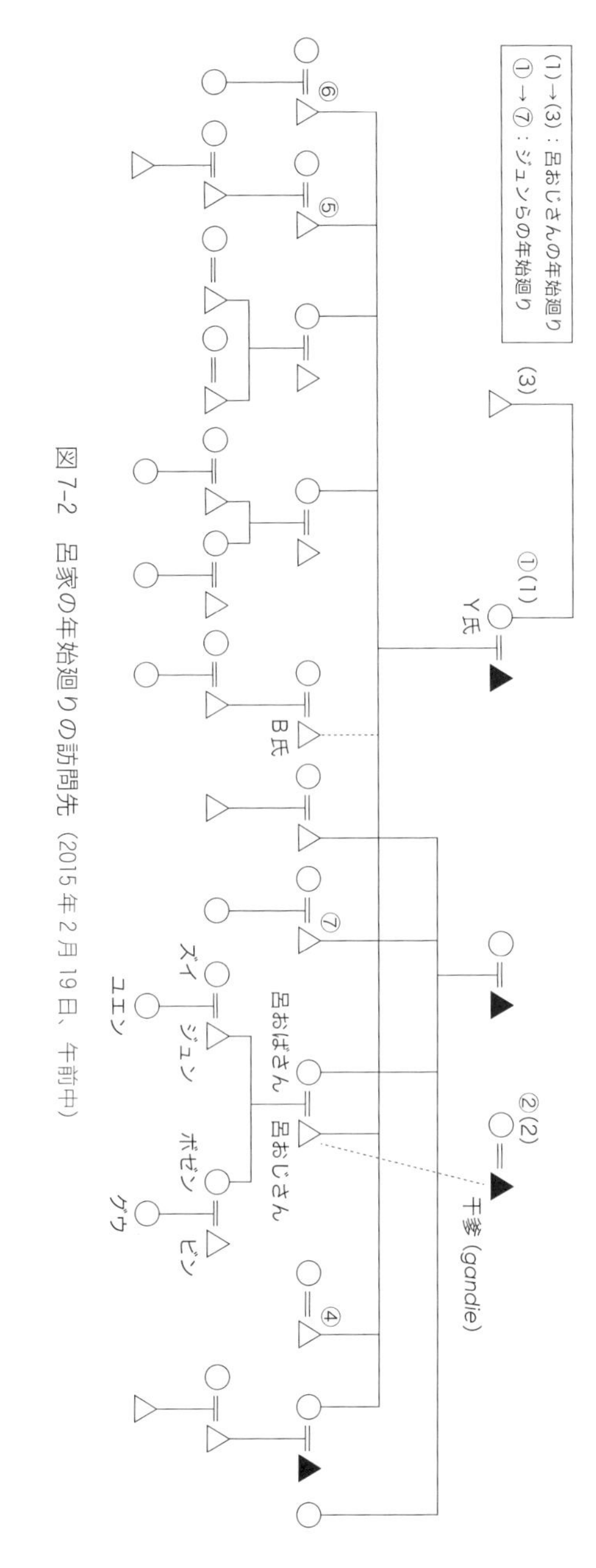

図7-2　呂家の年始廻りの訪問先（2015年2月19日、午前中）

のが、春節初日の午前中である［図7-2］。

図7-2のとおり、呂おじさんは上位世代の親族を順に訪問しているが（1→2→3）、贈り物を持参したのは自分の母方オジ（3）訪問時のみである。一方、息子ジュンは妻ズイと娘のユエンとともに呂家の贈り物を持参し、父の母（①）と義父（②）を訪問した後、次に大工業の師匠の家を訪れている（③：図7-2では省略）。その後、父の三兄弟を訪ね（④⑤⑥）、昼食にあわせるかたちで母方オジの家を訪れた（⑦）。この訪問先一覧からは、呂おじさんの儀礼的父たる「干爹（*gandie*）」も、実父母と同格に見なされていることが確認できる。

この日の昼食は、呂おじさんは自身の母方オジの家で（3）、呂おばさんとジュン、ズイ、ユエンと筆者は、ジュンの母方オジの家で（⑦）、それぞれ昼食をとった。漢族社会における母方オジの重要性は古くから指摘されてきたことであるが［cf. 植野 二〇〇〇］、Q村の年始廻りにおいても、その紐帯の重要性が再確認されていると言える。また、このような親族規範に基づく訪問と共食は、必ずしも実際の人間関係の親密さを反映する訳ではない――呂おじさんが他村に住む母方オジと会うのは年に一度、この年始廻りの時だけである。

このような輩行の序列に従った訪問は、礼節として強く重んじられているものであり、村民は口々に「（贈り物の準備や食事で）お金がかかる」などと愚痴も言うが、欠かすことはできない行為として履行している。ある日の雑談中、日本―中国間の航空券についての話題が出た時、筆者は呂おじさんに「最近、春節に日本に旅行するのが流行していて、飛行機の価格も一万元くらいで、ふだんの三倍くらいになっているんだよ」、「うちの村（Q村）で春節に旅行に行く人はいる？」と尋ねた。呂おじさんは「それ〔春節に旅行するの〕は都会の人たちだ。農村では人が（年始廻りに）来る。それは無理だ」と答えた。

ただし、全ての親族への年始廻りを理念どおりに行うことができている訳ではない。中国では一九九〇年代から農村部の婚姻形態のなかでも夫婦それぞれの出身地が省をまたがったケースが増加してきているが［Fan and

Huang 1998]、Q村では二〇〇〇年代からすでに遠方の他所から妻を迎える家庭も増えてきている。妻の出身地が近距離（高淳内、ないし近隣の県・鎮）である場合と異なり、長距離（雲南、貴州、四川など）、中距離（安徽省や江蘇省北部）である場合には、年始廻りも困難となる。後二者の場合、Q村村民の間で一般的なのは、数年に一度、妻の生家への年始廻りを行うという折衷案である。

3　春節における「一家人」との共食

旧暦一月一日から十五日の元宵節まで続く春節期間中、年始廻りと共に重要なのが昼食・夕食時に執り行われる宴会である。各家庭で用意される食事には親戚が招かれ、来客者は博打などをして遊ぶ。宴会を準備することは親密さを表現する手段でもあるため、人々は相互に食事に誘い合う。その結果、同時に複数の者から誘いを受けていることも少なくない。

このような春節における共食を捉える上で注意すべきは、それは「一家人（/iɪʔkaŋiŋ/）」との共食だとは言えたとしても、リジットな成員資格による「親族集団の共食」のようには見なすことはできない、ということである。人々を取り結ぶ関係性は個々人を起点に広がるものであり、また複層的なものである。ある人にとって自分は母方オジであると同時に、またある人の甥でもある。それゆえに、明確な父系的規定に基づく年始廻りとは裏腹に、共食の場面では、時に渦のような集合現象が見られることもある。

二〇一六年の春節（二月八日）、朝の九時に呂おじさんの妹の息子一家が来る。その時は呂おじさんも呂おばさんも在宅であり、彼らの歓待のため、庭にイスを並べ、日に当たりながら、お茶請けを囲んで雑談を交わした。この日、呂家の者は昨年の春節時と同様、呂おばさんの上の弟の家にご飯に呼ばれており、自分の家では親族を接待するための宴席は用意していなかった。だが、庭で話を交わして三十分ほどして辞去しようとする甥たちに、呂おじさんは「うちでご飯を食べていきなさい」と引き留めようとするが、甥に「ご飯ないでしょ！　あなたの家にきたら食べられると思ったのにさ」と返され、皆が笑う。その後彼らは、呂おじさんの弟の家へ行き、食事をとった。

この時、呂おじさんは宴会の準備が無いにも拘わらず、食事の誘いをしている。このような引き留めの言葉は一種のレトリックであることはお互いが承知したものであり、また冗談も通じる間柄であったため、甥は笑い話として相槌をうっていた。

この後、呂おじさん自身は、自分の母方オジの家へ年始の挨拶に赴いた。

同日十時、呂おじさんは母方オジの家へ向かう際、昼はそちらで食べるので、呂おばさんの弟の家では食べないよ、と言って出て行った。だが、筆者ら呂家のみなが昼ご飯を食べ始めて程なくすると、呂おじさんが戻ってきた。明らかに食事をしてきたと思われない時間であったので「ご飯食べていない？」と尋ねると、「うん、『舅舅』の家ではご飯が（用意されて）なかった」と答えた。

この日、呂おじさんと甥の一家が昼食をめぐって右往左往をしていたことからは、誰がどの家の食卓で食事にありつくのかは、「行ってみないとわからない」状況であったことが指摘できる。「あそこの家に行って、たぶん食事をする」という期待のなかで、年始廻りが行われていたのであり、明確に予定として取り決めていたわけではない。ここに見られる共食の風景とは、静的に描けるような「親族集団の共食」ではない。

この事例には、「一家人（/iiʔkaɲiŋ/）」との共食に関する特色が色濃く反映されている。大量の料理とご飯が用意されているということは、それに見合った数の人々の集まりがそこにはあるということであり、またそこには、規範や理念に応じて参集する者たちによる共食の集いがある。とはいえ、その参加資格は「一家人（/iiʔkaɲiŋ/）」と呼ばれる人々のみなに開かれたものである。参集者をリジットに規定しておかないことが、この事例にみられる「あそこの家がダメだったので、こちらで」という選択の余地を残しておくこととなり、また、柔軟な食事の招き／招かれあいに寄与するものとなっているのである。

三　動く食卓と「備え」

本章ではここまで、日常的・非日常的場面における共食単位に着目し、実践面において「親族の集い」がいかなるかたちで行われているのか検討してきた。食卓を囲む者は、時と場合に応じて変化し、境界も揺れ動く。それは、その食事の主催者が誰かによって、「一家人（/iiʔkaɲiŋ/）」として同心円的に広がる関係性の中心点が変わるからであった（本章一節3項）。

一方、共食単位は「一家人（/iiʔkaɲiŋ/）」であるがゆえに、「共に食卓に着く」ための資格は、緩やかな取り決めとなっていた。呂家におけるふだんの食事では、年始廻りの際には別世帯の者と見なされる呂夫妻のボゼンも「竈家族（ストーヴ・ファミリー）」となっていたし（本章一節2項）、またあるいは、二〇一六年の春節の昼食をめぐる事例で、呂おじさんが飛び込みで妻の弟の家の食卓についていた（本章二節3項）。「一家人（/iiʔkaɲiŋ/）」の参集には、柔軟かつ即興的な側面も見いだせる。

このような共食をめぐる人間集合には、不確実性も付きまとうものの、人々は難なくそれをこなしている。私見では、農村の食にまつわる実践（practice）が、このような集い方を可能にするための背景となっている。以下、呂家の食事風景を例にとり、この点について考察する。

1　家屋の空間と動く食卓

第四章でも言及した通り、呂家の食事はふだん「竈房（*zaofang*）」でとられている。その時には、図7-3のように、料理の置かれる八仙卓（テーブル）は壁際に置かれ、板凳（長イス）に坐れるのは五名ほどである。少ないときには呂夫妻と筆者の三名、多い時には孫娘ユエン、ボゼンとグウ、嫁のズイも加えた七名が食事をとるので坐りきれないが、その際、呂おばさんやボゼンは壁際の小イスに坐り、茶碗を抱えながら食事をとる。

このような小イスに坐って食事をとるという行為は、呂夫妻と筆者の三名だけでの食事の際にも時折行われる。今日では「旧社会（*jiushehui*）」の頃とは異なり、女性が共に食卓を囲んではいけないといった規範は存在しない。ただ、呂おじさん曰くそれは「習慣」であり、呂おばさんは日々の食事の折にはこのように小イスに腰かけ、食事をする。これは男性も同様であり、冬場など屋内が寒い日には、呂夫妻と筆者も庭に小イスをだして、日にあたりながら食事をした[15]。

一方、さらに食事をとる者が増えた場合には、図7-4のように、食卓がずらされ、また板凳（長イス）を付け足すことで対応される。

たとえば、第三章でみた流しの収穫屋らとの食事では、三名の来客者の他、呂夫妻と筆者、ジュンとズイ、ユエンが夕食をとったが、食卓には八名がつくことができる。この時も呂おばさんは小イスに腰かけることで対応し、また早く食べ終わったズイやユエンがすぐに席を立ち、呂おばさんと入れ替わる。

このような「竈房（*zaofang*）」での簡素な食事とは対照的に、予め宴席を用意しておくような共食の場面、た

写真 7-5　呂家で常備されている円板（2014 年 6 月 2 日筆者撮影）

写真 7-6　円卓となった食卓（2015 年 7 月 17 日筆者撮影）

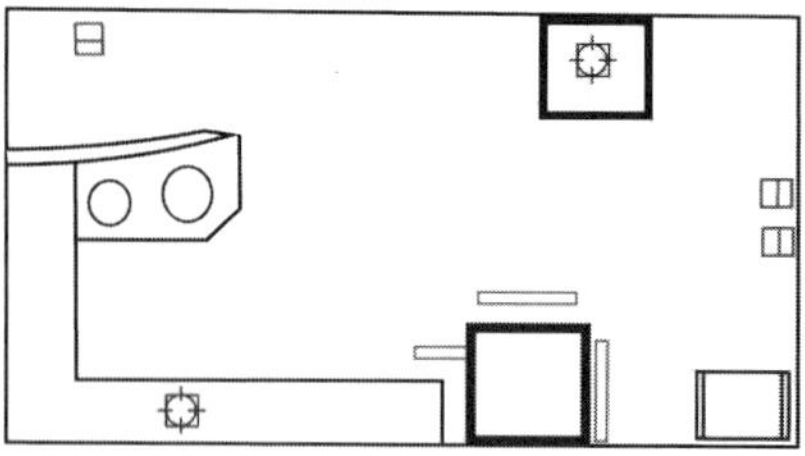

図 7-3　ふだんの「竈房」

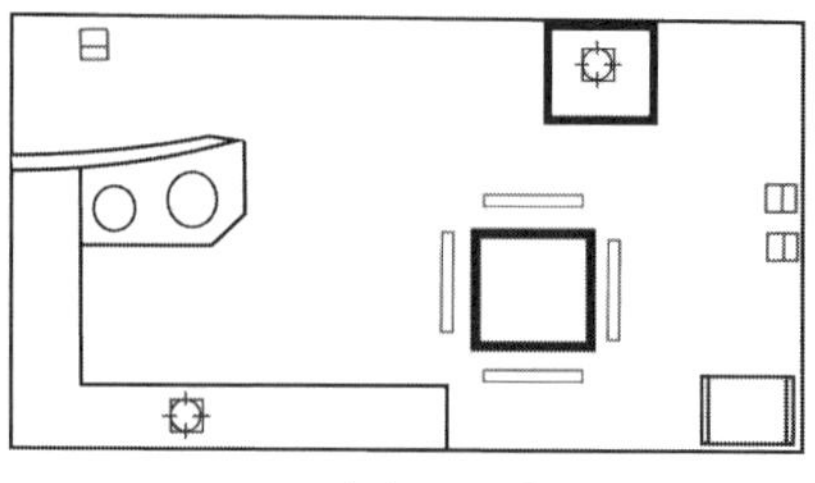

図 7-4　来客時の「竈房」

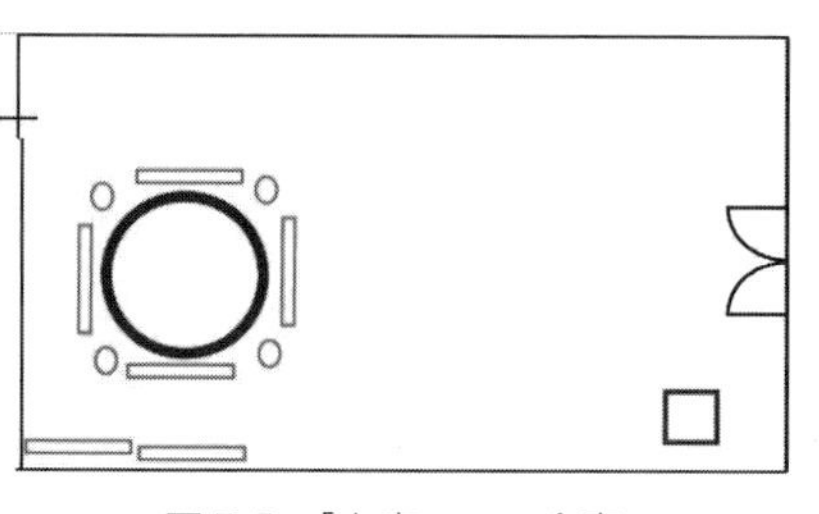

図 7-5　「大庁」での食事

とえば春節の際には、「大庁（きゃくま）」が使用される。そして、八名以上の来客が予想される際には、写真7-5のような二メートル弱の円板[16]を八仙卓の上に置くことで、円卓とする。そして板凳とプラスチック製のイス（屋台のイス）を足すことで、最大十二名が共に円卓を囲むことができるようになる［写真7-6、図7-5］。

　このような宴会の際、主人は客人と共に上座に坐り、客人が食事を食べ終えるまで自分も食べ終えないように気を付ける。一方、女性たちはふつう宴会途中までは席に着かず、暖かい料理を提供するため、料理をできたそばから運んでくる。呂家の場合、呂おばさんやボゼン、あるいはジュンが給仕し、誰か先に食事を終えた者が席を立ってから、自分は食卓につく、という具合である。このような入れ替えによる食事法により、円卓での食事では実際にはさらに数名が共食をすることができている。

さらに、中国の料理のあり方それ自体も、多くの者の共食を可能なものとしていると言うこともできる。日本での食事は典型的には「銘々膳」、すなわち各人が一セットの料理を食べるというものだが、中国の場合は、「公盤（*gongpan*）」、つまり大皿料理を皆でつつくと言うものである[17]。予め人数が確定していなくとも、箸と茶碗とイスを足せば、その者も同じ食卓を囲むことが可能となるのである。

2　共食のためのアフォーダンス

共食のために参集する人の数への対処として、家屋内のレイアウトが変更される。この点を理解する上で示唆に富むのが、家屋と人間生活についての佐々木正人の指摘である。佐々木は、ギブソン（James Gibson）の提起したアフォーダンス（affordance）の観点から、人間にとっての家屋、および家具の配置について次のように述べている。

> 〔…〕大きな窓も、繰り返し家族が集まるキッチンのテーブルも、出口である玄関周辺のレイアウトも、日々物の位置が更新されている仕事用デスクの上も、つまり家の中にある他の多くの場所は、部屋全体に浸透し、〔…〕そこに住む者に家への定位の意識を与えているだろう。〔…〕物に包囲されているわたしたちの周りにあるのは、偶然にできたレイアウトではない。そこは長く使うことで、何度もレイアウトを改編することで、行為によって深く意味づけられた場所である。そして、一つの場所と他の場所はその間を移動する行為によって相互に浸透しあう「高次の場所レイアウト」とでもよべるまとまりになっている。〔佐々木正人　二〇一三：三〇―三一（傍点筆者）〕

呂家の家屋も、日々の暮らしのなかで「長く使われている」場所であり、家具のレイアウトや配置には、日々の暮らしのありようが埋め込まれている。そして、ふだんは壁際に固定されたままの食卓を動かすこと、あるいは円板を乗せるといったレイアウトの変更もまた、漫然となされている訳ではない。それは、多くの人間の集合に対処するための実践（practice）として執り行われているからである。

ブルデューは、アルジェリアにおける近代的なアパート暮らしと、非近代的な（スラム街や田舎等での）暮らし方とを対置させ、次のように述べていた。

> 近代的なアパルトマンは、実践のシステムの一つの要素であり、そういうものとして、そこに住む者に、ある生活様式を強要するのである。近代的なアパルトマンは、家族の成員の新たな関係、子供の教育の新たな考え、要するに新たな家庭の経済にかかわる実践や表象の複合体の全体を前提とし、また、要求するのである。…近代的なアパルトマンは、すでに構造化されている空間で、広がり、形態だけでなく、これらの利用のしかたや居住のしかたについての指示などを、その組織のなかに、含んでいるのである。［ブルデュー 一九九三：一四四（傍点筆者）］

ブルデュー自身の議論の力点は「近代的暮らし」に適合的ハビトゥスを持つ者／持たざる者の分析に置かれているが、このブルデューの指摘のひそみにならえば、Q村においても、農民生活にとって適合的なハビトゥスが存在していると言える。農村の家屋構造にはそこに住み日々を暮らす人間の生活様式が埋め込まれており、「大庁（きゃくま）」や庭といった空間の「広がり」と「形態」、伝統的な食卓である八仙卓と板凳（長イス）の配置とその変更といった「利用のしかた」は、まさに「一家人（/iiʔkaŋiŋ/）」の成員との関係において顕現するものだからで

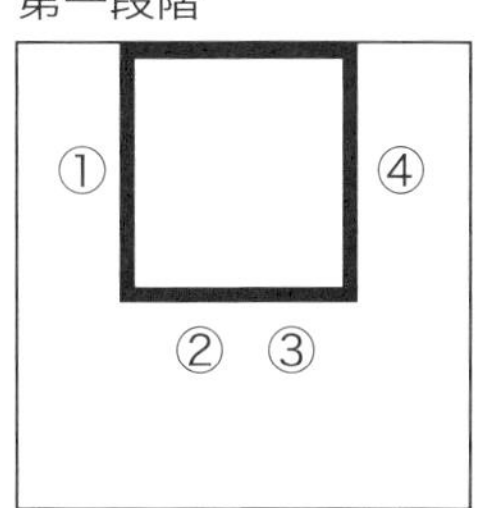

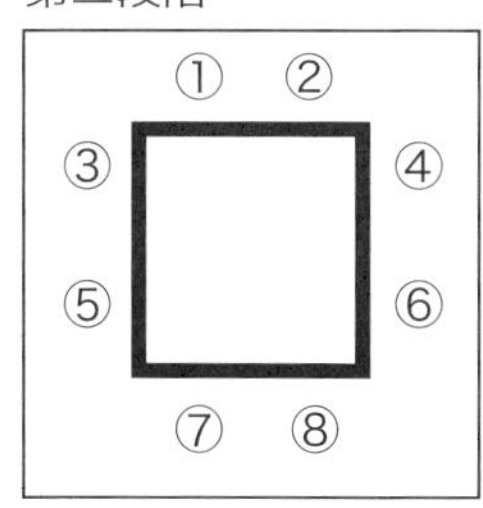

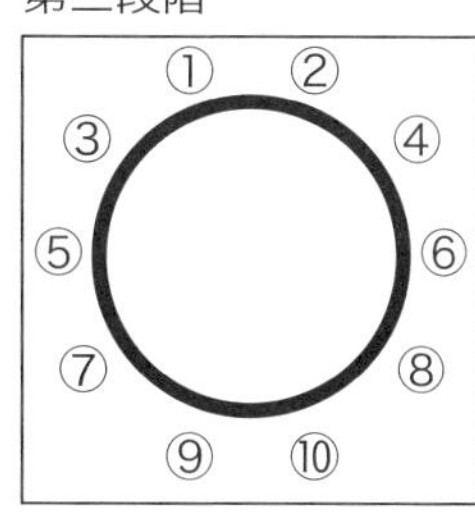

図7-6　動く食卓

ある。

本節で述べた家具の配置とその変更とそこに見られる人間集合について図式的に述べるならば、図7-6のようになる。ふだんの食事の場面から宴会の場面までの三つの段階で、共に食卓を囲めるものの数は四名、八名、十名とそれぞれ増えていく。そして、このような家具と家屋の利用法による収容可能数は、Q村村民に共通して理解され実践される食事作法、大皿料理の共食や小イスの利用法や女性による時間差の食事などの経験的知識によって、さらに若干の調整が可能となる。

農村生活に埋め込まれた家屋の利用法には、突発的な来客や参集する者の多少の増減に対処するためのしくみがある。各家庭でイスが多く用意されていること、また円板が常備されていることは、そのような人々の集合をアフォードする、潜在的な「備え」となっているのである。[18]

四　小結

近年、「食と親族」をめぐる議論は人類学においても興隆してきているが[e.g. Janowski and Kerlogue (eds.) 2007；櫻田ほか（編）二〇一七]、そこに共通するのは、家族・親族を血縁関係に依拠する集団として捉えるのではなく、サブスタンスの共有により構築され、現地のローカルな文脈において生きられる

「親族的なるもの」の集団を捉えようとするアプローチである。

本章でも、Q村において生きられる、必ずしも血縁関係や父系出自に還元できない「一家人（/iiʔkaɲiŋ/）」について考察してきた。「一家人（/iiʔkaɲiŋ/）」は、「親族の紐帯」を強調する局面で使い勝手の良い修辞語であり、その指示対象は時と場合ごとに変化する。本章では、このことばがとくに共食単位を形容する際の成員範疇の揺らぎに着目することで、「一家人（/iiʔkaɲiŋ/）」が自己を起点として伸縮する同心円的な関係性であることを指摘した。

また本章後半では、共に食卓を囲むという実践について議論した。中国の食卓に反映される人間関係については西澤治彦による研究があり示唆に富むが［西澤　二〇〇九：四七九―六六七］、その分析の主眼は、食事作法に反映された「家族制度」や規範に置かれている。それに対し本章では、農民生活という文脈のなかで、食卓が利用されるあり方、そしてその社会的意義について考察した。

「一家人（/iiʔkaɲiŋ/）」は帰属の単位であり、またウチとソトを隔てる境界を持つ単位でもあるが、それは固定的な集団として想定すべき単位ではない。「一家人（/iiʔkaɲiŋ/）」の紐帯は複層的に潜在し、時に一つの人間集合として立ち現れる。その集合の伸縮に対処する「備え」が、Q村の食卓をめぐる実践には埋め込まれているのである。

注

（1）たとえば深尾と安冨は「各個人は少なくとも家族というつながりのなかに最初から捉えられている」［深尾・安冨　二〇〇九：五二三］とし、戒能の言葉は言い過ぎだと指摘している。また第一章で言及した清水昭俊［二〇一二］が指摘していたように、戒能の家族論も「血縁的協同体としての家族及び同族関係」［戒能　一九四三：一三六］という共同体像を先験的に措定した上での価値判断となってしまっている。

（2）序章第三節で紹介した、カーステン［Carsten (ed.) 2000］らの議論を参照のこと。本論では「リレイテッドネス」概念を用いることはないが、本章もこれらの研究動向と同様に、現地の文脈において生きられ概念化された家族のありように着目する。

（3）Q村の高淳語では「阿喫飯了？」となる。

（4）体調に不安のある呂おばさんの家事を手伝いに来たり、ボゼンが昼間働きに出ている間、呂夫妻にグウの面倒を見てもらうという場合もあった。

（5）家族（family）に相当する漢語に「家庭（*jiating*）」があるが［cf. 王崧興　一九八七：三二―三六］、この概念でも非父系的成員の日常的参与を捉えきれない。

（6）家屋の最上部に棟がロープで引き上げられると爆竹がならされ、家屋最上部から饅頭が地上に向かってばら撒かれる。「上梁」に集まってきた親戚や近隣住民は地上で待ち、縁起物とされる饅頭を拾う。

（7）箸、茶碗、皿、水筒、パン、たばこ、飴をそれぞれ二つと、「東南西北」の文字の書かれた饅頭、爆竹、赤と緑の布などである。いずれも新居祝いの縁起物であるが、特に親しい親戚が用意しなければいないものである。

（8）この日、呂おばさんは筆者との会話のなかで、「もしお姉さん（ボゼン）が結婚していなければ、来ても良かったんだよ」とも述べていた。

（9）赤ワインは、縁起の良い色の赤であること、度数も低いことから高淳全域において白酒に次ぐ勢いで流行してきている。

（10）高淳において非日常的な会食時には酒類か清涼飲料水かのどちらかを選択するが、後者の場合、オレンジジュース、ココナッツミルクジュース、スプライトが選好されている。Q村の各家庭で用意されるのも、たいていはこれら清涼飲料水のいずれかである。

（11）事実、午後五時から十五分間ほど、外では爆竹の音が鳴り響いた。「大みそかの行事」などではないのに、まるで示しあわせたかのように一斉に爆竹が鳴り始めたのを聞きながら、筆者は、この日の食事にもQ村で通底する時間のリズムが存在しているのだろうかと驚いた。なお、春節期間中には、各人がめいめいのタイミングで爆竹（打ち上げ式の花火）を打ち上げるため、夜空は花火大会の様相を呈する。

(12) たばこや、ダンボール入りのお菓子やミルクなどである。

(13) 旧正月一日は母方オジ（「舅舅（*jiujiu*）」）、二日は妻の生家（「丈母娘家（*zhangmuniangjia*）」）らの上位世代（「前輩（*qianbei*）」）、三日以降から同世代（「平輩（*pingbei*）」）という具合に、日程に即して訪問先が決まっていると語られる場合もある。

(14) なお、ビン、ボゼン、グウは、旧暦一月二日から三日間呂家に宿泊している。

(15) 料理は食卓に置かれたままであり、茶碗の上におかずを乗せて、外に出る。

(16) 円板はQ村でも多くの家で常備されているが、このような家財は高淳各地で催される「物資交流会」という定期市で販売されている。

(17) ただし、中国でも歴史的には個人分配膳が存在した［西澤　二〇〇九：六三七―六四〇］。

(18) この用語法については、佐々木正人による次の指摘から示唆を得た。「アフォーダンスはそれと関わる動物の行為の性質に依存して、あらわれたり消えたりしているわけではない。さまざまなアフォーダンスは、発見されることを環境の中で『待って』いる。〔…〕アフォーダンスは誰もが利用できる可能性として環境の中に潜在している」［佐々木正人　二〇一五：七三―七四］。

終章
韻律と社会

かつてエヴァンズ＝プリチャードは、機能主義の非歴史性を批判した有名なマレット講演のなかで、機能主義について「理論は正しくなくても、発見学的な価値を持つことがある〔…〕」［Evans-Pritchard 1962: 18-19］というアイロニカルな側面について言及していた。この顰に倣うならば、本論は「共同体がない」という誤った理論的想定の発見学的価値（heuristic value）をたよりに、現地の社会生活について分析してきたものだと言える。

しばしば「共同体がない」と語られてきた中国農村社会を、いかに理解し記述するか。この問題意識のもと、第一章で検討したのが、これまでの中国民族誌学において十分に意識されてこなかった〈集合〉論の系譜であった。日本の漢族農村研究では、中国の「村」や人間集合が、時に明確な境界が意識される実体として立ち現れ、また時に境界が不明瞭な社会範疇として見られるという知見が積み重ねられてきた。そしてこの現象を捉える視座として本論がとくに注目したのが、境界の存在を含意する「集団」(group)や日本のムラ(=村落共同体)の発想ではなく、「集まり」や「集合」という語を出発点とするアプローチであった。

それでは、本論で提示した非境界的集合論という視座、すなわち、固定的な境界を所与の前提とせずに、人々の関係が紡がれ/途切れる、その双方の局面に着目するというアプローチは、既存の理論に対し、いかなる貢献をなしうるだろうか。本章ではこれまでの各章での民族誌資料の記述と分析をあらためて振り返り、それぞれのトピックスごとに垣間見えた、農民生活の息遣いを総合的に再検討する。そして、「共同性」(communality)の欠如を常態としている農民生活のあり方を理解するための一視点としての「韻律」論の彫琢を試みる。

なお「非境界的集合」について考える上で重要となるのが、これをその時その場所における「集まり」(gathering)の様相という現象面で捉えるのか、あるいは「集まり方」(assemblage)という原理面で捉えるのかという問題である。社会学者中久郎[一九九二]の用語法を用いるならば(本書第一章、注二)、現象面での非境界的集合体、およびそれを支える原理としての非境界的集合態について、それぞれ検討する必要があると言える。以下ではこの二つの水準に留意しつつ、本論の射程を示す。

一　「渦」の生成/消滅と「織り込み済みの偶発性」にみる「身構え」

第二章と第三章で検討したのが、深尾葉子[一九九八]が廟会の生成/消滅の動態を説明する際に用いた「渦」の比喩であった。求心力の強弱に応じ伸縮をもつ非境界的集合体としての「渦」という視点は、高淳において興隆/新興/衰退が同時並行で進展している祭祀芸能「跳五猖」と「小馬燈」の現状、そして、未収穫田を起点として一定期間のみ立ち現れる「流しのコンバイン」の群れの存在を捉える上でも有益であった。この二つは一見すると全く異なる現象であるものの、その実、双方には、不特定多数の人間が集まることについての庶民の確信が、一方では祭祀芸能の実施を左右し、他方では収穫の実施という社会現象を支える原動力となっていたことが了解できる。

　また、序章で紹介した「非境界的世界」論の知見を踏まえるならば、本論において検討した「渦」のような集合現象には一つの特徴があったことを指摘できる。それが、「織り込み済みの偶発性」、すなわち、「偶然の出会いということが想定外の現象ではなく、常にあり得ることとして、人間関係の構築に際して織り込み済みの前提となっている」［堀内　二〇一四：八三、二〇一五：xviii］ような性質である。この指摘は中東研究の文脈においてなされたものだが、同時に、「異質な人々の移動・接触の長い歴史を有する」［堀内　二〇一四：八〇］社会[1]においてみられる傾向性であることが示唆されてもいた。そして、この指摘は「流しのコンバイン」の事例に合致する。調査村Q村の収穫作業は、農村の組織（association）などではなく、たまたま出会う「よそ者」たちの来訪に依存して行われていたからである。一方では、誰との仕事になるのかはわからなくとも、誰かとの仕事はできるだろうという確信が、「流し」の収穫屋・運搬屋・転売屋といった諸アクターを、一群の人間集合として調査村付近に出現させていた。他方では、このような集合現象があるからこそ、Q村の農民らは予約や確証がないままでも、自家の農作物の収穫にとって都合のいい協力者を選ぶことができていた。「流し」の諸アクター、Q村農民の双方が、お互いの存在を「織り込み済み」としてそれぞれの生業を完遂していたと指摘できる。

　また祭祀芸能の事例では、その実施が廟会「組織」の一存によって決まるのではなく、むしろ、祭祀芸能の担い手や政府関係者ら様々なアクターの「声の高まり」が重要なファクターとなっており、その集合活動には、様々な声の高まりという「機運」を掴むような庶民の姿が見いだせることを指摘した。このような来るべき機会・タイミングを逃さずに対処するという農民の姿勢は、収穫実践においても確認できた――とりわけ、穀物の色づきと相場変動と連動するかたちで、収穫物の乾燥・販売は行われていた。「機運」を待ち、また「偶発性」を所与のものとする人々の「身構え」方が、渦のような集合現象が立ち現れることの背景となっていると考えることができるだろう。

二 「差序格局」のもう一つの側面

「渦」の比喩は、お互いが見ず知らずであるような人々の集合体が一つの社会現象としていかなる機能を担うものであるのかを焦点化する上で優れた視点となっていた。ただし、非境界的集合は、「烏合の衆」にのみ見いだせるようなものではなかった。一見すると「組織」や「集団」として理解されるような家族や親族集団においても、「家（*jia*）」という集合の規模の伸縮や境界の揺れが指摘されてきたからである。その先駆的知見を示したのが、費孝通［一九九一（一九四八）］が中国社会の構造的基礎として提示した「差序格局」概念であった。そして、本論での民族誌資料は、差序格局論の今日における応用可能性を示唆するものであったと同時に、既往の差序格局論に対し一つの新たな解釈を付与するものであったということができる。

差序格局を中心点から次第に関係性が希薄なものとなってゆく同心円状のネットワークと規定するとき、そこには、費孝通自身も十分に意識していなかった二つのレベルの議論が混在している(2)。すなわち、そのような議論では、「水面の波紋」を上空から眺める視点と、横から眺める視点とが混在しているのである。あえて費孝通が用いた比喩に引き付けて述べるならば、水面を垂直に見つめるときに見いだせるのが「波紋」であり、水平に見つめるならば、そこには波が見いだせる［図8-1］。波はその時々で高さ・波長が異なるように、非境界的集合の境界は流動的に揺れ動き、また境界の高さや発生位置もその都度異なったものとなる。図8―1左の波紋の俯

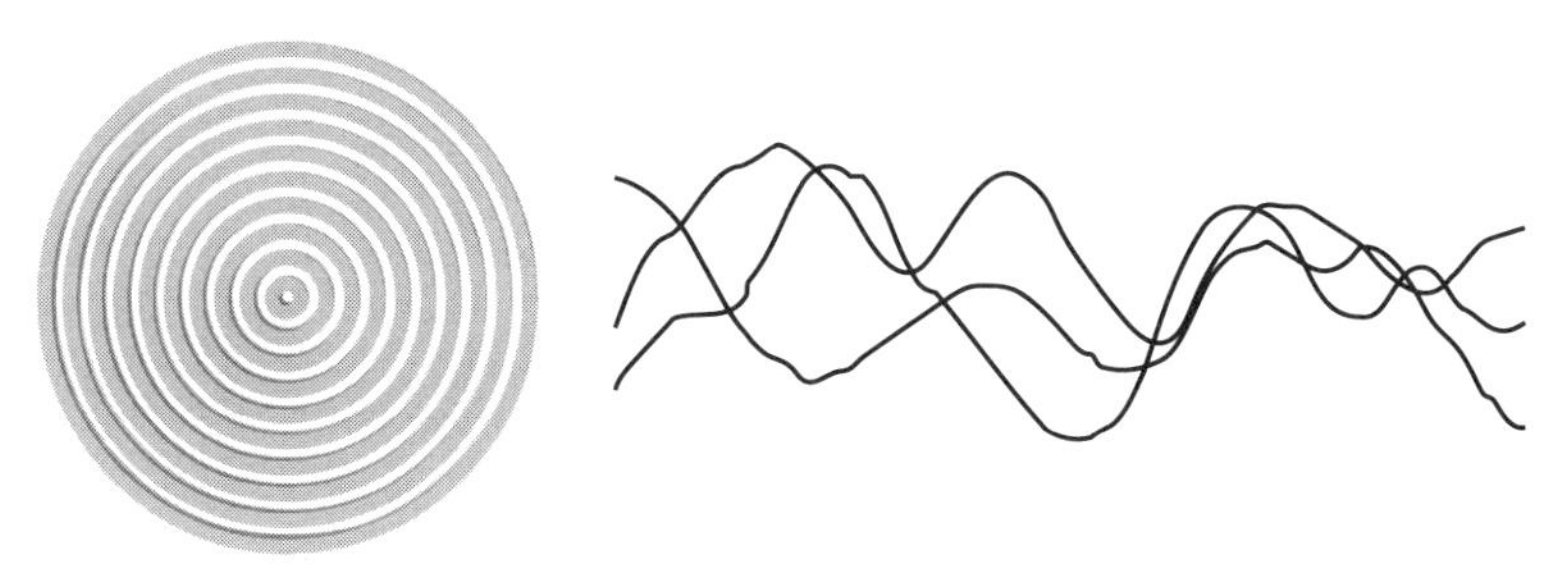

図 8-1　波紋と波のイメージ図

瞰図は、ある一時点での関係の遠／近の広がりを捉えた静止画であるのに対し、図8―1右の波のイメージ図には時間的経過が含まれる。モロッコのバザールという非境界的世界において個々人は状況や場面ごとに「区別され続ける」と指摘されていたように［堀内　二〇〇五］、人々はその時・その場所ごとに異なる境界に直面するのである。

このような境界の流動性は、人々の言語実践においても確認できるものであった。第五章で見てきたように、二分法的レトリックは一見すると自／他を分断する境界をもたらすが、実際の対面的状況において、それは固定化された集団範疇に拠る区画とはなっていなかった。場面ごとに異なる境界を前景化／後景化させることで、断絶と接続の切り替えが担保されていたのだと指摘できる。

また、この「波紋」についての二つの視点の差異に関して重要なのは、個々人からなる集合体を焦点化するか、個々人を焦点化するかという違いにも対応しているという点である。第六章で検討した粽の事例が示したのは、粽は単純に親しき友人や親族関係・姻戚関係をつたう形で贈与がなされる訳ではなかったということであった。粽を媒介とする人間関係には、粽作りにおける互助的な関係性と、粽の贈与に見られる友人関係や姻戚関係などが複層的に絡み合っていた。そして、粽の贈与対象の変更に見られるように、呂おばさん個人を起点として同心円状にたちあらわれる境界はその年ごとに揺れ動いていたのである。二〇一四年と二〇一五年の粽の贈与対象者の変化は、まさに「呂家」を中心点としてみた境界の問題であったが、呂おばさんの母にのみ粽が贈与され、呂おじさんの母Y氏には与えられていなかったように、境界線は時に個人を起点として考えられなければならない。人間関係が「途切れ」るような事例を捉えるためには、どのような性質の境界が、どのような場面において立ち現れるのか、その「境界の場面性」への着目が必要となるのである。

第七章で検討した共食範囲の問題も、現地で「一家人（/irʔkaŋiŋ/）」と呼ばれる集合範疇が場面ごとに変容し、その時々で成員範囲も伸縮に富むことを示すものであった。ただし本論では、「一家人（/irʔkaŋiŋ/）」が個々を起点に広がる複層的関係であり、また曖昧な範疇であることが実践面においてどのような現象を生むのかと議論を進め、春節の年始廻りにおいて見られた共食をめぐるすれ違いと、それを「未遂」で留まらせた柔軟な実践について紹介した。

実のところ、費孝通自身が「差序格局」概念を説明するために挙げた例が、そのような共食をめぐる場面を想起させるものであった——西洋では「家族をつれて伺います」と述べる時は誰が来るのか（夫婦二人のみでなく、子供も含めてであること）は明瞭であるが、中国人の場合は「家（*jia*）」の曖昧さ故に、どこまでの範囲の者を指すのかはっきりとしない［費孝通　一九九一（一九四八）：二六―二七］。そして本論では、このような曖昧さに対処しうる「備え」となっているのが、農村における食卓を取り囲む慣習であると論じた。

日本の銘々膳（一人一膳）とは異なり、中国の食事は「大皿料理を皆でつつく」というものであり、食事時に急な来客があったとしても、各家庭で常備されているイス（板凳）を追加すれば共食が可能となる。さらに人数が多い場合も、各家庭で常備されている二メートル弱の円板をテーブルの上に置けば大きな円卓となり、着席可能となる。すなわち、食事マナー、イスの坐り方、家屋前の広い庭の使い方といった農村ならではの実践が村民間で共通していることが、事前に十分な準備もないままであってもやって来るような、突発的な集合を可能としていたのである。

三　「身構え」と「備え」が織りなす「韻律」

このような伸縮に富む「集合体」の生成／消滅を可能にしている「備え」、そして、突発的な客人の来訪であったり、見ず知らずの者との即興的な協働を「織り込み済み」のものとしているような個々人の「身構え」、この双方がＱ村における「集合態」となっている。このような集合態のありようを既往のコミュニティ論との比較において考える上で鍵となるのが、韻律という視点である。

第四章では、言語学から借用した「韻律」（prosody）概念を手がかりに、個々の家屋や売店などを「たまり場」としてなされる村民間交流が、実のところ、明文化しえないが通底する時間秩序のもと行われていることを指摘した。「韻律」とは、何らかの制度や規約、あるいは集団的な「共同性」（communality）に基づくようなものではない。「たまり場」には、個々人それぞれの都合で行けばよい。それにも拘わらず、たとえば食事時はできるだけ避けようという個々の意識や振る舞いに一定の「共通性」があることが、Ｑ村の日常的な生活風景に見られる非境界的集合の発現を秩序たらしめているものとなっていた。売店の前の人だかり、個々の家に集う知人・友人、そして庭先での交流は、Ｑ村において通底する「韻律」に拠るかたちで行われていたのである。

ただし、Ｑ村に見られるこうした非境界的集合は、「韻律」的な時間秩序によってのみ規定されるわけではない。非境界的集合体は、たとえば、ある一定の時間帯のなかで友人や親族が好き勝手のタイミングで自分の家に遊びにくる可能性を見越し（織り込み済みのものとし）、家屋の門を開け放っておくというような「身構え」方によって可能となっているものであり、また、そのような来訪者に対処するために予めイスを少し多めに家に準備しておくといった「備え」によって可能となっているものでもあった。そして、このような「身構え」と「備え」は——時間秩序において見いだした「韻律」的特徴と同様に——、あくまでも個々人を単位とするものであり（たとえば「円板」［写真7-5］が常備されていない家もある）、そしてその時その場所の状況によって可変的な文脈依存性を有するものでありながら（たとえば家人が外出していて門が閉まっているかもしれない）、また一定程度の共通性を有するものであった（Q村のたいていの家が、ふだん門を開け放っている）。Q村の事例から見いだされる非境界的集合態とは、このような「身構え」と「備え」の相補的関係に特徴づけられるものだったと言える。

序章第一節での問いとの関わりから改めて述べると、Q村という「共同体なき社会」において本論が見いだした人々の生活の韻律とは、「身構え」と「備え」が折り重なり、相補的に作用している情景のなかに生起しているものだったのである。

さらに、韻律という視座は、人類学的なコミュニティ論にも新たな問題提起を成すものだと言える。序章第二節で言及したアミットは、コミュニティと呼びうる人々の繋がりとは「単なる共通性（commonality）以上のもの」だと述べていた［Amit and Rapport 2012: 206］。同様に、本論で提示した事例において見いだされる人々のつながり方と途切れ方は、「コミュニティと呼びうる」ようなものではない。Q村において見いだされるのはまさに、生活のリズムやイスや食卓の利用法といった諸実践の「単なる共通性」であり、明示的な規約や相互扶助などの「共同性」（communality）ではなかった。だが、このような日々の生活に根ざした些細なふるまいの単なる「共通性」（commonality）こそが、Q村における社交や生業、家族生活などの様々な場面で突発的に立ち現れる非境界的集合の即興性、柔軟性、包容力を担保する、不可欠な役割を果たしていたのである。生活の韻律という視点は、コミュニティ概念では十全に把握することができない非境界的集合を、一つの社会現象として人類学の議論の俎上にのせることを促すものなのである。

四　韻律と社会

最後に、序章でのべた対象設定の問題との関連において、韻律という視座によって指示される社会が、境界的なコミュニティ概念では捉えられない性質のものであることについて述べておきたい。

韻律がQ村という一村落を越えて広がっているという可能性に気づかせてくれたのが、「流しのコンバイン」の存在であった。Q村の農民たちは、お互いが名前も知らない「よそ者」と、事前に何の打ち合わせもなく、しかしごく当然のように、難なく分業していた。約三七〇キロメートルを隔てた農民らのあいだには、収穫作業に対する共通理解、同時代中国における農村生活についての深い共感があり、それ故に、即興的分業は可能となっていた。彼らの間の分業実践は、偶発性を「織り込み済み」のものとする「身構え」の脱領域的な共通性を示唆するものだったと言える。

また、より原理的に考えてみると、韻律という視点によって対象化される社会とは、特定の地理的境界（たとえばQ村）には還元されえない性質のものである。イスにまつわる礼儀や使い方、庭の多面的利用法、家屋構造、円板の保持や宴席でのマナーなどの諸慣習は、Q村という地理的範囲において顕在化している文化的布置だとは言えるものの、地理空間上、そして時間軸上の双方において、より広範な範囲で見いだしうるものである。

たとえばイス（板発）に坐るという身体動作自体は、当然のことながら誰にでも開かれた行為である。幼児は大人の真似をして次第に坐れるようになるという意味で、あるいは西洋人がこのタイプのイスを利用するのが苦手だった［スミス　二〇一五（一八九四）：一四九］という意味では習得が必要な身体技法だとは言えるものの、その行為自体は、文化や民族や農民といった範疇に還元することはできない。そして、イスを多めに蓄えておき、またイスを勧めることが他者への歓待の表現であることを理解しさえすれば、Q村であろうと、中国の他地域の農村であろうと、ひいては日本であろうとも、そこにはひと時の集合体が現れうる。イスの坐り方の韻律は、経験知に拠るものなのである。

だが、筆者がQ村で見いだした社会生活の韻律は、どこの社会においても見られうるものであるとは言え、どこの社会でも全く同一のそれが見られる訳ではない。この点を理解する上でも、言語学における韻律概念との比較は有効である。すなわち、日本語話者の韻律は、個人レベルでの差異があると同時に、母語話者、ならびに日本語に熟達した非母語話者の間での共通性を見せるものであるが、日本語の初学者の場合だと、その韻律には違いが出てくる。ここに韻律の境界がある。どこまで日本語に習熟すれば母語話者と同じ韻律となるのか、その境界線は曖昧で茫漠としたものであり、明確に措定することは難しいものであるが、それは境界が存在しないことを意味する訳ではない。

言語人類学においても、韻律という言語的特徴は「分析するのが最も難しい主題であり、また相対的に言って、知覚・記述・測定することが困難なものである」［Crystal 1971: 186］とされていたが、それと同時に、その研究の重要性と必要性が訴えられてきた。というのも、性別や年齢や地位や職業など、特定の社会範疇ごとに韻律の差異が存在するという知見があったからである。たとえば、牧師には牧師らしい、弁護士には弁護士らしい、また葬儀屋には葬儀屋らしい言葉の韻律があることが指摘されていたのである［Crystal 1971: 193］。

これら言語学的知見から再度、本論が描写を試みてきたQ村における社会生活の韻律について考えてみるならば、それは、もしかすると「農民」という社会範疇に属する人々のあいだにおいて、すなわち農民生活に熟達した人々のあいだに広く見いだせるものだと言えるのかもしれない。Q村では男女を問わず、また高齢者と出稼ぎ中の若者とを問わず、また、遠隔地から嫁いできた女性であっても、そして遠隔地からやってきた流しのコンバインであっても、皆が「イスの坐り方」には熟達していた。彼らはいずれも、農村における生活のあり方に関して、深い経験知を有する人々であったのである。

さらに、Q村における社会生活の韻律は、都市部の、ひいては他地域の農村のそれとは、程度の差こそあれそれぞれ異なるものとなっている筈である。それは、本章で議論してきたとおり、韻律が、純粋に人々の「身構え」方のみに拠るものではなく、「備え」というより物質的な条件によっても規定される性質のものだからである。たとえば、イス（板凳）やテーブル（八仙卓）や庭（院子）がないような（都市部のような）住居においては、即興的な集合に対処するための「備え」のあり方がQ村のそれとは大きく異なっていることは明らかである。「備え」の内実は、イス文化、土足文化、家屋構造、イスや食卓の数、庭の面積など、様々な要素が複層的に絡み合ったものであり、諸要素の重なり方には地域的変差があるがゆえに、「備え」の共通性は局地的なものとなり、ひいては韻律の発現形態の差異に帰結する。局地的に生起する韻律の境界の所在を判定することは難しい（おそらくは不可能である）とは言え、中国の農村部であっても、伝統的なイス（板凳）や八仙卓を使わない地域はあるだろうし、高淳区域でも村落形態が東西で異なるように、「備え」のあり方は高淳においてさえ変差に富む。この点に留意するならば、本論が民族誌記述を通して描写を試みてきた「共同体なき社会」の韻律のありようは、多分にQ村らしいものであり、また——高淳らしいのか江南らしいのか、中国の農村らしいのかは判定できないが——ローカル色の強いものだったかもしれない。

しかしながら、中国農村社会とは「流しのコンバイン」が活躍するような社会であり、また「家（*jia*）」が伸縮するような社会である。これら社会現象の存在を念頭に置くならば、本論がQ村の事例から提起してきた韻律という視点は、漢族農村社会における「共同性」に基づくことのないままで生起する非境界的集合を理解しまた分析する上で、有効な視点の一つとなる筈である。本論で提示した韻律という視座が、中国の、ひいては他地域の「共同体なき社会」における、即興性や偶発性を所与のものするような庶民の柔軟な「身構え」と、それを下支えする「備え」の双方を焦点化するという課題に向けた議論の端緒となれば幸いである。

注

（1） 堀内が念頭においているのは、西尾哲夫［一九九九：一二三］の述べる「文明語」――民族を超えた開放性と新概念にも対応できる造語力を有する言語である漢字（漢語）、アラビア語、ラテン語――を擁している（いた）世界である［堀内　二〇一四：八二、二〇一五：xviii］。

（2） 差序格局概念を平面的にのみ捉えるべきではないという視点をおそらく初めて提示したのが、閻雲翔［二〇〇六］である［cf. 呉飛　二〇一一：一一七］。しかし、閻雲翔の議論は、差序格局を差異と序列が上－下関係において展開されている立体構造として捉えるべきだと主張するものであり、本論が着目している波の特性、すなわち境界の揺れの問題については言及していない。

あとがき

長期調査を終えて帰国してから三度目となる補足調査を行っていた二〇一七年一月の春節期間中、筆者はQ村にて「小馬燈」を見学していた。本書第二章で示した予想のとおり、Q村の祭祀芸能は「復興」したのだった。実に九年ぶりの実施となったこの村の誇るべき伝統を見ながら、筆者は、期待していた光景を実際に目にすることができたという高揚感を感じながらも、あと一年調査期間が長ければ自分の研究は違ったものになったのではないかとの不安にも駆られていた。わずか一年ほどの間に、「断絶」が「復興」へと様変わりしたのには、どのような経緯があったのか。結局、この祭祀芸能の実施までのプロセスについては断片的な情報しか得ることができず、忸怩たる思いのなか、せめて儀礼だけでも詳細に記録しようと躍起になっていた。

だが、その頃には筆者にはもはや一種の勘のようなものができてしまっていたようで、村の民間信仰組織が取りしきり、村をあげて行われていたと形容できるこの伝統儀礼の最中でも、筆者の目につくのは参加者たちの即興的かつ柔軟な実践ばかりだった。行動予定があいまいで、次はどこに行くのかをきちんと把握せぬまま動く一群の「祭祀芸能集団」。そしてその活動を、新年の挨拶廻りでたまたま訪れていた村で見物することができた人々とその人だかり。約二週間にわたって行われたQ村の「小馬燈」において、宗教儀礼が村の共同性を強化するといったような事例を見いだすことはなかったが、いま振り返ると筆者はここでも、Q村の日常生活に身を置くなかで見いだした社会の姿をとらえようとしていたのだと思う。本書でそうした姿の一端を伝えることができたならば、著者としてはとてもうれしい。

本書は、二〇一八年三月に首都大学東京大学院人文科学研究科に提出した博士学位論文に加筆・修正を加えたものである。主査をお引き受けいただいた指導教員の何彬先生は、筆者が修士課程に入学してからの八年間、常に温かく筆者の研究をご指導またご支援くださった。また、副査を務めてくださった瀬川昌久先生、石田慎一郎先生からも、博士論文完成までのプロセスにおいて貴重なご指摘を頂いた。まずは論文審査の労をお取りくださった先生方に対して心から御礼を申し上げたい。

中国江南地方での予備調査ならびに南京市高淳での長期調査は、公益財団法人たばこ総合研究センター（二〇一一年四月～二〇一二年三月）、公益財団法人トヨタ財団（二〇一二年一〇月～二〇一四年九月）、澁澤民族学振興基金（二〇一三年四月～二〇一四年三月）からの研究助成、ならびに日本学術振興会特別研究員奨励費（JSPS-16J06593、二〇一六年四月～二〇一八年三月）および中国国家留学基金管理委員会による中国政府奨学金（二〇一三年九月～二〇一五年七月）によって可能となった。ここに厚く御礼申し上げる。

調査期間中には、実に多くの方のご支援があった。現地調査の上で様々な助力を下さった孫曼さん、田渕浩史さん、松井俊次さん、高淳の民俗活動に関してご教示くださった濮陽康京先生、呂復廉先生、魏雲龍先生、そして何よりも、筆者の滞在を快く受け入れてくれたQ村の人々、とりわけ呂夫妻に、深く感謝申し上げる。呂おじさんは常日頃、農村生活についてや物事の道理について筆者に教えてくれていたが、長期調査期間も残り一ヶ月ほどとなってからは、結婚が人にとっていかに重要であるのかを、それこそ毎日のように説くようになった。一部で晩婚化傾向も見られたQ村でも、当時もうすぐ三十歳になるところだった筆者が「そろそろだ」と心配されていたのは理解していた。それにしても、まったく同じ内容の「お説教」がなぜ何度も繰り返されているのか。その意味合いに気づいたのは、筆者が呂家を初めて訪れた日に聞いた「息子と同じように接するからな」という呂おじさんの宣言を思い出してからだった。日中戦争時の被害の記憶も残るQ村において、「日本人に良くしている」という一部の者からの誹りを受けつつも、一貫して一人の人間として筆者に接してくれた呂夫妻の存在がなければ、筆者のフィールドワークは全く違ったものとなった筈である。

これまでの研究活動においても、非常に多くの方々からの学恩を受けた。まず首都大学東京大学院社会人類学教室では、授業や研究会などでの様々な議論に大きく啓発を受けた。同研究室においてご指導くださり、また多方面にわたってご助力をくださった綾部真雄先生、伊藤眞先生、小田亮先生、高桑史子先生、田沼幸子先生、鄭大均先生、深山直子先生に感謝申し上げる。特に、綾部先生には筆者の問題意識を韻律という術語によって考察する上でのヒントを頂いた。また、中国研究の先輩として常に筆者を叱咤激励してくださった澤井充生氏、河合洋尚氏、小林宏至氏、横田浩一氏、阿部朋恒氏、そして、本書の基礎となった一部草稿にコメントを下さった、池田昭光氏、溝口大助氏、二文字屋脩氏、荒木亮氏、日下部啓子氏、寺尾萌氏、戴寧氏、李婧氏、浅井彩氏、村主直人氏、伍洲揚氏、顔行一氏の諸学兄に多謝したい。皆様の多岐にわたるお力添えなくしては、研究を続けることはできなかった。

また、学部時代に文化人類学の魅力を教えて頂いた桑山敬己先生、人類学者としての研究姿勢を教えて下さった渡邊欣雄先生、中国社会についての筆者の問題意識を理解した上で適切な助言を下さった南京大学の楊徳睿先生と朱安新先生、国立民族学博物館特別共同利用研究員（二〇一六年度）の受け入れ教員としてご指導下さった韓敏先生、日本学術振興会特別研究員ＰＤ（東京大学）の受け入れ教員としてご指導くださった菅豊先生、中国の「わらわら現象」の重要性についてご教示くださった深尾葉子先生と安冨歩先生、共同体論についてコメントを下さった清水昭俊先生、江南研究者の先輩として貴重なご助言を下さった佐藤仁史先生、太田出先生、李甜氏、三田辰彦氏、日本文化人類学会課題研究懇談会「嗜好品の文化人類学」（代表：河野正治氏）の皆様、そして、仙人の会や東アジア人類学研究会などを通じて多大な支援を下さった曽士才先生、中生勝美先生、西澤治彦先生、沼崎一郎先生、三尾裕子先生、稲澤努氏、川口幸大氏、櫻田涼子氏、田村和彦氏、長沼さやか氏、藤野陽平氏、田中孝枝氏、奈良雅史氏にも、深く感佩している。これまでに賜った数々のご助言は、筆者の未熟さゆえに十分に消化しきれていないものの、これからの宿題として今後も継続して考えていきたい。

本書の刊行に際しては、日本学術振興会の研究成果公開促進費（JSPS-19HP5110）を受けた。また、関係各位からの多くのご支援を賜った。筆者は二〇一九年春より江戸川大学に赴任し、就任初年度ゆえの多忙に追われ様々なご迷惑をおかけしてしまったが、同僚諸氏および教職員の皆様にご配慮いただいたお蔭で本書の原稿を揃えることができた。そして、筆者のたっての願いを聞き編集をご担当くださった弘文堂の三徳洋一氏には、格段のご配慮とご助力をいただいた。厚く御礼申し上げます。

ここではごく一部の方しかお名前を挙げることはできなかったが、その他にも実に多くの方々のお世話になった。最後に、筆者にとっての「第一の読者」としていつも的確なコメントをくれる吉元菜々子と、筆者の留学や進学を常に後押ししてくれた両親に、心から感謝したい。

二〇一九年晩夏

川瀬由高

参照文献

【日本語】
青柳まちこ
　一九七七　『「遊び」の文化人類学』東京：講談社。
浅川滋男
　一九九四　『住まいの民族建築学――江南漢族と華南少数民族の住居論』東京：建築資料研究社。
朝倉敏夫
　一九九五　「食の生活文化」『生活文化論――文化人類学の視点から』河合利光（編）、四三―六四頁、東京：建帛社。
有坪民雄
　二〇〇六　『イラスト図解 コメのすべて』東京：日本実業出版社。
アロット、ニコラス
　二〇一四　『語用論キーターム事典』今井邦彦・岡田聡宏・井門亮・松崎由貴・古牧久（訳）、東京：開拓社。
池田昭光
　二〇一八　『流れをよそおう――レバノンにおける相互行為の人類学』横浜：春風社。
石田浩

一九八六　『中国農村社会経済構造の研究』京都：晃洋書房。
石田浩（編）
二〇〇五　『中国農村の構造変動と「三農問題」――上海近郊農村実態調査分析』京都：晃洋書房。
稲澤努・藤野陽平・横田浩一・小林宏至・兼城糸絵・川瀬由高・河合洋尚
二〇一七　「座談会 現代中国におけるフィールドワークの実践」『フィールドワーク――中国という現場、人類学という実践』西澤治彦・河合洋尚（編）、二〇九―二二三頁、東京：風響社。
稲村達也
二〇一五　「中国四川省の集約的な土地利用と稲作」『アジア・アフリカの稲作――多様な生産生態と持続的発展の道』堀江武（編）、一九七―二一〇頁、東京：農山漁村文化協会。
岩本通弥
一九九〇　「柳田国男の『方法』について――綜観・内省・了解」『国立歴史民俗博物館研究報告』二七：一一三―一三五。
上田信
一九八六　「村に作用する磁力について（上）――浙江省鄞県勤勇村（鳳溪村）の履歴」『中国研究月報』四五五：一―一四。
一九八七　「離陸する村――江蘇省常熟市元和村の履歴」『中国研究月報』四七四：三一―四三。
上野和男・福田アジオ・高桑守史・宮田登（編）
一九八七　『新版 民俗調査ハンドブック』東京：吉川弘文館。
植野弘子
一九八八　「台湾南部の王醮と村落――台南県一祭祀圏の村落間関係」『文化人類学5 特集＝漢族研究の最前線――台湾・香港』末成道男（編）、六四―八二頁、京都：アカデミア出版会。
二〇〇〇　『台湾漢民族の姻戚』東京：風響社。

ウォーラースティン、イマニュエル
二〇〇六『入門・世界システム分析』山下範久（訳）、東京：藤原書店。
卯田宗平
二〇〇八「生業環境の変化への二重の対応——中国・ポーヤン湖における鵜飼い漁師たちの事例から」『文化人類学』七三（二）：一—二四。
内山雅生
二〇〇三『現代中国農村と「共同体」——転換期中国華北農村における社会構造と農民』東京：御茶の水書房。
二〇〇九『日本の中国農村調査と伝統社会』東京：御茶の水書房。
エリクソン、ドナ
二〇一三「英語のリズムと第二言語教育への応用」渡丸嘉菜子・荒井隆行（訳）『日本音響学会誌』六九（四）：一八四—一九〇。
王仁湘
二〇〇一『中国飲食文化』鈴木博（訳）、東京：青土社。
王崧興
一九八六「漢民族の社会組織」『日本民俗社会の形成と発展——イエ・ムラ・ウジの源流を探る』武村卓二（編）、一四七—一六七頁、東京：山川出版社。
一九八七「漢人の家族と社会」『現代の社会人類学1（親族と社会の構造）』伊藤亜人・関本照夫・船曳建夫（編）、二五—四二頁、東京：東京大学出版会。
一九九一「台湾における漢族社会の研究史的軌跡」『漢族と隣接諸族——民族のアイデンティティの諸動態』（国立民族学博物館研究報告別冊一四）竹村卓二（編）、一—一六頁、大阪：国立民族学博物館。
太田出
二〇〇七「太湖流域漁民の『社』『会』とその共同性——呉江市漁業村の聴取記録を手がかりに」『太湖流域社会の歴

史学的研究——地方文献と現地調査からのアプローチ』太田出・佐藤仁史（編）、一八五—二三六頁、東京：汲古書院。
太田出・佐藤仁史（編）
二〇〇七『太湖流域社会の歴史学的研究——地方文献と現地調査からのアプローチ』東京：汲古書院。
岡田謙
一九三八「台湾北部村落に於ける祭祀圏」『民族学研究』四（一）：一—二二。
小笠原祐子
一九九八『ＯＬたちの〈レジスタンス〉——サラリーマンとＯＬのパワーゲーム』東京：中央公論社。
奥村哲
二〇〇三「民国期中国の農村社会の変容」『歴史学研究』七七九：一八—二四。
小田亮
二〇〇四「共同体という概念の脱／再構築——序にかえて」『文化人類学』六九（二）：二三六—二四六。
オルデンバーグ、レイ
二〇一三『サードプレイス——コミュニティの核になる「とびきり居心地よい場所」』忠平美幸（訳）、東京：みすず書房。
戒能通孝
一九四三『法律社会学の諸問題』東京：日本評論社。
笠原十九司
一九九七『南京事件』東京：岩波書店。
兼重努
二〇一六「無形文化遺産登録をめぐるせめぎあい——トン族大歌の事例から」『中国地域の文化遺産——人類学の視点から』（国立民族学博物館調査報告一三六）河合洋尚・飯田卓（編）、二一一—五〇頁、大阪：国立民族学博物館。

金丸紘子
二〇一三「プロソディー中心の英語発音指導の効果――日々の授業に取り入れることのできる指導法を求めて」『日本私学教育研究所紀要』四九：二五―二八。
何彬
二〇〇四「儀礼食・節句食のシンボリズムとアイデンティティ――中国北方漢族の場合」『東アジアにみる食とこころ――中国・台湾・モンゴル・韓国・日本』国学院大学日本文化研究所（編）、三―三七頁、東京：おうふう。
河合利光
二〇一二「家族・親族研究の復活の背景」『家族と生命継承――文化人類学的研究の現在』河合利光（編）、一五―四四頁、東京：時潮社。
河合洋尚
二〇〇七「中国人類学における『本土化』の動向――一九八〇年代以降の指針と実践」『唯物論研究』一〇〇：一〇七―一二四。
川口幸大
二〇一三『東南中国における伝統のポリティクス――珠江デルタ村落社会の死者儀礼・神祇祭祀・宗族組織』東京：風響社。
川瀬由高
二〇一二「機能主義的民族誌に関する一考察――費孝通の community 析出の技法を手掛かりに」修士学位論文、首都大学東京大学院人文科学研究科。
二〇一三a「費孝通の学問的背景――複数の機能主義に就いて」『知性と創造――日中学者の思考』四：一六六―一八八。
二〇一三c「書評　AMIT, VERED and NIGEL RAPPORT *Community, Cosmopolitanism and the Problem of Human Commonality.*」『社会人類学年報』三九：一七五―一八二。

二〇一六a 「渦中の無形文化遺産――南京市高淳における祭祀芸能の興隆と衰退の事例から」『中国地域の文化遺産――人類学の視点から』(国立民族学博物館調査報告一三六) 河合洋尚・飯田卓 (編)、二四七―二七〇頁、大阪：国立民族学博物館。
二〇一六b 「南京を語ることば」『月刊みんぱく』四〇 (八)：五―六。
二〇一六c 「流しのコンバイン――収穫期の南京市郊外農村における即興的分業」『社会人類学年報』四二：一二一―一四一。
二〇一七 「書評 瀬川昌久、川口幸大編『〈宗族〉と中国社会――その変貌と人類学的研究の現在』」『文化人類学』八二 (二)：二四三―二四七。

河野正
二〇一一 「一九五〇年代河北省農村の『村意識』とその変容」『アジア研究』五七 (四)：五二―六九。

河原昌一郎
一九九九 『詳解 中国の農業と農村――歴史・現状・変化の胎動』東京：農山漁村文化協会。

祁建民
二〇一〇 「華北農村における国家権力と看青慣行」『研究紀要』一一：二四九―二五七。

岸本美緒・宮嶋博史
一九九八 『世界の歴史12 明清と李朝の時代』東京：中央公論新社。

北原淳
二〇〇七 「アジア共同体論の課題」『むらの社会を研究する――フィールドからの発想』日本村落研究学会 (編)、一五二―一七二頁、東京：農山漁村文化協会。

木内裕子
一九八八 「境の見えない『村』――台湾漁民社会の事例から」『文化人類学5 特集＝漢族研究の最前線――台湾・香港』末成道男 (編)、八三―九九頁、京都：アカデミア出版会。

桑山敬己
二〇〇六「民族誌論」『文化人類学20の理論』綾部恒雄（編）、三二〇―三二七頁、東京：弘文堂。
二〇〇八『ネイティヴの人類学と民俗学――知の世界システムと日本』東京：弘文堂。
合田博子
二〇一〇『宮座と当屋の環境人類学――祭祀組織が担う公共性の論理』東京：風響社。
小口彦太
一九八〇「『中国農村慣行調査』をとおしてみた華北農民の規範意識像」『比較法学』一四（二）：一―七一。
小島泰雄
二〇〇九「生活空間の重層性から中国農村研究を考える」『近きに在りて』五五：九一―九七。
小林宏至
二〇一六「社会的住所としての宗族――福建省客家社会における人物呼称の事例から」『〈宗族〉と中国社会――その変貌と人類学的研究の現在』瀬川昌久・川口幸大（編）、一三七―一七一頁、東京：風響社。
佐々木高明
一九八七「照葉樹林と日本文化」『写真測量とリモートセンシング』二六（二）：六一―六九。
一九九四「照葉樹林帯の食物文化」『調理科学』二七（三）：一九七―二〇三。
佐々木正人
二〇一三「意図・空気・場所――身体の生態学的転回」『知の生態学的転回1　身体：環境とのエンカウンター』佐々木正人（編）、一―三四頁、東京：東京大学出版会。
二〇一五『新版　アフォーダンス』東京：岩波書店。
佐々木衞
一九八七「書評　費孝通『郷土中国』」『民族学研究』五二（一）：八四―八六。
一九八八「中国の民間宗教集団――構造的特性について」『民族学研究』五三（三）：二八〇―三〇〇。

一九九三　『中国民衆の社会と秩序』東京：東方書店。
一九九六　「アジアの社会変動理論の可能性——費孝通の再読を通して」『民族学研究』六一（三）：三四九—三六九。
二〇〇三　『費孝通——民族自省の社会学』東京：東信堂。
二〇一二　『現代中国社会の基層構造』東京：東方書店。
二〇一七　「再読 費孝通著 *"Peasant Life in China"* (1939) ——マリノフスキー野外調査法からの考察」『社会学雑誌』三三：三—二一。

櫻井龍彦・阮雲星・長谷川清・周星・長沼さやか・松岡正子
二〇一一　「座談・開発と文化遺産」『中国21』三四：三—二八。

櫻田涼子・稲澤努・三浦哲也（編）
二〇一七　『食をめぐる人類学——飲食実践が紡ぐ社会関係』京都：昭和堂。

佐藤知久
二〇一三　『フィールドワーク2.0——現代世界をフィールドワーク』東京：風響社。

佐藤仁史
二〇〇七　「一宣巻藝人の活動からみる太湖流域農村と民間信仰——上演記録に基づく分析」『太湖流域社会の歴史学的研究——地方文献と現地調査からのアプローチ』太田出・佐藤仁史（編）、二三七—二七九頁、東京：汲古書院。
二〇一三　「民間信仰からみる江南農村と華北農村」『華北の発見』本条比佐子・内山雅雄・久保亨（編）、二〇一—二二六頁、東京：東洋文庫。

佐藤仁史・太田出・稲田清一・呉滔（編）
二〇〇八　『中国農村の信仰と生活——太湖流域社会史口述記録集』東京：汲古書院。

佐藤仁史・太田出・藤野真子・緒方賢一・朱火生（編）
二〇一一　『中国農村の民間藝能——太湖流域社会史口述記録集2』東京：汲古書院。

志賀市子
一九九〇「江蘇省南通地方の僮子と僮子戯」『比較民俗研究』一：一八八―一九三。

一九九二「江蘇省南通の民俗芸能〝僮子戯〟の研究――民間宗教者〝僮子〟とその近代」『比較民俗研究』五：六三―一〇〇。

清水昭俊
一九九二「永遠の未開文化と周辺民族――近代西欧人類学史点描」『国立民族学博物館研究報告』一七（三）：四一七―四八八。

一九九九「忘却のかなたのマリノフスキー――一九三〇年代における文化接触研究」『国立民族学博物館研究報告』二三（三）：五四三―六三四。

二〇一二「戒能通孝の『協同体』論――戦時の思索と学術論争」『近代〈日本意識〉の成立――民俗学・民族学の貢献』ヨーゼフ・クライナー（編）、一〇五―一二二頁、東京：東京堂出版。

二〇一三「民族学の戦時学術動員――岡正雄と民族研究所、平野義太郎と太平洋協會」『国際常民文化研究叢書4　第二次大戦中および占領期の民族学・文化人類学』一七―八二頁、横浜：神奈川大学国際常民文化研究機構。

末成道男
一九八五「村廟と村境――台湾客家集落の事例から」『文化人類学2　特集＝民族とエスニシティ』綾部恒雄（編）、二五五―二六〇頁、京都：アカデミア出版会。

一九九一ａ「台湾漢族の信仰圏域――北部客家部落の資料を中心にして」『漢族と隣接諸族――民俗のアイデンティティの諸動態』（国立民族学博物館研究報告別冊一四）竹村卓二（編）、二一一―二〇一頁、大阪：国立民族学博物館。

一九九一ｂ「コメント1」『漢族と隣接諸族――民族のアイデンティティの諸動態』（国立民族学博物館研究報告別冊一四）竹村卓二（編）、一三〇―一三二頁、大阪：国立民族学博物館。

末成道男・王崧興・瀬川昌久・植野弘子・清水純・蔡志祥

一九八八「共同討論 漢族調査をめぐる諸問題」『文化人類学5 特集＝漢族研究の最前線――台湾・香港』末成道男（編）、一七三―一九五頁、京都：アカデミア出版会。
菅豊
二〇一四「文化遺産時代の民俗学――『間違った二元論（mistaken dichotomy）』を乗り越える」『日本民俗学』二七九：三三―四一。
スミス、アーサー
二〇一五（一八九四）『中国人的性格』石井宗皓・岩崎菜子（訳）、東京：中央公論新社。
瀬川昌久
一九八七「香港新界の漢人村落と神祇祭祀」『民族學研究』五二（三）：一八一―一九八。
一九九一『中国人の村落と宗族――香港新界農村の社会人類学的研究』東京：弘文堂。
一九九七「人類学における親族研究の軌跡」『岩波講座文化人類学第4巻 個からする社会展望』青木保・内堀基光・梶原景昭・小松和彦・清水昭俊・中林伸浩・福井勝義・船曳建夫・山下晋司（編）、二七―六〇頁、東京：岩波書店。
二〇〇四『中国社会の人類学――親族・家族からの展望』京都：世界思想社。
二〇一六「宗族研究展望――二〇世紀初頭の『家族主義』から二一世紀初頭の『宗族再生』まで」『〈宗族〉と中国社会――その変貌と人類学的研究の現在』瀬川昌久・川口幸大（編）、一五―六一頁、東京：風響社。
銭丹霞
二〇〇七『中国江南農村の神・鬼・祖先――浙江省尼寺の人類学的研究』東京：風響社。
園田茂人
二〇〇一『中国人の心理と行動』東京：日本放送出版協会。
孫文
一九五七『三民主義』（上・下）安藤彦太郎（訳）、東京：岩波書店。

田辺繁治
二〇〇三『生き方の人類学――実践とは何か』東京：講談社。
二〇〇五「コミュニティ再考――実践と統治の視点から」『社会人類学年報』三一：一―二九。
谷川道雄
二〇〇一「中国社会の共同性について」『東洋史苑』五八：四九―七七。
田村愛理
二〇一七「書評 堀内正樹・西尾哲夫編『〈断〉と〈続〉の中東：非境界的世界を游ぐ』」『イスラーム世界研究』一〇：三〇三―三〇六。
張思
二〇〇四「近代華北農村における搭套慣行」『国府台経済研究』一五（二）：一五九―一八三。
張燕
二〇一二「端午節に見る中国の民間信仰」『人文学論集』三〇：一九一―二〇二。
陳勤建
二〇一四「民俗学者と現代中国の無形文化遺産保護」西村真志葉（訳）『日本民俗学』二七九：四二―四七。
陳志勤
二〇一四「地方の無形文化遺産保護およびその多様な主体の役割について――『紹興舜王廟会』を例に」西村真志葉（訳）『日本民俗学』二七九：五四―五八。
鶴谷千春
二〇一六「丁寧さを表現するために日本語母語話者が用いる韻律的特徴」『国立国語研究所論集』一一：一六七―一八〇。
丁艶峰・李昆志・曹衛星
二〇〇五「中国――蘇南地域における郷鎮企業の発展と規模農業の展開」『栽培システム学』稲村達也（編）、九五―

一〇七頁、東京：朝倉書店。
デュルケーム、エミール
二〇一七『社会分業論』田原音和（訳）、東京：筑摩書房。
テンニエス、フェルディナント
一九五七『ゲマインシャフトとゲゼルシャフト——純粋社会学の基本概念』（上・下）杉之原寿一（訳）、東京：岩波書店。
陶思炎
二〇〇九「南京郊外の儺文化伝承」小南一郎（訳）『中国近世文芸論——農村祭祀から都市芸能へ』田仲一成・小南一郎・斯波義信（編）、二七—三七頁、東京：東洋文庫。
鳥越皓之
一九八九「村と共同体」『現代社会人類学』合田濤（編）、二九—四九頁、東京：弘文堂。
一九九三『家と村の社会学 増補版』京都：世界思想社。
中久郎
一九九一『共同性の社会理論』京都：世界思想社。
中村治兵衛
一九七二「宋代広徳軍祠山廟の牛祭について——宋代社会の一事例として」『史淵』一〇九：一—二四。
中生勝美
一九八七「『中国農村慣行調査』の限界と有効性——山東省歴城県冷水溝荘再調査を通じて」『アジア経済』二八（六）：三三—四六。
一九九〇a「村の派閥争い」『文化人類学8 特集＝中国研究の視角』末成道男（編）、五三—六二頁、京都：アカデミア出版。
一九九〇b『中国村落の権力構造と社会変化』東京：アジア政経学会。

一九九一「親族名称の拡張と地縁関係――華北の世代ランク」『民族学研究』五六（三）：二六五―二八三。
一九九三「華北の定期市――スキナー市場理論の再検討」『キリスト教文化研究所研究年報』二六：八三―一二三。
長岡新吉
一九八五「『講座派』理論の転回とアジア認識――平野義太郎の場合」『経済学研究』三四（四）：一―一一。
中山ハルノ
一九六四「端午の節句と粽の史的考察」『研究紀要』三（一）：一一九―一三〇。
名和克郎
二〇〇二『ネパール、ビャンスおよび周辺地域における儀礼と社会範疇に関する民族誌的研究――もう一つの〈近代〉の布置』東京：三元社。
ナンシー、ジャン＝リュック
二〇〇一『無為の共同体――哲学を問い直す分有の思考』西谷修・安原伸一朗（訳）、東京：以文社。
二階堂善弘
二〇〇七「祠山張大帝考――伽藍神としての張大帝」『関西大学中国文学会紀要』二八：一五五―一六七。
二〇一三「祠山張王信仰の発展と衰退」『東方宗教』一二二：四六―六四。
西尾哲夫
一九九九「神の選びたまいし言葉――アラブ・ナショナリズムと汎イスラミズムの中のアラビア語」『ことばの二〇世紀――二〇世紀における諸民族の伝統と変容』庄司博史（編）、一一七―一三一頁、東京：ドメス出版。
西澤治彦
一九九〇「調査をとおして見えてくる中国社会の一断面」『文化人類学8　特集＝中国研究の視角』末成道男（編）、四〇―五二頁、京都：アカデミア出版。
一九九六「村を出る人・残る人、村に戻る人・戻らぬ人――漢族の移動に関する諸問題」『僑郷華南――華僑・華人研究の現在』可児弘明（編）、一―三七頁、大津：行路社。

二〇〇六「中国文化人類学の歩み」『中国文化人類学リーディングス』瀬川昌久・西澤治彦（編）、七―三四頁、東京：風響社。
二〇〇九『中国食事文化の研究――食をめぐる家族と社会の歴史人類学』東京：風響社。
巴芳
二〇一〇「中国における社会ネットワーク研究の進展とその変化――伝統的ネットワークから趣味ネットワークへ」『同志社社会学研究』一四：一七―二九。
白松強
二〇一三「中国河北農村における民間信仰が無形文化遺産化される過程に関する一考察――国家レベル無形文化遺産の武安儺俗を事例として」『年報非文字資料研究』九：一一九―一三三。
二〇一四「中国における民間信仰に関する保護政策と政府介入――河北省の国指定無形文化遺産の「捉黄鬼」を事例として」『日中社会学研究』二二：一〇〇―一一四。
旗田巍
一九七三『中国村落と共同体理論』東京：岩波書店。
一九八六（一九四五）「廟の祭礼を中心とする華北村落の会」『旧中国農村再考――変革の起点を問う』小林弘二（編）、一一一―一五三頁、千葉：アジア経済研究所。
濱島敦俊
一九八七「中国中世における村落共同体」『中世史講座2 中世の農村』木村尚三郎・田中正俊・永原慶二・山崎利男・佐々木潤之介・遅塚忠躬・堀敏一（編）、一三五―一六一頁、東京：学生社。
二〇〇一『総管信仰――近世江南農村社会と民間信仰』東京：研文出版。
濱島敦俊・片山剛・高橋正
一九九四「華中・南デルタ農村実地調査報告書」『大阪大学文学部紀要』三四：i―五七六。
林恵海

一九五三『中支江南農村社会制度研究 上巻』東京：有斐閣。
原知章
二〇一二「『コミュニティ』とは何か――地域SNSをめぐる政策から考える」『国立民族学博物館調査報告』一〇六：一五一―四〇。
パットナム、D・ロバート
二〇〇六『孤独なボウリング――米国コミュニティの崩壊と再生』柴内康文（訳）、東京：柏書房。
費孝通
二〇〇一a『郷土中国』（調査報告書№49）鶴間和幸・市来弘志・上田信・王瑞来・川上哲正・武内房司（訳）、東京：学習院大学東洋文化研究所。
二〇〇一b「郷土社会の中国」蕭紅燕（訳）『土佐地域文化』三：二〇八―二三〇。
二〇〇一c「郷土社会の中国（その二）」蕭紅燕（訳）『土佐地域文化』四：一七七―二〇〇。
二〇〇二「郷土社会の中国（その三）」蕭紅燕（訳）『土佐地域文化』五：二五二―二五八。
二〇〇三「翻訳 郷土社会の中国」蕭紅燕（訳）『高知論叢』七六：三五七―四〇四。
二〇一九『郷土中国』西澤治彦（訳）、東京：風響社。
ピーコック、ジェイムズ・L
一九八八『人類学と人類学者』今福龍太（訳）、東京：岩波書店。
日野開三郎
一九五〇「宋代の長生牛――『宋代の賃・租牛と牛政』第三章として」『東洋学報』三三（三）：三二〇―三三八。
平井京之介（編）
二〇一二『実践としてのコミュニティ――移動・国家・運動』京都：京都大学学術出版会。
平井良介・小宮良介・丹後芳史・堀内真幸
二〇一二「中国向普通型コンバインPRO688Qグレンタンク機の開発」『クボタ技報』四六：五四―五九。

平野義太郎
一九四三　「北支農村の基礎要素としての宗族及び村廟」『支那農村慣行調査報告書　第一輯』東亜研究所（編）、一一―一四五頁、東京：東亜研究所。
一九四五　『大アジア主義の歴史的基礎』東京：河出書房。
馮彤
二〇〇七　「中国の無形文化財の保護に対する一考察」『北東アジア研究』一三：一三七―一四七。
廣田律子
二〇一一　『中国民間祭祀芸能の研究』東京：風響社。
深尾葉子
一九九八　「中国西北部黄土高原における廟会をめぐる社会交換と自律的凝集」『国立民族学博物館研究報告』二三（二）：三二一―三五七。
深尾葉子・安冨歩
二〇〇三　「中国陝西省北部農村の人間関係形成機構――〈相夥〉と〈雇〉」『東洋文化研究所紀要』一四四：三五八―三一九。
二〇〇九　「中国農村社会論の再検討」『「満州」の成立――森林の消尽と近代空間の形成』安冨歩・深尾葉子（編）、四九三―五二七頁、名古屋：名古屋大学出版会。
福田アジオ（編）
一九九二　『中国江南の民俗文化――日中農耕文化の比較』文部省科学研究費補助金（国際学術研究）研究成果報告書。
一九九五　『中国浙江の民俗文化――環東シナ海（東海）農耕文化の民俗学的研究』文部省科学研究費補助金（国際学術研究）研究成果報告書。
一九九九　『中国浙南の民俗文化――環東シナ海（東海）農耕文化の民俗学的研究』文部省科学研究費補助金（国際学術研究）研究成果報告書。

二〇〇一『中国江南村落の民俗誌的研究――上海近郊村落の民俗』横浜：神奈川大学大学院歴史民俗資料学研究科。
二〇〇六『中国江南沿海村落民俗誌――浙江省象山県東門島と温嶺市箬山』横浜：神奈川大学大学院歴史民俗資料学研究科。
福武直
一九七六（一九四六）『福武直著作集第9巻 中国農村社会の構造』東京：東京大学出版会。
一九八五「林恵海先生追悼の辞」『社会学評論』三六（二）：一〇八―一〇九。
藤田弘夫
一九九三『都市の論理――権力はなぜ都市を必要とするのか』東京：中央公論新社。
船曳建夫
一九九七「Communal と Social、そして親密性」『岩波講座文化人類学第4巻 個からする社会展望』青木保・内堀基光・梶原景昭・小松和彦・清水昭俊・中林伸浩・福井勝義・船曳建夫・山下晋司（編）、一―二四頁、東京：岩波書店。
ブルデュー、ピエール
一九九三『資本主義のハビトゥス――アルジェリアの矛盾』原山哲（訳）、東京：藤原書店。
星明
二〇〇五「新中国成立以前における中国の社会学に対する日本の社会学の影響について」『社会学部論集』四〇：一五九―一七三。
堀内正樹
二〇〇五「境界的思考から脱却するために――中東研究がもたらすもの」『国際文化研究の現在――境界・他者・アイデンティティ』成蹊大学文学部国際文化学科（編）、一九―五〇頁、東京：柏書房。
二〇一四「世界のつながり方に関する覚え書き」『成蹊大学文学部紀要』四九：六一―八五。
二〇一五「まえがき」『〈断〉と〈続〉の中東――非境界的世界を游ぐ』堀内正樹・西尾哲夫（編）、iii–xxi頁、東京：

悠書館。
堀内正樹・西尾哲夫（編）
二〇一五『〈断〉と〈続〉の中東――非境界的世界を游ぐ』東京：悠書館。
堀江未央
二〇一八『娘たちのいない村――ヨメ不足の連鎖をめぐる雲南ラフの民族誌』京都：京都大学学術出版会。
本間伸夫・石原和夫
一九九五「東西食文化の日本海側の接点に関する研究（Ⅶ）――端午の節句の粽、餅、団子」『県立新潟女子短期大学研究紀要』三二：八七―九五。
一九九六「東西食文化の日本海側の接点に関する研究（Ⅷ）――端午の節句の粽、餅、団子の全国的な分布（その1）」『県立新潟女子短期大学研究紀要』三三：一―一四。
一九九七a「東西食文化の日本海側の接点に関する研究（Ⅹ）――端午の節句の粽、餅、団子の全国的な分布（その2）クラスター分析法による節句全般の解析」『県立新潟女子短期大学研究紀要』三四：一一三―一二四。
一九九七b「東西食文化の日本海側の接点に関する研究（Ⅺ）――端午の節句の粽、餅、団子の全国的な分布（その3）クラスター分析法による柏餅、餅、粽の解析」『県立新潟女子短期大学研究紀要』三四：一二五―一三七。
前川喜久雄
一九九八「音声学」『岩波講座言語の科学2　音声』田窪行則・窪薗晴夫・白井克彦・前川喜久雄・本多清志・中川聖一、一―五二頁、東京：岩波書店。
一九九九「韻律とコミュニケーション」『日本音響学会誌』五五（二）：一一九―一二五。
マッキーヴァー、ロバート・M
二〇〇九『コミュニティ――社会学的研究：社会生活の性質と基本法則に関する一試論』中久郎・松本通晴（監訳）、東京：ミネルヴァ書房。
松園万亀雄

二〇〇二 「民族誌と個性――フィールドワークにおける『私』をめぐって」『社会人類学年報』二八：一―二五。
マリノフスキ、ブロニスワフ
二〇一〇 『西太平洋の遠洋航海者――メラネシアのニュー・ギニア諸島における、住民たちの事業と冒険の報告』増田義郎（訳）、東京：講談社。
三尾裕子
一九九一 「台湾漢人の宗教祭祀と地域社会」『漢族と隣接諸族――民族のアイデンティティの諸動態』（国立民族学博物館研究報告別冊一四）竹村卓二（編）、一〇三―一三〇頁、大阪：国立民族学博物館。
一九九七 「中国福建省閩南地区の王爺信仰の特質――実地調査資料の整理と分析」『アジア・アフリカ言語文化研究』五四：一五一―一九三。
一九九九 「漢民族の民間信仰――『中国的宗教』論への一視角」『中原と周辺――人類学的フィールドからの視点』末成道男（編）、二二一―二三九、東京：風響社。
二〇〇四 「王爺信仰の歴史民族誌――台湾漢人の民間信仰の動態」博士学位論文、東京大学大学院総合文化研究科。
三谷孝（編）
一九九九 『中国農村変革と家族・村落・国家――華北農村調査の記録第一巻』東京：汲古書院。
二〇〇〇 『中国農村変革と家族・村落・国家――華北農村調査の記録第二巻』東京：汲古書院。
三谷孝・末次玲子・笠原十九司・小田則子・中生勝美・内山雅生・浜口允子・リンダ・グローブ
二〇〇〇 『村から中国を読む――華北農村五十年史』東京：青木書店。
武藤秀太郎
二〇〇三 「平野義太郎の大アジア主義論――中国華北農村慣行調査と家族観の変容」『アジア研究』四九（四）：四四―五九。
村田雄二郎
二〇〇〇 「二〇世紀システムとしての中国ナショナリズム」『現代中国の構造変動3 ナショナリズム――歴史からの

接近』西村成雄（編）、三―三四頁、東京：東京大学出版会。

森英樹
一九七六「マルクス主義法学の成立と展開」『マルクス主義法学講座 第1巻』天野和夫ほか（編）、東京：日本評論社。

山田晴通
二〇〇七「『バレンタイン・チョコレート』はどこからきたのか（1）」『東京経済大学・人文自然科学論集』一二四：四一―五六。

湯川洋司
二〇〇三「暦と年中行事」『暮らしの中の民俗学2 一年』新谷尚紀・波平恵美子・湯川洋司（編）、九―三六頁、東京：吉川弘文館。

横田浩一
二〇一六「農村社会と『国家』言説――広東省潮汕地域における農村住民の日常生活から」『白山人類学』一九：一四七―一六八。

吉岡政徳
二〇一六『ゲマインシャフト都市――南太平洋の都市人類学』東京：風響社。

吉澤誠一郎
二〇一二「社会史」『近代中国研究入門』岡本隆司・吉澤誠一郎（編）、二五―五五頁、東京：東京大学出版会。

吉田匡興・石井美保・花渕馨也（編）
二〇一〇『シリーズ来たるべき人類学3 宗教の人類学』横浜：春風社。

ラドクリフ＝ブラウン、アルフレッド
二〇〇六（一九三六）「中国郷村生活の社会学的調査に対する建議」呉文藻（中文編訳）、西澤治彦（和訳）『中国文化人類学リーディングス』瀬川昌久・西澤治彦（編）、三七―四六頁、東京：風響社。

李明伍

二〇一〇「中国社会論における『本土化研究』の現状と可能性――『本土化概念』によるアプローチを手掛かりとして」『文学部紀要』（立教大学）二四（二）：一一九―一五四。

劉正愛
二〇一六「フィールドワークで出会う『非物質文化遺産』」『中国地域の文化遺産――人類学の視点から』（国立民族学博物館調査報告一三六）河合洋尚・飯田卓（編）、七五―八七頁、大阪：国立民族学博物館。

ロサルド、レナート
一九九八『文化と真実――社会分析の再構築』椎名美智（訳）、東京：日本エディタースクール出版部。

渡邊日日
二〇〇四「全体論・機能主義・批判理論――現代社会に於ける人類学的思考の為に」『社会人類学年報』三〇：八九―一一九。
二〇一〇『社会の探究としての民族誌――ポスト・ソヴィエト社会主義期南シベリア、セレンガ・ブリヤート人に於ける集団範疇と民族的知識の記述と解析、準拠概念に向けての試論』東京：三元社。

渡邊欣雄
一九九一『漢民族の宗教――社会人類学的研究』東京：第一書房。

【英語】

Appadurai, Arjun
1996 (2004) *Modernity at Large: Cultural Dimensions of Globalization*. Minneapolis: University of Minnesota Press.（『さまよえる近代――グローバル化の文化研究』門田健一訳、東京：平凡社）

Arkush, R. David
1981 (2006) *Fei Xiaotong and Sociology in Revolutionary China*. Cambridge: Harvard University Press.（『費孝通伝』董天民訳、鄭州：河南人民出版社）

Amit, Vered

2012 Community and Disjuncture: The Creativity and Uncertainty of Everyday Engagement. In *Community, Cosmopolitanism and the Problem of Human Commonality*. Vered Amit and Nigel Rapport, pp.1-73. London: Pluto Press.

2015 Disjuncture: The Creativity of, and Breaks in, Everyday Associations and Routines. In *Thinking Through Sociality: An Anthropological Interrogation of Key Concepts*. Vered Amit (ed.), pp.21-46. Oxford and New York: Berghahn Books.

Amit, Vered and Nigel Rapport

2002 *The Trouble with Community: Anthropological Reflections on Movement, Identity and Collectivity*. London: Pluto Press.

2012 *Community, Cosmopolitanism and the Problem of Human Commonality*. London: Pluto Press.

Bauman, Zygmunt

2000 (2001) *Liquid Modernity*. Cambridge and Malden: Polity Press.（『リキッド・モダニティ――液状化する社会』森田典正訳、東京：大月書店）

Beck, Ulrich

2000 The Cosmopolitan Perspective: Sociology of the Second Age of Modernity. *The British Journal of Sociology* 51(1): 79-105.

Bell, Colin and Howard Newby

1974 Introduction. In *The Sociology of Community: A Selection of Readings*. Colin Bell and Howard Newby (eds.), pp. xliii-lii. London: Frank Cass and Co. Ltd.

Bruckermann, Charlotte and Stephan Feuchtwang

2016 *The Anthropology of China: China as Ethnographic and Theoretical Critique*. London: Imperial College Press.

Bunkenborg, Mikkel and Morten Axel Pedersen

2012 The Ethnographic Expedition 2.0: Resurrecting the Expedition as a Social Scientific Research Method. In *Scientists and Scholars in the Field: Studies in the History of Fieldwork and Expeditions*. Kristian H. Nielsen, Michael Harbsmeier, and Christopher J. Ries (eds.), pp. 415-429. Aarhus: Aarhus University Press.

Carsten, Janet

1995 The Substance of Kinship and the Heat of the Hearth: Feeding, Personhood, and Relatedness among Malays in Palau Langkawi. *American Ethnologist* 22 (2): 223-241.

Carsten, Janet (ed.)

2000 *Cultures of Relatedness: New Approaches to the Study of Kinship*. Cambridge: Cambridge University Press.

Cohen, Anthony P.

1985 (2005) *The Symbolic Construction of Community*. London: Ellis Horwood Ltd. and Tavistock Publications Ltd. （『コミュニティは創られる』吉瀬雄一訳、東京：八千代出版）

Crystal, D.

1971 Prosodic and Paralinguistic Correlates of Social Categories. In *Social Anthropology and Language*. Edwin Ardener (ed.), pp.185-206. London: Tavistock Publications.

Delanty, Gerard

2010 *Community*. second edition. New York: Routledge.

Diamond, Norma

1969 *K'un Shen: A Taiwan Village*. New York: Holt, Rinehart and Winston.

Duara, Prasenjit

1988 *Culture, Power, and the State: Rural Nroth China, 1900-1942*. Stanford: Stanford University Press.

Eriksen, Thomas H. and Finn Sivert Nielsen

2001 *A History of Anthropology*. London: Pluto Press.

Evans-Pritchard, E.E.

1962 Social Anthropology: Past and Present. (The Marrett Lecture, 1950) In *Essays in Social Anthropology*. E. E. Evans-Pritchard, pp.13-28. London: Faber and Faber. （「社会人類学——過去と現在」『人類学入門』エヴァンス＝プリチャード・レ

イモンド・ファース他著、吉田禎吾訳、一―三六頁、東京：弘文堂）
Fan, C. Cindy and Youqin Huang
1998　Waves of Rural Brides: Female Marriage Migration in China. *Annals of the Association of American Geographers* 88 (2): 227-251.
Fei Guo and Robyn R. Iredale
2015　Current Trends, Emerging Issues and Future Perspectives. In *Handbook of Chinese Migration: Identity and Wellbeing*. Robyn R. Iredale and Fei Guo (eds.), pp.297-318. Cheltenham: Edward Elgar Publishing.
Fei, Hsiao-tung
1939　*Peasant Life in China: A Field Study of Country Life in the Yangtze Valley.* London: Routledge and Kegan Paul.
Fei, Xiaotong
1983 (1985)　*Chinese Village Close-Up*. Beijing: New World Press.（『中国農村の細密画――ある村の記録１９３６～８２』小島晋治ほか訳、東京：研文出版）
1992　*From the Soil: The Foundations of Chinese Society*. Trans. by Gary G. Hamilton and Wang Zheng. Berkeley: University of California Press.
Feuchtwang, Stephan and Hans Steinmüller
2017　*China in Comparative Perspective.* New Jersey: World Scientific.
Freedman, Maurice
1958 (1995)　*Lineage Organization in Southeastern China*. London: The Athlone Press.（『中国の宗族と社会』田村克己・瀬川昌久訳、東京：弘文堂）
1963 (2006)　A Chinese Phase in Social Anthropology. *The British Journal of Sociology* 14(1): 1-19.（「社会人類学における中国研究の位置――マリノフスキー追悼記念講演」末成道男訳、『中国文化人類学リーディングス』瀬川昌久・西澤治彦編、六九―九一頁、東京：風響社）

1966 (1991)　*Chinese Lineage and Society: Fukien and Kwangtung*. London: The Athlone Press.（『東南中国の宗族組織』末成道男・西澤治彦・小熊誠訳，東京：弘文堂）

Geddes, William Robert

1963　*Peasant Life in Communist China*. (Society for Applied Anthropology Monograph 6) Ithaca: The Society for Applied Anthropology.

Geertz, Clifford

1973 (1987)　*Interpretation of Cultures*. New York: Basic Books.（『文化の解釈学』（1・2）吉田禎吾・中牧弘允・柳川啓一・板橋作美訳，東京：岩波書店）

Gentzler, J. Mason

1977　*Changing China: Readings in the History of China from the Opium War to the Present*. New York: Praeger.

Gold, Thomas, Doug Guthrie, and David Wank (eds.)

2002　*Social Connections in China: Institutions, Culture, and the Changing Nature of Guanxi*. Cambridge: Cambridge University Press.

Gonzalez, Nancie L.

1983　Household and Family in Kaixiangong: A Re-examination. *The China Quarterly* 93: 76-89.

Guo, Qitao

2003　*Exorcism and Money: The Symbolic World of the Five-Fury Spirits in Late Imperial China*. Berkeley: Institute of East Asian Studies, University of California, Berkeley.

Hamilton, Gary G. and Wang Zheng

1992　Introduction: Fei Xiaotong and the Beginnings of a Chinese Sociology. In *From the Soil: The Foundations of Chinese Society*. Xiaotong Fei. pp.1-34. Berkeley: University of California Press.

Han, Min

2001 (2007) *Social Change and Continuity in a Village in Northern Anhui, China: A Response to Revolution and Reform*. (Senri Ethnological Studies 58) Osaka: National Museum of Ethnology.（『回応革命与改革——皖北李村的社会変遷与延続』陸益龍・徐新玉訳，南京：江蘇人民出版社）

Hansen, Valerie

1990 *Changing Gods in Medieval China 1127-1276*. Princeton: Princeton University Press.

Harrell, Stevan

2001 The Anthropology of Reform and the Reform of Anthropology: Anthropological Narratives of Recovery and Progress in China. *Annual Review of Anthropology* 30: 139-161.

Honig, Emily

1992 *Creating Chinese Ethnicity: Subei People in Shanghai 1850-1980*. New Haven: Yale University Press.

Hsiao, Kung-chuan

1960 *Rural China: Imperial Control in the Nineteenth Century*. Seattle: University of Washington Press.

Huang, Philip. C. C.

1985 *The Peasant Economy and Social Change in North China*. Stanford: Stanford University Press.

1990 *The Peasant Family and Rural Development in the Yangzi Delta, 1350-1988*. Stanford: Stanford University Press.

Janowski, Monica and Fiona Kerlogue (eds.)

2007 *Kinship and Food in South East Asia*. Copenhagen: Nias Press.

Kipnis, Andrew B.

1997 *Producing Guanxi: Sentiment, Self, and Subculture in a North China Village*. Durham: Duke University Press.

Ku, Hok Bun

2003 *Moral Politics in a South Chinese Village: Responsibility, Reciprocity, and Resistance*. Lanham: Rowman and Littlefield.

Kuper, Adam

1996 (2000)　*Anthropology and Anthropologists: The Modern British School*. Third revised and enlarged edition. New York: Routledge.（『人類学の歴史――人類学と人類学者』鈴木清史訳、東京：明石書店）

Kuwayama, Takami

1992　The Reference Other Orientation. In *Japanese Sense of Self*. Nancy R. Rosenberger (ed.), pp. 121-151. Cambridge: Cambridge University Press.

Leach, Edmund

1982（1985）　*Social Anthropology*. Glasgow: Fontana Paperbacks.（『社会人類学案内』長島信弘訳、東京：岩波書店）

Madsen, Richard

1984　*Morality and Power in a Chinese Village*. Berkeley: University of California Press.

Malinowski, Bronislaw

1939 (2006)　Preface. In *Peasant Life in China: A Field Study of Country Life in the Yangtze Valley*. Hsiao-tung Fei. pp. xi-xx. London: Routledge and Kegan Paul.（「費孝通著『中国の農民生活』への序文」西澤治彦訳、『中国文化人類学リーディングス』瀬川昌久・西澤治彦編、五九―六六頁、東京：風響社）

Marcus, George E. and Michael M. J. Fischer

1999　*Anthropology as Cultural Critique: An Experimental Moment in the Human Sciences*. Second edition. Chicago: University of Chicago Press.

Matthews, William

2017　Ontology with Chinese Characteristics: Homology as a Mode of Identification. *HAU: Journal of Ethnographic Theory* 7(1): 265-285.

Mintz, Sidney W. and Christine M. Du Bois

2002　The Anthropology of Food and Eating. *Annual Review of Anthropology* 31: 99-119.

Murdock, George Peter

1949 (2001) *Social Structure*. New York: The Macmillan Company. (『新版　社会構造——核家族の社会人類学』内藤完爾監訳、東京：新泉社)

Murphy, Eugene T.

2001 Changes in Family and Marriage in a Yangzi Delta Farming Community, 1930-1990. *Ethnology* 40(3):213-35.

Murphy, Rachel

2002 *How Migrant Labor is Changing Rural China*. Cambridge: Cambridge University Press.

Myers, Ramon H.

1970 *The Chinese Peasant Economy: Agricultural Development in Hopei and Shantung, 1890-1949*. Cambridge: Harvard University Press.

Oxfeld, Ellen

2010 *Drink Water, but Remember the Source: Moral Discourse in a Chinese Village.* Berkeley: University of California Press.

Pieke, Frank N.

2004 Contours of an Anthropology of the Chinese State: Political Structure, Agency and Economic Development in Rural China. *Journal of the Royal Anthropological Institute* 10(3): 517-538.

2014 Anthropology, China, and the Chinese Century. *Annual Review of Anthropology* 43:123-138.

Santos, Gonçalo D.

2009 The 'Stove-family' and the Process of Kinship in Rural South China. In *Chinese Kinship: Contemporary Anthropological Perspectives*. Susanne Brandtstädter and Gonçalo D. Santos (eds.), pp. 112-136. London: Routledge.

Skinner, G. William

1964 Marketing and Social Structure in Rural China: Part I. *The Journal of Asian Studies* 24(1): 3-43.

1965a Marketing and Social Structure in Rural China: Part II. *The Journal of Asian Studies* 24(2): 195-228.

1965b Marketing and Social Structure in Rural China: Part III. *The Journal of Asian Studies* 24(3): 363-399.

1977 Introduction: Urban and Rural in Chinese Society. In *The City in Late Imperial China.* William G. Skinner (ed.), pp. 253-274. Stanford: Stanford University Press.

1979 Social Ecology and the Forces of Repression in North China: A Regional System Frame Work for Analysis. paper presented to the North China Workshop, Cambridge, mass, Aug 1979.

Smart, Alan

1993 Gifts, Bribes, and *Guanxi*: A Reconsideration of Bourdieu's Social Capital. *Cultural Anthropology* 8(3): 388-408.

Smith, Arthur Henderson

1899 *Village Life in China: A Study in Sociology*. New York: F. H. Revell Company.

Steinmüller, Hans

2013 *Communities of Complicity: Everyday Ethics in Rural China.* New York: Berghahn.

Stocking, George W.

1984 Radcliffe-Brown and British Social Anthropology. In *Functionalism Historicized: Essays on British Social Anthropology History of Anthropology.* vol. 2. G. W. Stocking (ed.), pp.131-191. Madison WI: University of Wisconsin Press.

Suenari, Michio

1985 Two Types of Territorial Organization: A Preliminary Report of a Hakka Village in Taiwan. *Bulletin of the Institute of Ethnology*, *Academia Sinica* 59: 29-46.

Turner, Victor Witter

1974 (1981) *Dramas, Fields, and Metaphors: Symbolic Action in Human Society*. Ithaca: Cornell University Press.（『象徴と社会』梶原景昭訳，東京：紀伊國屋書店）

Topley, Marjorie

1968 Chinese Religion and Rural Cohesion in the Nineteenth Century. *Journal of the Hong Kong Branch of the Royal Asiatic Society* 8: 9-43.

Thornton, Robert J.

1988 The Rhetoric of Ethnographic Holism. *Cultural Anthropology* 3(3): 285-303.

Watson, James L.

1988 (2006) The Structure of Chinese Funerary Rites: Elementary Forms, Ritual Sequence, and the Primacy of Performance, In *Death Ritual in Late Imperial and Modern China.* James Watson and Evelyn Rawski (eds.), pp.3-19. Berkeley: University of California Press. (「中国の葬儀の構造——基本の型・儀式の手順・実施の優位」西脇常記訳、『中国文化人類学リーディングス』瀬川昌久・西澤治彦編、二六一―二七八頁、東京：風響社)

Watson, James L. (ed.)

1997 *Golden Arches East: McDonald's in East Asia*. Stanford: Stanford University Press.

Wilson, Samuel M. and Leighton C. Peterson

2002 The Anthropology of Online Communities. *Annual Review of Anthropology* 31: 449-467.

Wolf, Arthur

1974 Gods, Ghosts, and Ancestors. In *Religion and Ritual in Chinese Society*. Arthur Wolf (ed.), pp.131-182. Stanford: Stanford University Press.

Wolf, Margery

1972 *Women and the Family in Rural Taiwan*. Stanford, California: Stanford University Press.

Yan, Yunxinag

1996 *The Flow of Gifts: Reciprocity and Social Networks in a Chinese Village.* Stanford: Stanford University Press.

1997 McDonald's in Beijing: The Localization of Americana. In *Golden Arches East: McDonald's in East Asia.* James Watson (ed.), pp.39-76. Stanford: Stanford University Press.

2009 *The Individualization of Chinese Society*. Oxford: Berg.

Yang, Mayfair Mei-hui.

1994 *Gifts, Favors, and Banquets: The Art of Social Relationships in China*. Ithaca: Cornell University Press..

【中国語】

白水
二〇一六「高淳有美食 人人都喜愛」『高淳地方文化』二〇一五年二期：一八三—一九八。

常向群
二〇〇九『関係抑或礼尚往来：江村互恵、社会支持網和社会創造的研究』毛明華（訳）、瀋陽：遼寧人民出版社。

陳后翔
二〇一四「高淳民間糕点」『高淳地方文化』二〇一四年一期：一三七—一三九。

陳夢娟・張年安（編）
二〇〇四『南京民間舞踏集成』南京：南京市文化局。

川瀬由高
二〇一三b「"社区"与親属結構的人類学研究」党蓓蓓（訳）『日本客家研究的視覚与方法：百年的軌跡』河合洋尚（編）、六五—八二頁、北京：社会科学文献出版社。
二〇一五a「"這个（西紅柿），城里人最喜歓的"：試論以城市為参照概念的農民生活世界」『新型城鎮化与文化遺産伝承発展』張継焦・黄忠彩（編）、一七九—一八九頁、北京：中国市場出版社。
二〇一五b「日本関于漢人農村的"共同体"論与"祭祀圏"論：回顧与展望」『中国研究』第一九期：五六—八一。
二〇一八「応節気的媒介物：対于南京周辺郷村中粽子的人類学考察」『社会主義制度下的中国飲食文化与日常生活』（国立民族学博物館調査報告一四四）河合洋尚・劉征宇（編）、一一七—一三四頁、大阪：国立民族学博物館。

範依民・葛軍
一九八八「跳五猖」『中国民族民間舞踏集成（江蘇巻・下）』中国民族民間舞踏集成編輯部（編）、一四九二—一五一七頁、北京：商務印書館。

費孝通
一九九一（一九四八）『郷土中国』香港：三聯書店。
一九九八「略談我学習和研究中国社会学与人類学的経歴和体会：一九九三年在香港中文大学新亜書院座談会上的発言」『社会学、人類学在中国的発展』喬健（編）、一―一七頁、香港：香港中文大学新亜書院。
二〇一〇「社会調査自白」『費孝通全集』第一一巻、六―八四頁、呼和浩特：内蒙古人民出版社。
傅朝陽（編）
一九八七『方言小詞典』済南：山東教育出版社。
高丙中
二〇〇六「年節文化与当代社会（筆談）：対節日民俗復興的文化自覚与社会再生産」『江西社会科学』二〇〇六年二期：七―一一。
二〇〇七「（四大伝統節日応該成為国家法定假日）端午節」『河南教育学院学報』二六：一〇―一三。
二〇〇九「節日伝承与假日制度中的国家角色」『紹興文理学院学報（哲学社会科学版）』二九（五）：二七―三一。
高淳県地方志編纂委員会（編）
一九八八『高淳県志』南京：江蘇古籍出版社。
二〇一〇『高淳県志（一九八六―二〇〇五）』（上冊・下冊）北京：方志出版社。
国家糧食局（編）
二〇一三『中国糧食年鑑（二〇一三）』北京：中国社会出版社。
二〇一四『中国糧食年鑑（二〇一四）』北京：中国社会出版社。
二〇一五『中国糧食年鑑（二〇一五）』北京：中国社会出版社。
広徳県文化体育局・広徳県祠山文化研究会（編）
二〇〇八『祠山文化溯源』合肥：安徽文芸出版社。
華図教育（編）

二〇一二　『江蘇省公務員録用考試専用教材』北京：北京理工大学出版社。

黄志輝
二〇一三　『無相支配：代耕農及其底層世界』北京：社会科学文献出版社。

江蘇遊子山国家森林公園管委会（編）
二〇一四　『神秀芸萃遊子山：遊子山国家森林公園掃描』北京：中国文聯出版社。

李培林
二〇〇二　「巨変：村落的終結——都市里的村庄研究」『中国社会科学』二〇〇二年一期：一六八—一七九。

李善峰
二〇〇四　「20世紀的中国村落研究：一个以著作為線索的討論」『民俗研究』二〇〇四年三期：二五—三九。

李勝
二〇一三　「命以載史：民間信仰与個体生命——以江蘇省南京市高淳叔村出菩薩儀式為例」『南京工程学院学報（社会科学版）』第一三巻二期：七—一〇。

李樹文・信春鷹・袁曙宏・王文章（編）
二〇一一　『非物質文化遺産法律指南』北京：文化芸術出版社。

李甜
二〇一二　「跨越辺界的巡游：皖蘇交界定埠地区民間信仰調査与思考」『中国人文田野』五：一九四—二一五。

李暁斐
二〇一六　『民間権威与地方政治：一个中原郷村的伝統蛻変』北京：知識産権出版社。

李小雯
一九八七　「《社会調査自白》読後」『社会』一九八七年四期：四八—四九。

林美容
一九八七　「土地公廟：聚落的指標——以草屯鎮為例」『臺灣風物』三七（一）：五三—八一。

一九八八「由地理與年籤来看臺灣漢人村庄的運命共同體」『臺灣風物』三八（四）：一二三—一四三。
梁漱溟
二〇〇五（一九四九）『中国文化要義』上海：上海人民出版社。
茆耕茹
一九九五『胥河両岸的跳五猖』台北：施合鄭民俗文化基金会。
二〇一〇「降福会与大、小馬灯」『中国民間文化芸術之郷建設与発展初探』文化部芸術服務中心（編）、一〇—一三頁、北京：中国民族撮影芸術出版社。
閔家驥・範暁・朱川・張嵩岳（編）
一九八六『簡明呉方言詞典』上海：上海辞書出版社。
末成道男
一九八九「祭祀圏与信者圏：基于台湾苗栗県客家村落的事例」『聖心女子大学論叢』七三：二三—五七。
南京市旅游局（編）
二〇〇三『導游南京』（下巻）呼和浩特：内蒙古人民出版社。
内山雅生
二〇〇一『二十世紀華北農村社会経済研究』李恩民・邢麗荃（訳）、北京：中国社会科学出版社。
彭明朗
一九五八「〞郷土中国〝里的費孝通」『理論戦線』一九五八年三期：五六—五九。
皮慶生
二〇〇八『宋代民衆祠神信仰研究』上海：上海古籍出版社。
濮陽康京
二〇一三「別具風韻的高淳老街」『印象高淳』二〇一三年一一月号：五二—五三。
二〇一五『高淳文脉探幽』南京：南京出版社。

銭杭・承載
一九九六『十七世紀江南社会生活』杭州：浙江人民出版社。
施振民
一九七三「祭祀圏与社会組織：彰化平原聚落発展模式的探討」『中央研究院民族学研究所集刊』三九：一九一―二〇八。
宋穎
二〇〇七「端午節研究：伝統、国家与文化表述」博士学位論文、北京：中央民族大学。
蘇洪泉
二〇一四「懐念高淳的那些喫食」『高淳地方文化』二〇一四年一期：一四〇―一四四。
孫慶忠
二〇〇五「近二十年来人類学漢族社会研究述評」『民族研究』二〇〇五年二期：八三―九四。
譚同学
二〇一〇『橋村有道：転型郷村的道徳権力与社会結構』北京：生活・読書・新知三聯書店。
涂碧
一九八七「試論中国的人情文化及其社会効応」『山東社会科学』一九八七年四期：六九―七四。
万建中・周耀明
二〇〇四『漢族風俗史第五巻　清代後期・民国漢族風俗』上海：学林出版社。
王銘銘
一九九七『村落視野中的文化与権力：閩台三村五論』北京：生活・読書・新知三聯書店。
二〇〇五『社会人類学与中国研究』桂林：広西師範大学出版社。
王崟屾
二〇一〇「伝統節日列為法定假日的文化意義与伝承発展：以春節、清明、端午、中秋等四大伝統節日為例」『浙江学刊』二〇一〇年四期：一六九―一七三。

王世華（編）
二〇一〇『江蘇省第二批国家級非物質文化遺産要覧』南京：南京師範大学出版社。
王思斌
一九八七「経済体制改革対農村社会関係的影響」『北京大学学報（哲学社会科学版）』一九八七年三期：二六―三四。
魏雲龍
二〇一四「高淳的腌菜」『高淳地方文化』二〇一四年一期：一四五―一五一。
呉飛
二〇一一「従喪服制度看”差序格局“：対一个経典概念的再反思」『開放時代』二〇一一年一期：一一二―一二二。
徐杰舜（編）
一九九八『漢族民間風俗』北京：中央民族大学出版社。
閻雲翔
二〇〇六「差序格局与中国文化的等級観」『社会学研究』二〇〇六年四期：二〇一―二一三、二四五―二四六。
楊徳睿
二〇一〇『在家、回家：冀南民俗宗教對存在意義的追尋』（香港樹仁大学当代中国研究論文系列第二輯）、香港：香港樹仁大学当代中国研究中心。
楊紅梅
二〇一八「影像的神力：高淳的廟会与禳解法」『文化遺産』二〇一八年六期：六五―七五。
楊紅梅
二〇一一「侗族粽子節的原始経済形態考察：以黎平県竹坪村為聚焦」『原生態民族文化学刊』三（四）：八八―九二。
楊紅梅・楊経華
二〇一二「侗族粽子礼民俗的人類学考察：以貴州黎平県竹坪村為聚焦」『原生態民族文化学刊』四（四）：一五三―一五六。
楊善華・侯紅蕊

一九九九「血縁、婚縁、親情与利益：現段階中国農村社会中〝差序格局〟的〝理性化〟趨勢」『寧夏社会科学』一九九九年六期：五一―五八。
楊天斉・杜臻
二〇一三「南京市高淳県東壩鎮樹村祠山廟会：〝出菩薩〟田野調査報告」『東呉文化遺産』第四輯：三七九―三八四。
翟学偉
二〇〇九「再論〝差序格局〟的貢献、局限与理論遺産」『中国社会科学』二〇〇九年三期：一五二―一五八。
張思
二〇〇五『近代華北村落共同体的変遷：農耕結合習慣的歴史人類学考察』北京：商務印書館。
鄭衛東
二〇〇五「国家与社会框架下的中国郷村研究総述」『中国農村観察』二〇〇五年二期：七二―八一。
中国人民政治協商会議南京市高淳区委員会（編）
二〇一三『高淳歴史文化大成』（上・下）南京：南京出版社。
鐘敬文（編）
二〇〇八『中国民俗史（民国巻）』北京：人民出版社。
周星
二〇一三「民間信仰与文化遺産」『文化遺産』二〇一三年二期：一―一〇。
二〇一六『本土常識的意味：人類学視野中的民俗研究』北京：北京大学出版社。
庄孔韶 等
二〇〇四『時空穿行：中国郷村人類学世紀回訪』北京：中国人民大学出版社。
莊英章
一九七七『林圯埔：一个台湾市鎮的社会経済発展史』台北：中央研究院民族学研究所。

【ウェブ・サイト】

日経　二〇一一「日経優秀製品・サービス賞　２０１０」『日本経済新聞』
http://www.nikkei.com/edit/news/special/newpro/2010/page_2.html（二〇一六年三月二十六日最終閲覧）

農林水産省大臣官房国際部国際政策課（編）　二〇一一『平成二三年度海外農業情報調査分析・国際相互理解事業　海外農業情報調査分析（アジア）報告書』農林水産省 Web サイト
http://www.maff.go.jp/j/kokusai/kokusei/kaigai_nogyo/k_syokuryo/h22/index.html（二〇一六年六月二十六日最終閲覧）

国家粮食局　二〇一五「二〇一五年小麦和稲谷最低收購価執行預案」（関于印発二〇一五年小麦和稲谷最低收購価執行預案的通知）『国家粮食局』
http://www.chinagrain.gov.cn/n787423/c819879/content.html（二〇一六年六月二十六日最終閲覧）

光明網（年次不詳）「我們的節日・端午節」『光明網』
http://topics.gmw.cn/node_12448.htm（二〇一七年五月二十五日最終閲覧）

人民網　二〇一三「江蘇十大難懂方言，你聴過幾種？」（二〇一三年十二月十三日公開）
http://js.people.com.cn/zt/364.html（二〇一四年十二月十四日最終閲覧）

【新聞】

光明日報
二〇一二「弘揚伝統節日文化現状与対策」『光明日報』二〇一二年十二月二十二日、第十二版。

人民日報
二〇〇七「明年起清明、端午、中秋納入国家法定節假」『人民日報』二〇〇七年十二月十七日、第一版。

【映像資料】

ＮＨＫ　二〇〇二「麦客——中国・激突する鉄と鎌」ＮＨＫ総合テレビ、二〇〇二年八月二十二日放送。

マ行

ヤ行

ラ行

ワ

ナ行

ハ行

タ行

サ行

索　引

ページ数の後の n は注の番号を表す

ア行

カ行

川瀬由高（かわせ　よしたか）

1986年北海道生まれ。

専門は社会人類学、中国民族誌学。

北海道大学（文学部）卒業。首都大学東京大学院（人文科学研究科）博士前期課程を経て、同大学院（人文科学研究科）博士後期課程満期退学。博士（社会人類学）。

日本学術振興会特別研究員PD（東京大学）を経て、現在、江戸川大学（社会学部）専任講師。

主な論文に、「流しのコンバイン――収穫期の南京市郊外農村における即興的分業」『社会人類学年報』42号（2016年）、「日本関于漢人農村的“共同体” 論与“祭祀圏”論――回顧与展望」『中国研究』第19期（2015年）など。

共同体なき社会の韻律
―中国南京市郊外農村における「非境界的集合」の民族誌―

2019（令和元）年12月30日　初版1刷発行

著　者　川 瀬　由 高
発行者　鯉 渕　友 南
発行所　株式会社　弘 文 堂　101-0062　東京都千代田区神田駿河台1の7
TEL 03(3294)4801　振替 00120-6-53909
https://www.koubundou.co.jp

装　丁　長野亮之介（装画・題字）、丸山純（デザイン）
組　版　堀 江 制 作
印　刷　大 盛 印 刷
製　本　牧製本印刷

ISBN 978-4-335-56138-2

弘文堂

中国の宗族と社会
●M・フリードマン　本体5800円

拡大する中国世界と文化創造
●吉原和男・鈴木正崇＝編　本体8500円

珍島——韓国農村社会の民族誌
●伊藤亜人　本体6500円

北朝鮮人民の生活——脱北者の手記から読み解く実相
●伊藤亜人　本体5000円

グローバル化する互酬性——拡大するサモア世界と首長制
●山本真鳥　本体5300円

グローバリゼーションズ——人類学、歴史学、地域研究の現場から
●三尾裕子・床呂郁哉＝編　本体4600円

坪井正五郎——日本で最初の人類学者
●川村伸秀　本体5000円

ネイティヴの人類学と民俗学——知の世界システムと日本
●桑山敬己　本体4200円

本体価格（税抜）は2019年12月現在のものです。